电化学储能电站群调控关键技术与工程应用

李程昊　饶宇飞　刘　锋　姚　伟　编著

中国电力出版社
CHINA ELECTRIC POWER PRESS

内 容 提 要

储能是实现"双碳"目标的重要支撑技术之一，储能产业的发展与成熟对于加快构建以新能源为主的电力系统具有重要意义，本书首先基于电化学储能技术概况及其应用，分析储能电站选型与优化配置方法，然后在稳态调度运行层面研究电化学储能电站群参与电网调峰、调频和调压运行的基本理论和实现方法；在暂态控制层面研究电化学储能电站群参与混联电网紧急控制的方法，并在此基础上，开展了规模化储能电站群参与电网辅助服务工程建设与效能评估。

本书理论方法与实际案例相结合，辅以详细直观的图表、数据，使读者能够通过不同应用场景的实例，掌握电化学储能电站群应用关键技术。

本书可供从事大规模新能源发电、储能技术和新型电力系统等领域相关研究人员参考使用，也可供高等院校广大师生借鉴参考。

图书在版编目（CIP）数据

电化学储能电站群调控关键技术与工程应用/李程昊等编著. —北京：中国电力出版社，2023.10
ISBN 978-7-5198-8030-9

Ⅰ．①电…　Ⅱ．①李…　Ⅲ．①电化学－储能－电站－研究　Ⅳ．①TM62

中国国家版本馆 CIP 数据核字（2023）第 143281 号

出版发行：中国电力出版社
地　　址：北京市东城区北京站西街 19 号（邮政编码 100005）
网　　址：http://www.cepp.sgcc.com.cn
责任编辑：罗　艳（010-63412315）　付静柔
责任校对：黄　蓓　郝军燕
装帧设计：张俊霞
责任印制：石　雷

印　　刷：三河市万龙印装有限公司
版　　次：2023 年 10 月第一版
印　　次：2023 年 10 月北京第一次印刷
开　　本：787 毫米×1092 毫米　16 开本
印　　张：16.75
字　　数：364 千字
印　　数：0001—1000 册
定　　价：135.00 元

随着"碳达峰、碳中和"发展目标的提出，今后一段时期新能源将逐步成长为主力能源，在能源清洁低碳转型、新能源比例不断提高和特高压"强直弱交"结构背景下，电化学储能具有电网安全保障、调峰和调频方面的技术优势，是解决大规模区外电力引入后电网安全运行、大规模新能源消纳、电网综合能效等问题的有效途径。

本书从特高压交直流混联受端电网面临的运行灵活性不足和安全性下降的问题出发，利用电化学储能响应速度快、有功无功控制能力强的技术特点，首先通过开展面向电网调峰、调频需求的储能电站选型与优化配置分析，提出储能电站参与电网一、二次调频的协调控制技术，然后研究储能电站群改善直流故障后功率恢复特性的运行控制策略，开展特高压交直流混联受端电网规模化储能电站群应用工程的示范建设与运行，最后完成规模化储能电站群参与电网调峰、调压、调频和事故紧急支撑的效能评估。

本书以国家电网公司科技项目"电化学储能电站群在特高压交直流混联受端电网应用关键技术研究及示范"的研究成果为基础，对电化学储能技术及其在特高压交直流混联受端电网中的应用进行了详细而深入的探讨。本书遵循理论分析与工程应用相结合的编写原则，以期为我国后续的电化学储能电站工程顺利实施提供有益借鉴和参考，并推动相关产业的健康发展。

本书共分为6章。第1章阐述了电化学储能技术概况及其应用，对储能电站群在特高压交直流混联受端电网应用关键技术展开分析，介绍了国内外规模化储能相关政策、技术标准及应用实践，总结了电化学储能技术的发展意义。

第2章针对电化学储能调峰、调频应用需求，分析对比了各类储能技术及经济特性，并基于不同应用场景确定储能系统设备的选型，研究储能电站的优化配置模型和高效求解算法，结合河南电网算例检验容量配置结果。

第3章对电化学储能在电网中的应用关键技术开展研究，包括储能电站群联合参与电网常规电源的联合调峰技术、特高压交直流混联受端电网频率稳定的储能电站群多时间尺度控制策略及储能电站群有功/无功协调电压控制技术，并结合河南电网实际算例对相关技术进行验证。

第4章分析了多馈入直流发生连续换相失败的关键因素，阐明了避免交流故障后直流长时间连续换相失败的基本技术思路，提出了应用多点规模化储能抑制故障后功率摆动和优化换流站电压恢复的综合控制策略。

第 5 章分别针对不同并网电压等级和不同规模下的储能电站，研究省调/地调对储能电站的分层控制和协同调度策略，开展规模化储能电站应用工程的规划建设与运行分析。

第 6 章基于运行效果与运行效益评价指标及权重设置方法，搭建储能的运行效益评估模型，并从技术、经济及可持续性等层面开展了综合效能的实证评估，为我国储能工程项目评价的具体实施提供参考和借鉴。

本书由国网河南省电力有限公司电力科学研究院组织编写。李琼林、刘锋、姚伟负责本专著的总体结构，李程昊、张迪、高昆编写第 1 章，朱广杰、刘明洋、潘雪晴、赵华编写第 2 章，高泽、王骅、张皓编写第 3 章，田春笋、刘芳冰、陈幸伟编写第 4 章，饶宇飞、朱全胜、李晓萌编写第 5 章，艾小猛、张伟晨、方舟编写第 6 章，李程昊负责统稿。

编写本书的初衷是否果如所求，有待通过实践验证。限于作者水平，书中难免存在疏漏之处，恳请各位专家和读者提出宝贵意见，使之不断完善。

编著者

2023 年 5 月

目录

前言

1 电化学储能技术概况及其应用 ·································· 1

1.1 电化学储能技术发展概况 ································· 1
1.2 电化学储能技术研究现状及趋势 ···················· 5
1.3 电化学储能技术的应用实践及意义 ················· 10

2 面向电网调峰、调频需求的电化学储能选型与配置 ····· 19

2.1 电化学储能技术应用需求 ····························· 19
2.2 电化学储能特性分析与选型 ·························· 24
2.3 电化学储能电站配置方法与规划 ···················· 29

3 电化学储能电站群参与调峰、调频、调压关键应用技术 ·· 50

3.1 电化学储能电站群与常规电源协调调峰调度策略 ····· 50
3.2 电化学储能电站群参与电网调频机理及控制技术 ····· 69
3.3 电化学储能电站群参与电网电压控制技术 ········· 106

4 电化学储能电站群暂态紧急支撑技术 ···················· 142

4.1 多馈入直流系统换相失败影响因素及抑制措施 ······· 142
4.2 储能与同步调相机协调的电网故障后无功/电压控制策略 ···· 162
4.3 储能电站群抑制电网故障后功率摆动的控制技术 ···· 166
4.4 储能电站群有功无功综合协调控制策略 ············ 179

5 电化学储能电站群调控技术与工程建设方案 ············ 188

5.1 电化学储能电站群分层控制技术 ···················· 188

5.2 电化学储能电站群协同调度方法 ⋯⋯⋯⋯⋯⋯⋯⋯⋯⋯⋯ 194

5.3 河南省储能电站示范工程建设方案 ⋯⋯⋯⋯⋯⋯⋯⋯⋯⋯ 203

6 特高压交直流混联受端电网电化学储能电站群工程效能评估 ⋯ 218

6.1 含电化学储能电站群的交直流混联受端电网风险量化与安全
效益评估 ⋯⋯⋯⋯⋯⋯⋯⋯⋯⋯⋯⋯⋯⋯⋯⋯⋯⋯⋯⋯⋯ 218

6.2 电化学储能电站群参与交直流混联受端电网辅助服务效能评估
体系与模型 ⋯⋯⋯⋯⋯⋯⋯⋯⋯⋯⋯⋯⋯⋯⋯⋯⋯⋯⋯⋯ 225

6.3 电化学储能电站群参与交直流混联受端电网辅助服务综合评估实证 ⋯ 245

参考文献 ⋯⋯⋯⋯⋯⋯⋯⋯⋯⋯⋯⋯⋯⋯⋯⋯⋯⋯⋯⋯⋯⋯⋯ 260

鉴于电化学储能的优异性能和电网的实际需求，世界各国一直都在持续支持电化学储能技术的研究和应用。日本、美国等发达国家电化学储能电站参与电网调峰、调频的技术发展较早，如今已取得了一批应用成果。近年来在国家政策的支持下，我国电化学储能技术也取得了较快的发展，在大规模电化学储能电站的运行控制与应用方面也有不少成功的实际工程案例。

1.1 电化学储能技术发展概况

近年来国内外储能产业发展迅猛，截至 2020 年底，电化学储能的累计装机规模达到 14.2GW，同比增长 49.6%。其中，锂离子电池的累计装机规模最大，达到了 13.1GW，电化学储能和锂离子电池的累计规模均首次突破 10GW 大关。现有储能应用多面向电源侧或负荷侧，随着河南电网 100MW 电网侧分布式电池储能电站示范工程的投运，江苏、湖南、浙江等地也陆续建成或正在规划电网侧储能项目，电化学储能即将成为电网当中不可忽视的重要调控设备。

1.1.1 电化学储能技术概述

由于特高压直流输电由于在远距离、大容量传输和隔离交流电网故障等方面具有天然的优势，已成为西电东送的主要方式，而随着大容量特高压直流输电工程的不断建成投产和具有强随机波动性的新能源发电并网容量逐步增加，电力系统电力电子化特征日趋明显，电网调峰、调频、调压能力日显不足，应对紧急故障的稳定控制手段还需进一步加强。一方面，特高压交直流混联受端电网可调电源占比显著下降，造成电网运行灵活性下降，受端电网调峰、调频压力不断增大；另一方面，特高压直流与受端电网相互耦合作用不断增强，混联电网动态特性复杂多变，由单一故障引起的特高压交直流混联受端电网的连锁故障风险显著增加，特高压交直流混联受端电网安全、可靠、高效运行正面临新的挑战。储能技术具有良好的动态有功和无功调节能力，能够适应不同时间尺度的运行控制要求，其规模化应用以及与"源-网-荷"的协同优化运行，可极大地提升电网运行灵活性和稳定性，确保特高压交直流混联受端电网安全、可靠、高效运行。

在电网中布置储能系统，不仅可以有效消纳分布式能源，还可以通过有序聚合，具备响应快速且规模可观的功率调节能力,支撑电网安全,并在电网调峰、调频中发挥巨大作用,使电力系统变得更加"柔性"和"智能",促进电网发展模式变革。随着全球范围内各种新型储能技术的不断突破,储能电站在使用寿命、功率和容量、系统可靠性等方面都有了长足的发展,使得其在电力系统中规模化应用成为可能。电化学储能是当前储能行业一大增长点,与其他储能方式相比,电化学储能具有储能容量大、动态有功无功支撑能力强、响应速度快、能量密度高和循环效率高等优势,可以用于提升电网运行灵活性和稳定性,确保特高压交直流混联受端电网安全、可靠、高效运行,是当前国内外储能研究的热点,且预计短期内,全球电化学储能装机规模仍将保持高速增长。欧美等发达国家电化学电池储能电站技术发展较早,如今已得到了一些应用,如美国 Kodiak 岛蓄电池储能站 3MW/12MWh 锂离子电池储能项目,南澳大利亚 100MW/129MWh 的 Powerpack 储能系统。在国家政策的支持下,我国电化学储能技术也获得了较快的发展并有多座示范项目建成投运,如张北风光储输示范工程(一期)20MW/84MWh 多类型电池储能电站、河南电网 100MW 电网侧分布式电池储能电站示范工程等。

随着电化学储能技术及相应产业的发展,其技术成熟度及经济性得到了不断提升,以缓解可再生能源消纳与增强系统调节能力为目的的电化学储能电站建设需求愈发迫切。目前单个电化学储能电站的容量相对于特高压交直流混联受端电网的容量而言还比较小,但当大量电化学储能电站安装在电网中,且装机容量累积到一定规模后,电网通过对电化学储能电站群开展主动控制和有序管理,可以实现电化学储能在电网中的规模化聚合,不但能够显著发挥电化学储能在电网中的多功能应用,同时也能为电网提供了容量可观的可调节资源,为有效缓解特高压交直流混联受端电网灵活性不足和保障其安全稳定运行提供一种有效的控制手段。

1.1.2　电化学储能技术发展历程

电化学储能技术从 1859 年乐克朗谢发明铅酸电池开始,取得了包括材料科技进步、工艺改进和新材料改进在内的不断发展进步。突破应用范围、提高能量密度,始终是电化学储能技术的不变追求。各类电化学储能电池在生产和研究中具有不同创新和应用方向。当前主要电化学储能电池有铅酸电池、镍镉电池、镍氢电池、钠硫电池、液流电池、锂离子电池等,下面分别对这几种电池技术进行介绍。

1. 铅酸电池

铅酸电池最早由乐克朗谢于 1859 年发明,虽然距今已有近 150 年的发展,但铅酸电池现今依然用途广泛,在交通、通信、电力、军事等各个领域,都起到了非常重要的作用。铅酸电池的电极由铅及其氧化物制成,电解液通常采用硫酸溶液。铅酸电池充电状态下,正极为二氧化铅,负极为铅;放电状态下,正负极的主要成分均为硫酸铅。由于铅酸电池具有工作电压平稳、使用温度范围宽、充放电次数多、贮存性能好、造价低等优点,因而应用非常广泛。并且,由于历经时间久,技术相对成熟,所以无论是在传统领域还是一些新兴的应用领域，铅酸电池都占据着主要的地位。

同时，铅酸电池也存在着一定的缺点，如由于活性物质利用率低所造成的比能量低，循环寿命短，自放电时会产生气体等，这使铅酸电池难以在更大型能量存储领域中扩展。可见铅酸电池虽然在备用电源领域的应用规模最大，但其较低的比能量和比功率及较短的循环次数限制了其在调峰、调频等需要频繁充放场景下的应用。

2. 镍镉电池

镍镉电池的起源可追溯至19世纪末，当时的托马斯·爱迪生发明了用于电动汽车上的镍铁电池。经过一个世纪的发展，镍镉电池因其电池效率高、循环寿命长、能量密度大、体积小、质量轻、结构紧凑、不需要维护，并且相较于铅酸电池而言，储能、释能的过程中均没有气体产生或排出，逐渐在电子领域被更多接受。镍镉电池是最早应用于手机等电子设备的电池，同时也具有较好的大电流放电特性、耐过充放电能力强、维护简单。

然而，由于镍氢电池的迅速发展以及镍铬电池的金属毒性，镍铬电池本身市场在不断缩小，市场增长缺乏动力，也不断被相对先进的镍氢电池以及锂离子电池所取代。

3. 镍氢电池

镍氢电池结构、原理及性能与镍镉电池类似，然而其电量储备比镍镉电池多30%，同时其质量比镍镉电池更轻，使用寿命也更长，对环境的污染也相对较小。故有逐步替代镍铬电池的趋势，但目前其价格高于镍镉电池。

镍氢电池的发展起源于20世纪90年代，其作为一种新型的绿色电池，具有高能量、长寿命、无污染等特点，已成为世界各国竞相发展的高科技产品之一。在863计划"镍氢电池产业化"项目的推动下，我国的镍氢电池及相关材料产业实现了从无到有，逐步赶超世界先进水平的奋斗目标。

目前镍氢电池最主要的应用是投放于混合电动车市场。资料表明，镍氢电池总市场中混合电动车占56%，零售市场占24%，无绳电话占11%，其他市场为9%。由此可见，现阶段镍氢电池相对来说运用于包含较先进科技的精细产品中。在镍氢电池生产技术水平仍然在不断提升的今天，其依然具有较好的发展前景与上升空间。

4. 钠硫电池

钠硫电池，以金属钠为负极，硫为正极，陶瓷管为电解质隔膜。钠硫电池发展历史很短，其最早由美国福特公司于1967年发明公布，至今已有约60年的历史。钠硫电池具有的许多优秀特质，使其在当今非常受重视。钠硫电池最显著的特点是比能量高，通常能够达到铅酸电池的3～4倍；另外，钠硫电池还具有可大电流、高功率放电的特点，这两点使其非常适合在一些较大能量需求场合应用。

由于钠硫电池具有高能电池的以上特点，其发展初期，不少国家致力于发展其作为电动汽车用的动力电池，但由于钠硫电池在移动场合下使用时，从使用可提供的空间、电池本身的安全等方面考虑均有一定的局限性，所以钠硫电池宜固定场合下应用，比如在电站储能中投入应用。钠硫电池的主要应用场景包括平滑可再生能源出力、调峰、调频、电能质量治理等。

同时，钠硫电池也存在一定的问题，包括安全性能问题、寿命问题、温度问题、废旧电池处理问题以及成本问题，这也为其今后发展的方向提供了改进的空间。

5. 液流电池

液流电池是一种新型电化学储能装置，正负极全使用钒盐溶液的称为全钒液流电池，简称钒电池。

液流电池为一种利用正负极电解液分开，各自循环的高性能蓄电池，具有容量高、使用领域广、循环使用寿命长等优点，可实现深度放电和大电流放电，且无需保护。适应用于平抑新能源发电波动、辅助调峰、边远地区供电、工厂及办公楼供电、不间断电源等场合的应用场景。

液流电池作为一种较大型蓄电设施，其储能规模介于电网和各种便携式电池之间，正好可填补大型电网和小型电池间的空白，因而在很多领域可发挥其独特的作用，如液流电池可实现区域供电，这一特点使其拥有很大的市场空间和发展空间。

但目前液流电池普遍应用的条件尚不完全具备，对于其中的一些问题，比如高浓度、多价态电解质的溶液化学及其稳定化机制问题，电对在溶液中氧化还原机理问题，集催化、集流、导电等于一体的"一体化"电极问题，系统的稳定性问题等，仍然有待研究与突破。

6. 锂离子电池

锂离子电池技术的发展始于约翰·古迪纳夫提出的 Li_xCoO_2 等嵌锂材料，这种材料一直沿用至今，其电化学能量存储取决于锂离子在正负极电极材料中的嵌入和脱嵌。基于上述发现，1991 年索尼公司开始了锂离子电池的商业化进程，其开路电压约为 3.7V（25℃），能量密度约为 150Ah/kg，功率密度超过 200（Wh）/kg。

早期锂离子电池的发展对于移动电子设备的发展起到了很大的推动作用，但是传统锂离子电池的安全性及成本制约使其应用往往局限于小型的移动电子设备，在很大程度上限制了其在电网储能中的大规模应用。近年来，锂离子电池的研发重点是发展安全、高效、价格低廉的正极材料来取代 Li_xCoO_2 体系。20 世纪 90 年代末，Padhi 等人合成了磷酸铁锂（$LiFePO_4$）的正极材料，首次从材料上降低了锂离子电池的成本，使得锂离子电池在大规模储能领域的应用成为可能。对于锂离子电池的负极材料，目前使用较多的是石墨。石墨电极容量大、电压高，但其快速充电时由枝晶引发的短路带来了很大的安全隐患。目前正在开发金属及其氧化物等高比能的石墨替代物。相较于铅酸电池和镍基电池，锂离子电池具有能量密度高、充放电效率高、自放电率低、维护成本低、工作温度范围宽等优点。

长寿命、低成本的磷酸铁锂电池在国内的研究和产业化发展很快，是目前较有前景的电动车储能技术之一。若能较好地解决系统的安全问题，磷酸铁锂电池也将是电力系统储能的重要候选技术之一。

近年来，电化学储能在新能源场站、电网以及负荷侧的应用技术发展迅速，也实现了一些工程应用。"源-网-荷-储"系统中储能容量配置方法、控制技术以及商业模式是国内外的研究热点。

1.2 电化学储能技术研究现状及趋势

电化学储能作为电能存储的重要方式，具有功率和能量可根据不同应用需求灵活配置、响应速度快、不受地理资源等外部条件的限制、适合大规模应用和批量化生产等优势，在配合集中/分布式新能源并网、电网运行辅助等方面具有不可替代的地位。将电化学储能应用于电网侧可以充分发挥其灵活的四象限出力调节能力，实现电网调峰、调频、应急响应、备用电源等功能应用，发展潜力巨大。

1.2.1 电化学储能电站群参与电网调峰、调频、电压技术

1.2.1.1 电化学储能电站群参与电网调峰、调频技术

高比例可再生能源并网给电力系统调峰带来了较大压力，应用储能辅助调峰是解决系统调峰问题的有效途径，但现阶段储能的高成本限制了其规模化应用。目前，储能参与电网调峰的应用在国内刚刚起步，东北、山东、新疆、福建、甘肃、宁夏、湖南等7个地区和省市已出台或即将出台调峰辅助服务市场运营规则，南方电网出台的"两个细则"明确将储能纳入调峰辅助服务范围，并在其中提出对于按调度指令调峰的储能电站按照充电电量0.5元/kWh进行经济补偿。部分省区对参与调峰交易的储能设施提出10MW/40MWh的最小规模要求。然而由于目前储能造价仍然较高，截至目前尚未有独立的储能电站参与调峰辅助服务。辽宁大连液流电池储能调峰电站国家示范项目一期工程（100MW/400MWh）于2016年11月开工建设，是目前全球装机容量最大的液流电池项目，项目正式投运后将参与电网调峰，而作为重要的配套扶持政策，上网电量价格由政府按两部制电价核定。因此，储能电站辅助调峰涉及电网企业、火电企业和新能源企业等多方利益博弈，如何根据储能电站荷电状态和新能源渗透水平确定储能参与调峰的深度，制定含储能的电力系统鲁棒机组组合策略以实现储能电站与常规机组协同深度调峰是现阶段亟待解决的重要课题。

电网建设与新能源发展不协调严重阻碍了新能源消纳，主要表现为调峰能力和输电容量不足，而输电容量不足在一定程度上又加剧了调峰的困难。将储能配置在电网侧，不但可以提供调峰、调频等辅助服务，还可以提升通道的输电能力，延缓电网投资。目前，诸多学者分析了影响输电容量大小的因素，给出利用储能系统提高风电外送能力的优化方法，建立基于储能系统的输电线路效益经济评估模型，综合考虑了风电的输送需求、输电工程成本、输电运行效益、储能投资成本以及可能阻塞引起的弃风损失等因素，提出以综合效益最大为目标的输电线路储能系统配置方法。总体来看，现有研究集中在将储能配置在送端电网以提高新能源消纳水平、降低输电阻塞，且侧重于规划层面；而针对储能在受端电网与常规机组有载调压开关（On Load Tap Changer，OLTC）、调相机等协同控制以提升通道输电能力的运行

控制策略则鲜有研究。

目前，受限于储能调频里程的不足，储能参与电网调频往往通过与常规火电机组联合运行实现。山西省出台的《关于鼓励电储能参与山西省调峰调频辅助服务有关事项的通知》是全国首个单独针对电储能参与辅助服务的项目管理规则。南方电网出台的"两个细则"也将储能纳入调频辅助服务范围。截至 2021 年底，我国调频辅助服务领域已投运的电化学储能项目总规模为 3.43 万 kW，主要集中在山西省。从山西电网联合调频运行效果来看，其对提高电网调节能力有一定促进作用，但受制于储能规模，其调频贡献仍显不足。京玉电厂是山西电网内首个安装电化学储能装置的电厂，配置功率为 9MW，采用三元锂电池组技术。加装储能装置后，调频性能指标最高可达 5.15。相比之下，山西电网内未加装储能装置的火电机组性能指标的平均值在 2.8 左右，最大值不超过 4。

伴随着风电、光伏等可再生能源的大规模接入以及直流工程的不断投运，交直流混联电网的频率稳定性问题日益突出。考虑到电力系统是非线性系统，直接对其研究不仅非常困难，也不利于稳定机理的深入发掘。建立在交直流混联电力系统稳态运行点线性化模型基础上的小干扰稳定性研究方法，能够有效简化非线性混联电力系统的分析难度，为实际系统的稳定运行提供理论支撑。总体来看，以阻抗法为代表的传统频域分析法能够清晰地阐明简单混联系统间的动态交互过程，揭示其稳定性的内在机理，但是难以在多输入多输出特性的复杂混联电力系统中得到应用；由于分析方法的缺失，交直流混联受端电网小干扰稳定性分析中动态交互过程对频率稳定性的影响机理暂不明确，相应的协调一、二次调频的多时间尺度控制技术也不完备。

储能选型与容量优化配置作为储能规划的重要环节，需兼顾电网调峰、调频等不同需求和储能特性，属于多目标多属性的复杂决策问题。目前国内外关于储能选型的研究仍停留于考虑在储能应用目标的技术可用性基础上，再根据厂家提供的标准技术、经济数据进行简单对比的层面。目前国内外针对储能系统容量配置方法的研究较多，取得了一系列的研究成果，如国网湖南省电力有限公司的黄际元通过分析储能电池在调频运行过程中的成本和效益，基于全寿命周期理论，运用净现值法结合仿真模型构建储能电池参与一次调频的技术经济模型，在确定的电网调频及储能电池运行要求约束下，得出调频效果最优、经济性最优以及两者综合最优目标下的储能电池容量配置方案。湖南大学的汤杰综合考虑实时电量、备用功率和环境效益，构建储能电池全寿命周的成本-效益计算模型，进而建立以净效益最大为目标，以容量及功率为决策变量，综合考虑实时出力、调频需求约束和荷电状态（SOC）约束的储能电池优化配置模型。总体来看，选型过程涉及大量模糊因素，欠缺客观评价机制，作为储能规划的关键环节，储能选型存在多重技术问题亟须突破；而面向电网调峰、调频等多场景应用需求的储能容量优化配置技术也需要更深入地研究。

1.2.1.2 电化学储能电站群参与电网电压控制技术

随着大容量、远距离特高压交直流输电技术水平的发展，江苏的电网资源优化配置能力显著提高。但与此同时，江苏电网区外来电比重日益增大，成为典型的受端电网，系统动态无功补偿不足和电压稳定问题凸显。储能相较于调相机、静止无功发生器（Static Var Generator，SVG）、OLTC和并联电容器等常用的无功电压调节装置，具有独特的有功无功四象限调节能力，能够更有效地控制系统电压，在电网电压调节方面应用广泛。在储能电站有功/无功协调电压控制技术方面，主要针对储能电站暂稳态响应以及对电网的影响进行研究，而对于有功/无功协调电压控制技术研究较少；在储能电站协同调相机、OLTC、SVG调压运行的容量配置方案与协调控制策略方面，大多针对局部电网或单个设备的简单搭配运行，较少涉及大规模储能装置协同多种方式进行调压的控制策略。近年来，随着新能源发电的渗透率逐渐提高，受端电网电压波动问题日趋显著，储能技术在电网电压控制方面以其灵活、稳定的特点著称，已受业界广泛关注，在储能电站与柔性清洁能源的协调电压控制策略方面，针对储能协调新能源接入电网后的稳定性研究较多，然而规模有限，未深入探究大容量储能电站协同柔性清洁能源进行系统电压控制的策略；在电化学储能电站群改善直流连续换相失败和故障后功率恢复特性的运行控制策略方面，主要研究集中在直流微网或规模较小的直流受端系统，对储能系统参与受端电网连续换相失败的电压调节作用未见报道。

综上所述，储能技术在增强电源的灵活调节能力、提高电网的安全稳定和可靠性以及提高负荷的可控性方面都具有显著作用。通过建设储能电站参加电网调压和紧急无功支撑，可有效增强电网电压调节能力，对提高供电质量、保证受端电网的安全稳定运行有较大作用。鉴于我国电网交直流混联的基本发展现状，当前针对电化学储能电站群联合调相机、OLTC、SVG、柔性清洁能源等方式共同参与交直流混联受端电网调压技术的研究相对较少，电化学储能电站群对于特高压交直流混联受端电网电压调节的作用尚不明晰，因此研究以大规模电化学储能电站群为核心的联合系统参与特高压交直流混联受端电网调压技术，实现大规模储能容量的综合利用具有重要意义。

1.2.2 电化学储能电站群暂态紧急支撑技术

1.2.2.1 交流系统故障对多馈入直流系统换相失败机理研究

随着电网建设水平的不断提升，多直流接入受端交流系统的规模不断增大，

目前，南方电网有三广、贵广Ⅰ回、贵广Ⅱ回、天广、云广5回直流落点于广东电网；华东电网有龙政、宜华、葛南、林枫、复奉5回直流落点，其中4回落点于上海电网。根据规划，华东电网将有9回直流馈入，华中电网将有6回直流馈入，华北电网将有5回直流馈入，届时我国将形成多个世界上最复杂、规模庞大的多馈入直流输电系统。

换相失败是直流系统最常见的故障之一，而在多馈入直流输电系统中，由于各直流逆变站间电气距离较近，交直流系统间相互作用复杂，直流系统或受端交流系统发生故障，可能引发多回直流同时或相继换相失败和连续换相失败。2010年，南方电网发生了由于交流线路故障导致5回直流线路同时换相失败的事件；2011年，华东电网也发生了由于交流系统扰动引起的3回直流同时换相失败的情况。受端系统强度较弱或交流系统故障较严重时，多

回直流的连续换相失败可能导致直流功率传输的中断。多馈入直流输电系统直流一回或多回直流系统的换相失败得不到有效控制，将导致直流传输功率大幅度下降，影响电网的频率和电压稳定，甚至威胁到整个系统的安全稳定运行。因此，为了降低多馈入直流系统发生换相失败的风险，需要对多馈入直流系统换相失败机理进行详细分析。

由于多馈入直流输电系统各直流逆变站距离近，单个交流或直流系统故障有可能同时影响到多回直流线路，造成多回直流相继或同时换相失败，从而对系统稳定性造成影响。现有交流系统故障导致多馈入直流系统发生连续换相失败的主要因素可以大致归纳为以下三种。

1. 逆变侧换流母线电压下降及下降方式

电网实际运行中，有相关研究文献将其电压下降分为电压的瞬时跌落和较慢速的下降 2 种主要形式。换流母线电压非跌落式下降时，高压直流输电（High Voltage Direct Current，HVDC）控制系统一般能够通过其快速作用抑制换相失败发生；逆变器换相失败通常由逆变侧换流母线电压的突然跌落引起，与逆变站电气距离很远的交流电网短路故障也极有可能引发换相失败。引起逆变系统换流母线电压跌落的逆变侧交流系统故障主要有对称与不对称故障两种，分别以交流系统三相和单相故障为典型。

（1）交流系统三相故障。交流系统不会引起换相电压过零点相位偏移，此时逆变器是否发生换相失败主要考虑其换相电压变化（下降）的速度和幅值：交流系统故障时，若交流母线电压跌落较小，恒关断角控制作用使熄弧角基本保持不变，通常不会引起换相失败；若交流母线电压跌落较大，换相角大幅增加，或熄弧角因下一换相失败过程影响而变小，均可引发换相失败。

（2）交流系统单相故障。同上类似，换相失败发生与否，与交流系统母线电压下降速度、幅值以及交直流控制系统的控制性能等均有关系；此外，逆变侧交流系统中不对称故障导致换相电压相角偏移，也是换相失败的重要影响因素。

2. 交流系统强弱及故障点电气距离

传统 HVDC 是以交流系统提供换相电流（相间短路电流）的有源输电网络，相对于具有足够短路比（Short Circuit Ratio，SCR）的受端交流系统，弱受端交流系统故障情况下，换相电压的大幅且快速下降不利于逆变系统成功换相，更容易引发甚至导致连续的换相失败；与此同时，较小的故障点电气距离会加剧逆变系统换相过程的换相电压下降。

3. 故障合闸角

系统运行及仿真研究表明，交流系统母线三相短路故障时，逆变系统换相过程受故障合闸角影响较小；单相接地故障时，若逆变侧交流系统母线电压跌落值接近引起逆变器换相失败的临界值，90°及270°故障合闸角引发换相失败的概率最大。为此可认为，对于永久性故障，应从系统控制方式（不限于换相失败预防控制，包括系统闭锁及恢复等）去考虑其对换相电压时间面积的影响，对一般较多引起逆变系统换相失败的瞬时性故障而言，除了对称与不对称故障等方面考虑其对交流系统母线电压波形、降落和关断角的影响外，也应着重分析研究不同故障类型下，其发生时刻、持续时间对逆变系统阀间换相的影响。此外，HVDC稳态运行时直流系统输送功率越大，逆变侧交流系统故障时，换相失败发生的概率越高，但就HVDC输送功率本身而言，其大小对逆变系统换相过程影响有限。

1.2.2.2 电化学储能暂态紧急支撑技术

电化学储能不仅具有快速响应和双向调节的技术特点，还具有环境适应性强、可以进行分散配置且建设周期短的技术优势，对于电网来说是一种非常优质的调节资源。现有的对于电化学储能对提高电网稳定性的研究，主要集中在对电网进行调峰、调频，以及平抑新能源并网后功率输出等应用场景。随着规模化储能电站及百兆瓦级储能电站群的建设，储能电站群除了能够在上述场景发挥作用外，还可以对电网故障后提供暂态有功、无功紧急支撑，既充分发挥了电化学储能电站储能容量大、动态有功/无功支撑能力强、响应速度快、能量密度高和循环效率高等优势，同时又提高了电网发生扰动或者故障后的动态特性。

针对采用储能装置改善电网特性的研究，主要集中在利用储能装置平抑新能源并网带来的有功功率扰动，提高新能源发电并网的接纳能力，以及储能装置和无功补偿装置配合，实现对交流电网无功电压控制方面。就采用储能平抑新能源并网后造成的功率扰动而言，在有功功率与频率控制方面，储能系统对功率和能量的时间迁移能力可以有效抑制风电并网功率波动对电力系统的影响。同时配合频率偏差响应控制，储能系统可以辅助电力系统实现调频控制，提高系统的频率稳定性和抗扰动能力。在无功功率与电压控制方面，储能系统可分布式地安装在风机、风电场等位置，根据系统无功控制指令提供无功功率支撑。在故障穿越方面，储能系统可在风机或风电场快速吸收、释放能量以避免电网故障导致风机内部电压、电流越限。

针对提高直流故障后交直流混联电网暂态特性的研究，主要集中在采用无功补偿装置对电网进行无功支撑方面。特高压直流换相失败，直流恢复过程中逆变侧从系统吸收4000～5000Mvar的无功。若多回直流同时换相失败，将从系统吸收大量无功，带来巨大无功冲击。因此，随着电网"强直弱交"问题凸显，客观上要求直流大规模有功输送，必须匹配大规模动态无功，即"大直流输电、强无功支撑"。目前电力系统中应用比较广泛的动态无功补偿装置主要有同步调相机、静止无功补偿器（Static Var Compensator，SVC）和静止同步补偿器（SVG/STATCOM）等。当大量电化学储能电站安装在电网中，且装机容量累积到一定规模后，电网通过对电化学储能电站群开展主动控制和有序管理，可以实现电化学储能在电网中的规模化聚合，充分发挥储能系统快速响应的能力，通过与无功补偿装置及常规电源协调，实现对交直流混联受端电网故障后的紧急支撑。但针对采用储能装置和无功补偿装置、常规电源进行协调控制，实现对交流系统故障后进行紧急支撑的相关研究还亟待完善，随着电网的广泛互联和资源的优化整合，需充分考虑电化学储能系统的功率充放特性和运行响应特性，充分挖掘电化学储能电站群在调峰、调频及提供暂态紧急支撑方面的潜力，以提升特高压交直流混联受端电网运行的灵活性和稳定性。

综上所述，当多馈入直流系统发生连续换相失败甚至导致直流闭锁的问题时，受端电网将出现较大功率波动和缺额，采用适宜的控制策略充分利用规模化电化学储能电站群的快速响应和暂态支撑能力，为故障后的交流系统提供暂态功率支撑，提高故障后电网的恢复特性，充分挖掘规模化电化学储能电站群的能力，需要对电化学储能电站群在电网发生扰动后暂态紧急支撑的控制策略进行深入研究。

1.2.3 电化学储能电站群工程效能评估技术

随着大规模新能源及储能电站群的接入，电网运行状态的不确定性增加，传统的根据确定性的准则进行的电网运行控制难以妥善协调电网运行的安全稳定性与经济性。实际应用中，如何更好实现电化学储能电站群协调新能源发电设备接入特高压交直流电网具备重要意义，研发相关分层调控协调系统以及项目评估方法具备极高价值。为此，需要分析和借鉴国内外相关经验和技术为本课题研究内容提供经验和奠定基础。

项目效能评估是对待建或已建成投产的建设项目可实际取得的经济效益、社会效益及环境影响进行综合评估，从而判断项目预期目标实现程度的一种评价手段。20 世纪 60 年代以前，国际上项目评估的重点是财务分析，以财务的好坏作为评估项目成败的主要指标；20 世纪 70 年代后，世界经济发展带来的严重污染问题引起了人们广泛的重视，项目的社会作用和影响日益受到投资者的关注；20 世纪 80 年代后，社会影响评价成为投资活动评估的重要内容。

我国的项目效能评估工作在建筑行业开展最早，相应的制度方法比较完善，尤其是在对公路建设项目的评估过程中采用了一系列新方法；金融机构虽然起步较早，但是实施评估的业务范围很小。从评估范围来看，主要集中于固定资产投资项目的项目决策和工程、技术、财务等方面的评估，尤其是技术引进项目曾一时成为研究的热点。项目的国民经济效益、持续性发展能力、环境影响和社会影响的后评估还较薄弱。

当前针对储能项目的效能评估研究尚未见报道，但电网中已有针对电网建设项目、风电项目、火电厂脱硫工程项目、配电网建设项目项目及输变电项目等开展的评估模型研究，通过对建设项目的实际情况和预期目标进行对照，考察项目投资决策的正确性和预期目标的实现程度；通过对建设项目的建设程序各阶段工作的回顾，查明项目成败的原因，总结建设项目管理的经验教训；最后将工程建设项目后评估信息反馈到未来的建设项目中去，改进和提高建设项目实施的管理水平、决策水平和投资效益，为宏观投资计划和投资政策的制定及调整提供科学的依据。

因此，需结合国内外对特高压交直流混联受端电网电化学储能站群工程项目的运行效果与效益的前期分析与评估结果，开展综合效能评估研究。

1.3 电化学储能技术的应用实践及意义

国家能源局发布的《关于促进我国储能技术与产业发展的指导意见》中明确指出，储能是提升传统电力系统灵活性、经济性和安全性的重要手段，储能在电网中的大规模应用是未来电网发展的必然趋势。

1.3.1 储能技术相关政策及标准

近年来，新一轮电力体制改革、国家十三五规划相继启动，储能产业的激励政策主要集中在能源发展规划政策、电改电价政策、可再生能源发展政策、储能技术行业规范政策和新能源汽车政策等五大类中。

1.《关于促进我国储能技术与产业发展的指导意见》（发改能源〔2017〕1701 号）

意见中明确指出，储能能够为电网运行提供调峰、调频、备用、黑启动、需求响应支撑等多种服务，是提升传统电力系统灵活性、经济性和安全性的重要手段，是构建能源互联网，推动电力体制改革和促进能源新业态发展的核心基础。

2.《关于促进智能电网发展的指导意见》（发改运行〔2015〕1518 号）

意见明确了储能技术在智能电网发展中的重要地位，建议采取工程示范、应用试点、补贴政策等多种方式推动储能产业发展。在电力价格市场化之前，鼓励探索完善峰谷电价等政策，支持储能产业发展。

3.《关于推进"互联网+"智慧能源发展的指导意见》（发改能源〔2016〕392 号）

意见明确了储能应用新模式的发展是"互联网+"智慧能源发展的一项重要内容，鼓励储能参与平衡市场自主交易，发展储能网络化管理运营模式，推动储能提供能源租赁、紧急备用、调峰调频等增值服务。

4.《财政部发展改革委关于印发电力需求侧管理城市综合试点工作中央财政奖励资金管理暂行办法的通知》（财建〔2012〕367 号）

意见明确提出，对通过实施能效电厂和移峰填谷技术等实现的永久性节约电力负荷和转移高峰电力负荷，东部地区每千瓦奖励 440 元，中西部地区每千瓦奖励 550 元；对通过需求响应临时性减少的高峰电力负荷，每千瓦奖励 100 元等。

5.《中共中央国务院关于进一步深化电力体制改革的若干意见》（中发〔2015〕9 号）及相关配套文件

文件要求，在确保安全的前提下，积极发展融合先进储能技术、信息技术的微电网和智能电网技术，提高系统消纳能力和能源利用效率；建立完善的调峰补偿机制，加大调峰补偿力度；鼓励电力用户优化用电负荷特性、参与调峰调频，加大峰谷电价差；为吸引用户主动减少高峰用电负荷并自愿参与需求响应，制定、完善尖峰电价或季节电价。

6.《关于促进电储能参与"三北"地区电力辅助服务补偿（市场）机制试点工作的通知》（国能监管〔2016〕164 号）

该文件明确电储能可参与辅助服务。主要提出了以下内容：一是首次明确了储能作为独立市场主体的地位；二是明确了储能的补偿、结算方式；三是对电网接入和费用结算提出了明确要求；四是对电力调度提出了明确要求；五是通知的适用范围具有良好的扩展性。

7.《关于促进储能技术与产业发展的指导意见》（发改能源〔2017〕1701 号）

该文件明确未来 10 年内分两个阶段推进相关工作：第一阶段实现储能由研发示范向商业化初期过渡；第二阶段实现商业化初期向规模化发展转变。"十四五"期间，储能产业规模化发展，储能在推动能源变革和能源互联网发展中的作用全面展现。

8.《关于加快推动新型储能发展的指导意见》（发改能源规〔2021〕1051 号）

该文件明确到 2025 年，实现新型储能从商业化初期向规模化发展转变。新型储能技术创新能力显著提高，核心技术装备自主可控水平大幅提升，在高安全、低成本、高可靠、长寿命等方面取得长足进步，标准体系基本完善，产业体系日趋完备，市场环境和商业模式基本成熟，装机规模达 3000 万 kW 以上。新型储能在推动能源领域碳达峰碳中和过程中发挥显著作用。到 2030 年，实现新型储能全面市场化发展。新型储能核心技术装备自主可控，技术创新和产业水平稳居全球前列，标准体系、市场机制、商业模式成熟健全，与电力系统各环节深度融合发展，装机规模基本满足新型电力系统相应需求。新型储能成为能源领域碳达峰碳中和的关键支撑之一。

随着国家相关政策及实施细则的陆续出台，将对储能产业的发展带来强有力的推动作用。

标准规范层面，当前的国标、行标以及国网公司企业标准已基本上涵盖了储能系统设计、接入电网、调试、检测、运行控制、验收、指标评价等各个方面，储能相关的各项标准仍在不断完善加强，基本的标准问题已经得到解决。

部分国家、行业标准规范如下：

《电化学储能电站设计规范》（GB 51048—2014）

《电化学储能系统接入电网技术规定》（GB/T 36547—2018）

《电化学储能系统接入电网测试规范》（GB/T 36548—2018）

《移动式电化学储能系统技术要求》（GB/T 36545—2018）

《电化学储能电站运行指标及评价》（GB/T 36549—2018）

《电力系统电化学储能系统通用技术条件》（GB/T 36558—2018）

《电化学储能系统储能变流器技术规范》（GB/T 34120—2017）

《电化学储能电站用锂离子电池管理系统技术规范》（GB/T 34131—2017）

《储能变流器检测技术规程》（GB/T 34133—2017）

《电化学储能系统接入配电网技术规定》（NB/T 33015—2014）

《电化学储能系统接入配电网测试规程》（NB/T 33016—2014）

1.3.2　电化学储能技术应用的理论依据

目前电网中已建设投运了若干电化学储能电站。但是，如何经济有效地利用多点布局的电化学储能电站仍然需要解决三个主要问题：①如何根据电网不同需求选择储能的布置容量和接入位置，以达到经济性和技术性的优化；②对于分布在电网侧各个位置的储能电站群，如何对其进行有效的控制和调度，以满足电网各种运行目标；③如何评估储能电站接入电网后的运行效能。

1. 电力系统的一次调频和二次调频技术

电力系统运行过程中，发电和负荷要保证实时平衡，一旦负荷发生异常波动或者电力系统中某处发生故障，发电和负荷不再平衡，就需要运用频率调整手段来使得发电和负荷重新达到实时平衡。电力系统最重要的调频动态过程包括一次调频和二次调频。一次调频利用系统固有的负荷频率特性以及发电机组的调速器的作用，来阻止系统频率偏离，能够应对快速、小幅的负荷随机波动或负荷突变等情况。常规机组的一次调频控制为下垂控制，即按照设定的单位调节功率改变运行功率以自动响应频率的变化。

因一次调频的有差性，需要二次调频实现频率的无差调节。二次调频由自动发电控制（Automatic Generation Control，AGC）实现，可应对分钟级及更长周期的负荷大幅波动情况，AGC 系统需要计算区域控制误差信号（Area Control Error，ACE），或利用 ACE 经 PI 控制器转换后形成的区域控制需求信号（Area Regulation Requirement，ARR），分配给各调频电源。目前二次调频实施效果优劣的评价标准为 CPS1/CPS2 标准。

2. 电力系统调峰技术

电力系统调峰技术是指随时调节发电机出力以适应用电负荷每天周期性变化的行为。电力系统调峰主要有：非蓄能式电网调峰、用户侧负荷管理和蓄能式电网调峰等 3 种办法。非蓄能式电网调峰包括火电机组调峰和水电机组调峰。火电机组调峰经济性很低，机组的升降负荷速度较慢，难以适应系统负荷变化的要求。水电机组启停快、经济性好、污染少，但是丰、枯水期发电能力差别大，弃水调峰现象时有发生，因此造成很大浪费。用户侧负荷管理即电价经济杠杆调峰，指的是采用峰谷电价调峰，通过峰谷电价有效刺激和鼓励用户主动改变消费行为和用电方式，同时减小电量消耗和电力需求。蓄能式电网调峰包括抽水蓄能电站、储能设备等，在低谷负荷时蓄能，在高峰负荷时放电，以达到电力系统调峰需求。

3. 多设备协调电压控制技术

电网电压调节设备种类较多，包括储能、调相机、OLTC、SVG、并联电容器等，为控制节点电压的稳定和抑制因各节点电压差产生的环流，需要各类型设备协调控制。针对各类型设备调节特性不同，将其进行分类协调电压控制，主要包括依据电网电压等级和设备所在地分类的电压分层、电压分区协调控制方法；根据各类型设备动作时间、持续时间分类的日前、日内和实时协调控制方法；依据各类型设备调节能力分类的主从控制、对等控制等协调电压控制方法。

4. 储能容量优化配置方法

储能的最优容量配置及其优化方法目前主要有差额补充法、波动平抑分析法和经济性评估法等。差额补充法，就是将电源所需提供的最小发电量与实际极端条件下的发电量的差额作为储能电池容量，由于未考虑实际运行中储能电池电量的动态变化，故配置的容量不够精确。波动平抑分析法主要根据储能电池针对波动功率的平抑效果进行容量的优化配置，这种方法从技术的角度确定了储能电源的最优理论需求容量。经济性评估法则需构建所需研究系统的经济运行模型，包括经济最优目标函数及约束条件，储能电池容量作为其中的一个决策变量，采用智能算法进行寻优求解，常用优化目标包括系统等年值投资成本、单位电量成本、系统年运行总成本及储能电池全寿命周期成本最低或者全寿命周期净效益最高。

5. 换相失败机理及抑制技术

换相失败发生的根本原因是逆变器运行关断角小于其固有极限关断角，在实际工况中，换相失败的发生一般都是由交流系统故障引起的，其中换流母线电压、触发超前角、换流变压器变比、直流电流、换相电抗等因素都可能导致换相失败的发生。由于交直流系统之间的相互影响，多馈入直流换相失败比单个直流换相失败更为复杂，多馈入直流可能会有同时换相失败或连续换相失败的风险。多馈入直流受端落点较近时，受端电网交流单一故障会引起多个逆变站电压畸变，可能导致多馈入直流同时换相失败。当一个换流站换相失败发生后，其交流系统会发生电压波动和谐波导致的波形畸变。由于多馈入系统之间存在耦合关系，相邻换流站的交流侧也可能发生电压波动和波形畸变，进而导致连续换相失败发生。直流换相失败的判断方法主要有关断角判断法、最小电压降落法、相位比较法、直流电压过零法、小波故障诊断方法等，但其判断应用场合和判定准确性却有差异。换相失败的主要抑制措施有利用无功补偿维持换相电压稳定、采用较大的平波电抗器、减小换流变压器的短路电抗以及换流器采用适当的控制方式等，其中增加系统动态无功支撑能力是抑制换相失败最彻底与有效的措施。

6. 基于熵权法的效能评估体系

熵权法的基本思路是根据指标变异性大小来确定客观权重，该方法目前已经在工程技术、社会经济等领域得到了一定的应用。一般来说，若某个指标的信息熵越小，表明提供的信息量越多，在综合评价中所能起到的作用也越大，其权重也就越大。相反，某个指标的信息熵越大，表明提供的信息量也越少，在综合评价中所起到的作用也越小，其权重也就越小。规模化储能电站参与电网调节的评价指标体系，设计的评价元素较多，评价维度较为复杂，且评价结果量纲不统一。因此，可以基于熵权法来建立规模化储能电站参与电网调峰、调压、调频和事故紧急支撑的效能评估体系。

1.3.3 电化学储能技术在电网中的应用实践与效益

1.3.3.1 国外电化学储能在电网中的应用实践

根据美国能源部信息中心的项目库不完全统计，近 10 年来，由美国、日本、欧盟、韩国、智利、澳大利亚及我国等实施的 MW 级及以上规模的储能示范工程达 180 余项，其中，电化学储能示范数量近百项，非电化学储能形式的示范数量超过 80 项，储能技术涉及飞轮储能、全钒液流电池、(新型)铅酸电池、钠硫电池等多种形式。从地域分布上看，美国在储能装机规模和示范项目数量上都处于领先地位，项目数量占全球总项目数量的 44%，主要为电化学储能项目；西班牙次之，项目数占 14%，主要为太阳能热发电熔融盐储能项目；日本占 8%，主要为电化学储能项目；我国占 8%，全部为电化学储能。从储能类型上看，MW 级规模储能示范项目中电化学储能项目数占比为 53%，相变储能占比 34%，飞轮占比 6%，其他类型涉及压缩空气、电磁储能和氢储能等。其中，在电化学储能示范项目数量中，锂离子电池所占比重最高，达 48%；其次为钠硫电池和铅酸电池，分别占比 18% 和 11%。横向比较，美国和德国的储能调频运行模式应用全面覆盖且项目较多。国内除分布式储能调频外，其余运行模式均有兆瓦级示范项目。英国、意大利、韩国和日本以储能从输配环节独立并网为重，西欧、北欧则以配套新能源模式为主。

1. 美国

为公允地反映不同电源调频性能价值和贡献度，美国联邦能源监管委员会（Federal Energy Regulatory Commission，FERC）755 号法规顶层市场规则设计要求区域市场出台计及效果的 AGC 辅助服务补偿机制，将考虑性能的里程（MW-Mileage）报价与容量报价结合为两部制报价。调频性能劣势的燃煤机组综合报价经效果评价算法调整后排序价格不具优势，或撤出调频市场投标容量或增资建设高性能机组，致使辅助服务收入减少或固定成本增加。而现有机组加装兆瓦级储能系统辅助调频改善性能，可增加投标竞争力同时节省建设投资。由上述，AGC 市场电源需求结构变化激励发电端储能引入，美国火电机组装设储能以改善 AGC 性能相关项目建设仅次于德国。美国摒弃以往不计效果仅考虑容量的 AGC 服务补偿机制，具备里程优势的电量受限电源如电池储能与具备容量优势的爬坡受限电源如火电之间 AGC 收益由两部制调衡，激励飞轮、电池储能投资商等以独立个体进入 AGC 市场，政策不公性壁垒撤除后电量受限储能收益预期增加引发储能市场需求。

2. 德国

德国计划 2050 年将清洁能源占全部发电能源比重提至 35% 和 80%，频率稳定维护与实时能量平衡难度相应增加。其次，德国电力市场平衡单元机制要求发电商严格追踪合同负荷否则支付不平衡罚金。市场环境与技术现状迫使发电商寻求实时电量交易、优化机组减少跟踪偏差，相当数量的储能项目引入发电端。随着家庭屋顶光伏推广，德国分布式电源并网补贴减少，供需时段错峰使各户消纳电量仅占耗电量 30%。需求侧分布式储能项目 SWARM 将 65 户 20kW 光伏储能连接成虚拟储能系统，参与频率控制，所得收入在居民和运营商之间分配，同时各户光伏消纳电量对家庭耗电量占比提高到 60%～80%。

3. 英国

与德国能源转型进程相似，英国将分批关停占发电设施 20% 的老旧火电机组并增加 30%～36% 新能源电量。英国与德国调频市场自由化程度不一，但均实行平衡单元机制，对优质调频源的市场需求具有相似之处。英国把眼光投向输配环节储能电站并网提供频率控制服务，以测试电网在储能从输配电环节并网后的新特性。例如：威伦霍尔变电站接入 2MW/1MWh 钛酸锂电池储能，研究配网能量多向注入对功率需求与电能质量的影响，监测储能不同并网方式下的运行状态以建立可靠性评估方法并起草并网标准。

1.3.3.2 国内电化学储能在电网中的应用实践

国内现有兆瓦级储能调频运行模式主要有以下几种选择：

（1）储能辅助传统电源调频。山西京玉电厂改造火电机组控制器后装设 9MW 锂离子电池储能系统，响应电网 AGC 调度 ACE 模式投入运行，储能供应商与电厂分享 AGC 补偿增量收益。

（2）依托大规模新能源调频。张北风光储输示范基地、国电和风北镇风电场储能依托大规模风光电源响应调度参与调频运行，已积累较全面的运行数据。

（3）输配环节并网独立调频。深圳宝清储能电站为世界首个 10kV 无变压器直挂配电网的钛酸锂电池储能系统，调度控制中心通过储能监控系统调节储能站出力以满足系统调频需求。

储能技术与可再生新能源发电并网，例如正在运行中的国网张北项目（20MW）是目前全球最大的风光储输工程，张北风光储输工程二期已于 2013 年 6 月开始建设，其中包括化学储能装置 50MW；南网储能示范项目（10MW），深圳宝清电池储能站（4MW×4h）；此外，全球最大规模的 5MW/10MWh 全钒液流电池储能系统在 2013 年 2 月并网，经过严格考核，已全面投入运行，此技术可有效推进我国可再生能源的普及应用。除此之外，国内仍有河南电网 100MW 电池储能示范工程、湖南长沙电池储能电站、江苏镇江电网侧储能电站示范工程、福建安溪移动式储能电站等多项工程已建成投运。

1. 河南电网储能电站应用

针对河南电网现状和储能技术发展趋势，以解决天中直流单极闭锁对河南电网的影响为目标，探索利用弃风弃光清洁能源、燃煤机组峰谷电力等商业化手段，支撑电力储能可持续与规模化发展。2018 年，河南电网公司积极与储能厂商联合，采用"利益共享，风险共担"的商业模式，建设面向电网应用的总规模为 100.8MW/100.8MWh 的磷酸铁锂电池储能电站，从系统接入、布置方案、网络架构、调度策略、运行策略、运行维护等方面积累经验，验证储能系统支撑电网安全稳定经济运行的可行性。

国网河南省电力公司选择洛阳、信阳等 9 个地区的 16 座变电站，采用"分布式布置、模块化设计、单元化接入、集中式调控"技术方案，开展了国内首个电网侧 100MW 分布式电池储能示范工程建设。

目前河南电网已经积累了一定的分布式储能系统运行经验，为本项目进一步研究电化学储能电站群在特高压交直流混联受端电网应用关键技术奠定了良好的实践基础。

2. 湖南电网储能电站应用

为有效解决长沙电网"卡脖子"难题，提升湖南电网百兆瓦、毫秒级快速响应能力以及电力供应和调峰能力，缓解新能源消纳压力，提高电网安全稳定水平，国网湖南公司在湖南长沙建设电池储能示范工程总规模 120MW/240MWh，属国网系统规模最大。工程分两期建设，一期示范工程建设规模为 60MW/120MWh，分别位于芙蓉、榔梨、延农三个 220kV 变电站。

随着试点工程的建设，对于河南、湖南电网等面临的直流故障后的功率冲击和大规模潮流转移问题，储能将成为重要解决手段之一。

储能电站的建设也为本项目中储能电站群接入电网的有功、无功优化配置、控制策略、紧急功率支撑以及能效评估的研究提供了重要实践依据。

3. 江苏电网储能电站应用

国网江苏省电力有限公司联合政府部门，在各地市开展储能技术交流和成果推介会，促进客户对储能的认知。江苏镇江电网侧储能电站工程于 2018 年 7 月 18 日正式并网投运，实现平滑新能源功率输出、稳定系统电压、跟踪计划发电和参与调频等功能，成为目前国内规模最大的电网侧储能电站项目。根据江苏电网"十四五"发展规划及存在问题分析，按照"统筹规划、开放多元、市场主导、安全规范"的原则，与电力系统各环节融合发展，到 2025 年，全省新型储能装机规模计划达到 260 万 kW 左右，为新型电力系统提供容量支撑和灵活调节能力，促进能源清洁低碳转型。

1.3.3.3　电化学储能技术的应用效益

电化学储能不仅具有快速响应和双向调节的技术特点，还具有环境适应性强、能够小型分散配置且建设周期短的技术优势，在电网中引入电化学储能电站群，通过发挥其聚合作用，可有效提升电网应急响应和灵活调节能力，也有效提高电网抵御事故水平、新能源消纳水平和电网综合能效水平，提高电网安全稳定性的。

1. 储能电站应用后的直接效益

（1）提高特高压交直流通道输送能力。储能系统的快速有功及无功调节能力，有利于提升系统暂态频率稳定性，利用储能在特高压故障时进行暂态支撑，可减小交流故障引发的直流输电线路换相失败概率和范围，提高交直流通道输送能力和经济效益。

（2）延缓输电网建设及配电网升级改造投资。通过储能规模化建设，一方面增加了电网调峰、调频、调压等调节手段；另一方面可以提高现有设备的利用效率，减少电网建设投资。电化学储能主要接入 10kV 侧，直接降低了全网设备的峰谷差，可以延缓电网升级改造建设。

（3）提供事故备用，减少切负荷。在电网中建设储能装置，在自然灾害或是电网紧急事故时，可提供紧急功率支撑和应急响应，减少电网切负荷。

（4）提供辅助服务获得收益。在电网中建设储能装置，可以提供系统调峰调频、系统调压、电网事故紧急功率支撑等辅助服务。目前，在国内电网辅助服务考核、奖励体制不健全的情况下，无法量化储能的辅助服务收益，但随着政策的完善，提供辅助服务将是储能未来最大的收益点。

（5）购买弃光、弃风等低价电能，参与电力交易盈利。可促进本地和跨区的新能源全额消纳，并降低储能的运营成本，使储能系统建设步入良性循环。

2. 储能电站应用后的间接效益

（1）提高电网供电可靠性和运行安全。储能系统在电网中的应用可以提高电网运行的可靠性，保障工农业及居民的用电需求；快速响应的电化学储能可以作为电网事故备用，在储能电站群建成后，将为特高压直流的故障提供快速功率支援，防止重大电网事故的发生，为电网安全提供有力支撑。

（2）促进新能源利用效率提升。储能在电网中的应用，有利于加快能源生产、消费绿色转型，推动主体能源由化石能源向可再生能源更替。

（3）促进电化学储能相关技术及产业发展。通过储能工程的实施，可带动国内储能电池厂家以及储能变流器的技术发展，同时可为配套电气设备厂家带来经济效益。

2 面向电网调峰、调频需求的电化学储能选型与配置

储能选型与配置作为储能规划的重要环节，对提升能源电力系统调节能力、综合效率和安全保障能力具有重要现实意义。截至目前，电化学储能技术已有大量示范应用，其中，选配过程涉及大量模糊因素，决策过程过于依赖专家判断，欠缺客观评价机制，尚未就储能选型开展深入的系统性研究，作为储能规划的关键环节，电化学储能选型与配置存在多重技术问题亟须突破。

本章以电力系统调峰和调频应用需求为例，对比分析了各类储能设备技术特点及运行特性，建立了储能电站的多目标优化配置模型和高效求解算法，在此基础上，提出了面向电网调峰、调频需求的储能选型与优化配置思路和方案，并结合河南电网算例验证储能容量配置结果的有效性。

2.1 电化学储能技术应用需求

我国电力系统呈现跨大区交直流电网互联、高比例可再生能源并网、高比例电力电子装置接入、多能互补综合能源互动、信息物理系统智能融合等多种特征，随着新能源的大规模接入，其随机性、间歇性对电网安全稳定运行带来了重大挑战，扰动冲击、暂态、动态、频率、电压等多种稳定性问题耦合交织，弃风弃光等电力—电量平衡问题突出，亟须利用储能技术在毫秒—秒—分钟—小时多时间尺度实现源—同—荷—储协调运行，提升新能源高比例接入条件下的电网稳定运行能力。

2.1.1 电网调峰需求分析

随着现代科学技术的进步和工业的发展，社会对电能的需求不断增长，电网容量不断扩大。生产的发展和人民生活水平的提高，使得用电结构发生了很大的变化；在绝对用电量迅速增加的同时，商业和民用电力比重逐年上升，工业用电比重相对下降，使得各大电网的峰谷差日趋增大。

据国家电力调度通信中心统计，从20世纪90年代以来，多数电网的高峰负荷增长幅度在10%左右甚至更高，而低谷负荷的增长幅度则维持在5%甚至更低；总体上，负荷峰谷差的增加幅度大于负荷的增长幅度，电力系统负荷的峰谷差正在逐步增大，目前已经达到了38%~48%。

由于电能不能大规模转换为其他的能源形式进行储存，电能从发电机组到变电站、从配电网到用户的传输过程中必须保持实时供需平衡的状态。因此，就电网而言，调峰成为保障电网安全稳定运行的重要任务之一。

位于华中电网北部的河南电网，是华北、西北、华中三大区域特高压交、直流联网的重要枢纽。其通过晋东南—南阳—荆门 1000kV 特高压与华北电网互联、通过灵宝直流背靠背工程和±800kV 特高压哈郑直流与西北电网互联、通过 500kV 交流和南阳—荆门 1000kV 特高压与湖北电网互联。作为直流受端省级电网，河南电网面临着严峻的调峰压力：直流送端的西北电网和交流送端的华北电网均存在严重的弃风现象，送入河南的电力调峰幅度很小，调峰幅度甚至可能低于河南自身负荷调峰深度。另外，随着可再生能源的快速发展及其容量占比的不断提高，风电的"反调峰"特性将进一步给系统调峰带来挑战。

火电是我国电力系统的主要调峰电源，在河南电网更是如此，2018 年底，河南省火电装机 6792.09 万 kW，占比 77.36%。在火电结构中，调峰性能好的油、气电源占的比重小，因此，河南调峰主要依靠煤电。由于煤电深度调峰能力的限制，在低谷电力平衡时，大型机组低谷出力大多要减至最低，小型机组更是需要视情况而昼开夜停，为此需要付出巨大代价。由于系统调峰手段十分有限，未来负荷峰谷差还将进一步加大，系统传统调频手段容量还将进一步减少，调峰矛盾将愈发显现。

面对逐渐严重的调峰问题，具有快速充放电特性的储能进入专家学者的研究范畴。储能能够将电能转化为其他形式的能量进行储存，是解决调峰问题的最灵活的手段之一。在调峰情景下，储能设备的主要作用是在用电低谷存储电能、用电高峰释放电能，平衡供需波动，缓解用电峰谷矛盾。图 2-1 展示了储能设备参与调峰的过程。

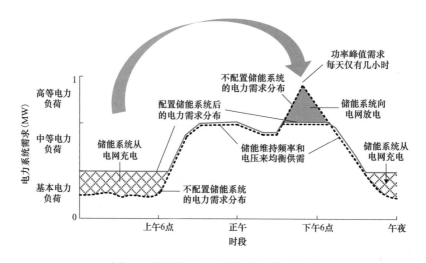

图 2-1　储能设备参与调峰的过程示意图

从时间的角度来看，电力负荷在白天高峰和夜间低谷周期性的变化，储能设备在调峰过程中，往往需要经历 2～6h 的充放电，所以对储能设备的响应时间基本没什么要求，分钟级左右即可。

从功率的角度来看，参与调峰的储能设备需要针对整个电网负荷进行削峰填谷，其功率必须要足够大，2018年河南电网最大峰谷差达到19910MW，假设储能装置要将最大峰谷差缩减20%，则参与调峰的储能设备的总功率至少需要2000MW。

从能量的角度来看，在这个过程中，储能装置往往进行长达几小时的充放电，意味着设备要有足够的容量，对于河南电网而言，需要数千兆瓦时。

从循环寿命的角度来看，参与调峰的储能设备，循环次数较少，一天在1～2次左右，但放电深度较深。假设储能装置能稳定运行10年以上，则储能的循环寿命在4500～7000次循环。

从经济性的角度来看，参与调峰的储能设备与电网之间存在大量的能量交换，所以储能设备需要有较高的循环效率和较低的运维费用。

所以河南电网对用于调峰的储能设备需求见表2-1。

表 2-1 　　　　　　　　　　　　河南电网储能设备调峰需求

需求	响应时间	功率	容量	循环次数	循环效率	运维成本
调峰	分钟级	2000MW	6000MWh	4500～7000 次	85%以上	1625～3250 元/MWh

2.1.2　电网调频需求分析

电力系统频率是中国电力质量三大指标之一，电力系统的频率偏差取决于系统提供的有功功率与负载需求之间的平衡度。为确保电网安全稳定运行，需要保证系统输出与负载需求之间的实时平衡。频率异常将会给发电机和系统的安全运行以及用户带来极为严重的后果，因此，频率作为电力系统安全稳定运行的重要因素，必须对其进行有效控制。

传统电力系统中调频机组承担着平抑负荷波动稳定电网频率的任务。目前，在中国各大区域电网中，大型水火机组为主要的调频电源，通过不断地调整调频机组出力来响应系统频率变化。传统机组受到响应速度慢、响应时间长等固有特性的限制，其调节有功功率输出的能力有限，调频的质量和灵活性往往不能满足电力系统提高电能质量的要求，而且由于调频需求而频繁地调整输出功率，会加大机组的磨损从而影响机组寿命，同时增加了燃料使用、运营成本、废物排放等。

目前，以"特高压电网、清洁能源和智能电网"为核心的全球能源互联网迅速兴起，大规模波动性风能、太阳能等清洁能源的发电上网加剧了电网的调频压力；特高压直流输电线路闭锁导致的电网有功缺额，也将带来频率急剧跌落的风险。另外，由于新能源发电大规模并网以及电网直流受电比例升高，将会挤占传统的调频机组占比，引起电网传统调频容量不足，同时，由于新能源出力的波动性，传统调频机组的动作将会更加频繁，寿命越发缩短。新形势下，传统的调频方式具有其局限性，已经无法满足现代电力系统的调频需求，因此急需研究新的调频手段来改善新能源并网、直流受电比例提高等因素带来的频率问题。

储能系统具有性能稳定、控制灵活、响应快速和具有双向调节能力的技术特点，利用大规模储能参与电力系统调频受到广泛关注。

传统的电网调频主要包含一次调频和二次调频。一次调频是系统频率偏离标准值时，利用发电机组调速器作用，按照系统固有的负荷频率特性，调节发电机组出力的方式。一个庞大的电力系统，系统内每时每刻都存在着各种各样的扰动，因而负荷的总量也处于实时变化的过程中，但电力系统的一次调频功能并不会对每次扰动都产生响应。所以需要给电池储能设置一定的调频死区，避免储能系统频繁快速动作。电力系统一次调频主要有以下特点：负责调节的负荷一般变化周期在 10s 以内、变化幅度小；负荷变化的幅值一般低于负荷峰值的 1%；变化率大，每分钟变化可达负荷峰值的 5% 以上；变化改变方向的次数最多，每小时改变方向的次数可达数百次。

从响应时间的角度来看，传统的一次调频响应时间在秒级，储能设备往往需要达到零点几秒甚至是毫秒级的水平。

从功率的角度来看，对于一个负荷频率变动系数 K_{D*} 为 3 的系统，假设参与一次调频的储能设备能平衡导致 0.1Hz 频率偏差的负荷波动，对应的有功为

$$P_{ESS} = \max\left\{\left|P_{ESSk}\right|\right\} \qquad (2\text{-}1)$$

则对于河南电网，需要参与一次调频的储能设备功率需求为 300MW。

从容量的角度来看，储能设备在调频过程中的持续充放电时间少，电池往往处于浅放电状态，所以一般的储能设备均能满足要求。

从循环寿命的角度来看，参与一次调频的储能设备平均每天需要充放电数百次，但基本都是在浅充浅放状态，所以储能系统的运行寿命能够得到保证。

二次调频是指移动发电机组的频率特性曲线，即改变发电机组调速系统的运行点，增加或减少机组有功功率，从而调整系统的频率。对于二次调频，储能设备参与二次调频的理想过程如图 2-2 所示，在 t_3 时刻系统的频率偏差达到最大（超过储能频率死区阈值），电池储能系统开始输出有功且出力迅速；在 t_4 时刻储能系统的出力就达到负荷变动的偏差，此时系统频率已经恢复到系统的额定功率，由于电池储能系统受到自身容量的限制，因而不能像发电机组那样持续运行，所以最终负荷的变动量还需要由发电机组承担，电池储能系统只是在其中充当了临时有功输出电源的作用，来平衡负荷的变动，减小系统的频率偏差；在 t_1 时刻，发电机组的输出有功开始增加，电池储能系统的出力开始减小，二者的变化速度相同；在 t_2 时刻，系统负荷的变动量完全由发电机组的有功输出增加量来承担。

电力系统二次调频负责调节的负荷一般变化周期在 10s 到数分钟之间、变化幅度较小。负荷变化的平均幅值为负荷峰值 2.5% 左右，变化率较大，每分钟平均变化速率为负荷峰值的 1%～2.5%，变化改变方向的次数较多，每小时改变方向 20～30 次。

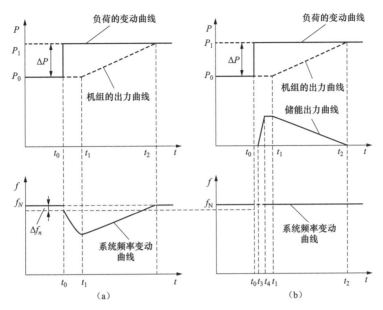

图 2-2 储能设备参与二次调频的理想过程示意图

（a）储能未参与的二次调频曲线；（b）储能参与的二次调频曲线

从响应时间的角度来看，传统的二次调频响应时间在数十秒到分钟级，参与二次调频的储能设备达到秒级的水平即可。

从功率的角度来看，储能装置需要在短时间内（传统发现机组二次调频作用之前）完全平衡负荷的波动，假设储能装置能够平衡 2% 的负荷波动，则对于河南电网而言，储能总额定功率需要达到 2%×52394≈1000MW。

从容量的角度来看，储能设备在二次调频过程中的持续充放电时间虽然较一次调频更长，但电池往往处于浅放电状态，所以一般的储能设备均能满足要求。

从循环寿命的角度来看，参与二次调频的储能设备平均每天需要充放电数十次，但基本依然是在浅充浅放状态，所以储能系统的运行寿命能够得到保证。

北京石景山热电厂 2MW 锂离子电池储能电力调频系统是我国首个储能参与电力系统调频项目，据统计，在一年半的投运时间内，为满足电网 AGC 调频的要求，充放电次数累计达到 40 万次以上。但储能系统大部分时间运行在浅充浅放状态，超过 10% 放电深度的调节任务仅占比 1.5%，约为每天 11 次，与之前的分析保持一致。因此，电网对用于调频的储能设备需求见表 2-2。

表 2-2 电网储能设备调频需求

需求	响应时间	功率	容量	循环次数	循环效率
一次调频	毫秒级	300MW	300MWh	百万次（极浅充放）	70%以上
二次调频	秒级	1000MW	1000MWh	十万次（浅充放）	70%以上

2.2　电化学储能特性分析与选型

随着能源转型的加快和电力行业的发展，传统的调峰、调频手段已经无法满足现代电力系统的需求，储能技术的应用已是发展的必然趋势。不同形式的储能具有不同的应用场景：以超级电容为代表的功率型储能电源，具有响应速度快、输出功率高的特点，功率型储能可频繁地充放电，同时其快速的充放电特性可及时准确地反应电网调度发出的指令要求；以抽水蓄电为代表的能量型储能电源，具有能量存储时间长、响应速度慢的特点，能量型储能具有大容量，可调节供电时段和负荷的均衡问题，达到削峰填谷的目的。针对电网的调峰、调频需求以及各种外在条件的限制，选用何种形式的储能就是一个关键的问题。

2.2.1　储能技术及经济特性

储能依据能量转换方式分为物理储能、电化学储能、电磁储能、氢储能、热储能等多种类型。物理储能分为抽水蓄能、压缩空气储能和飞轮储能，电化学储能分为铅蓄电池（铅酸、铅炭）、钠硫电池、锂电池、全钒液流电池，电磁储能分为超导和超级电容储能，热储能包括热化学储热、相变储热和显热储热。

下面将从技术成熟度、功率与放电时间、循环效率与循环寿命、建设与运行成本四个方面来对各种形式的储能进行分析。

1. 技术成熟度

抽水蓄能与铅酸电池已有上百年的应用历史，技术最为成熟，已经有大规模的商业化应用；压缩空气储能、镍镉电池、钠硫电池、锂离子电池、液流电池和飞轮储能技术较为成熟，也已开展商业化应用，但应用于电力行业的规模尚小；超导磁储能、超级电容器、氢储能和热储能目前尚处于早期研发阶段，但这些储能技术在某些方面性能优异，有着广阔的发展空间。各种储能技术的成熟度如图 2-3 所示。

2. 功率与放电时间

目前仅有抽水蓄能与压缩空气储能两种储能技术具有 GW 级的高功率和小时级的放电时间。在其他储能技术中，飞轮和各种电池一般有 MW 级功率、数分钟到数小时放电时间；超级电容器与超导磁储能有很高的功率（MW 级），但放电时间很短（数秒到数分钟）。各种储能技术的功率与放电时间如图 2-4 所示。

3. 循环效率与循环寿命

大部分储能技术的循环效率都在 70% 以上，因为效率过低的储能系统的实用价值不高。氢储能与热储能的循环效率虽然不高，但由于可以生产有用的副产品，因此也占有一席之地。在各种储能技术中，超级电容器、飞轮、超导磁储能与锂离子电池的循环效率最高，可达 90% 以上。

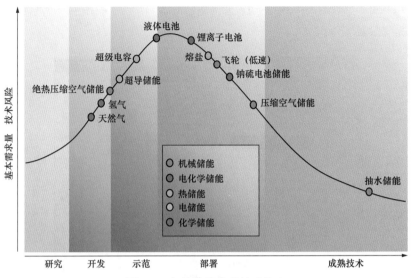

图 2-3　各种储能技术的成熟度

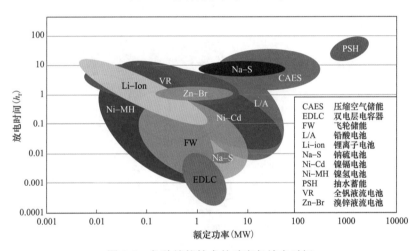

图 2-4　各种储能技术的功率与放电时间

在循环寿命方面，超级电容器与超导磁储能有着极其出色的表现，可达 100000 次以上循环；飞轮储能、抽水蓄能与压缩空气储能同样可以达到上万次的循环寿命。电池类储能技术的循环寿命普遍不高，其中镍镉电池存在记忆效应，循环寿命相对较低；铅酸电池也存在循环寿命较低的问题。各种储能技术的循环效率与循环寿命如图 2-5 所示。

4. 建设与运行成本

抽水蓄能与压缩空气储能由于容量大、循环寿命长，单位建设与运行成本较低；超导磁储能、超级电容器的建设成本很高，但运行成本较低。各种储能技术的建设与运行成本如图 2-6 所示。

抽水蓄能虽然在调峰方面相比于其他储能形式具有巨大的优势，但是受制于地理环境的限制，不适用于河南电网；压缩空气储能由于响应较慢，在调频方面的应用具有较大的劣势；

飞轮储能、电磁储能成本较高，而且研究尚未成熟；氢储能和热储能，同样离实际应用还有很长的距离。

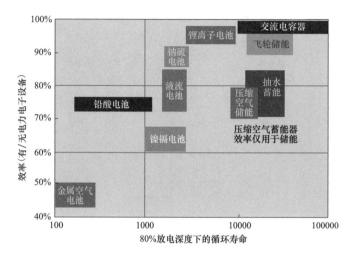

图 2-5　各种储能技术的循环效率与循环寿命

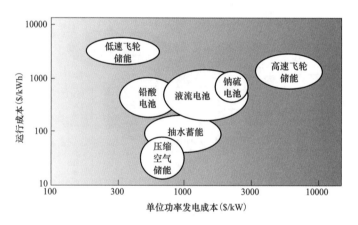

图 2-6　各种储能技术的建设与运行成本

　　综上，电化学储能不受地理环境的限制，响应速度快，能够在系统频率波动时快速响应、给予支撑，功率和能量可根据不同应用需求灵活配置，对于单个储能电站，虽然还不足以满足调峰的需求，但电化学储能适合大规模应用和批量化生产，可通过储能电站群的方式来解决。目前，电化学储能是发展最快、相对成熟的储能技术，尤其是磷酸铁锂电池和铅炭电池，其技术经济性已经具备商业化拐点，使得电化学储能规模化应用成为可能。但电化学储能的种类很多，如铅蓄电池（铅酸、铅炭）、钠硫电池、锂电池、全钒液流电池等，其中，锂离子电池由于各项关键技术的突破以及资源和环保方面的优势，产业发展速度极快，在新能源汽车、新能源发电、智能电网、国防军工等领域的应用越来越受到关注，目前美国、日本、中国等国家均已建成兆瓦级锂离子电池储能应用示范项目。其中，磷酸铁锂电池具有价格相对低和安全性能高的特点，在国内的研究和产业化发展很快，已经开始在电动汽车及电力储能系统中示范运行。未来，锂电池的发展方向为研发新型锂离子电池、开发高性能和全新结构材料等，可以降低投资成本，提高电池的循环寿命和安全性。

2.2.2 电化学储能选型分析

储能参与电网调峰、调频选型要综合考虑高倍率特性、循环寿命、安全性、功率密度、成本和转换效率等因素，因此不同类型储能技术因其技术特点不同，发展速度不一。其中，压缩空气储能和飞轮储能国外发展相对国内更为成熟，但由于压缩空气储能效率较低，飞轮储能受限于成本，二者仍未得到大规模推广应用；超导、超级电容储能已多年未投建，重视程度大幅下降。全钒液流因其 70% 的充放电效率、且冬季需要维持自身温度，效率进一步下降，导致其发展缓慢。

从应用技术类型来看，截至 2015 年国内储能项目统计情况，电化学储能工程类型结构如图 2-7 所示，锂离子电池是最为常用的技术类型，约占所有项目的 59%，其次是铅蓄电池（铅酸、铅炭）约占 18%。

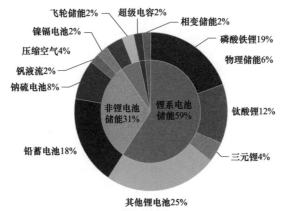

图 2-7　电化学储能工程类型结构图（截至 2015 年投运）

2016～2017 年全球新增投运的电化学储能项目几乎全部使用锂离子电池和铅蓄电池（铅炭），两类技术的新增装机占比分别为 61% 和 25%，新增电化学储能工程类型结构如图 2-8 所示。

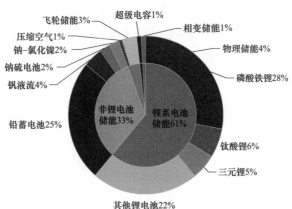

图 2-8　新增电化学储能工程类型结构图（2016～2017 年投运）

2018 年是中国电化学储能发展史的分水岭，电化学储能呈现爆发式增长，新增电化学储能装机功率规模高达 612.8MW，对比 2017 年新增功率规模 147.3MW，同比增长 316%。截至 2020 年底，中国电化学储能市场累积装机功率规模为 3269.2MW，同比增长 91.2%，新增电化学储能累积装机功率规模达到 1.56GW，首次突破 1GW。2020 年中国投运储能项目的装机结构如图 2-9 所示，在各类电化学储能中，锂离子电池的累计装机规模最大，占电化学储能装机规模的 88.8%，装机规模达 2.91GW。

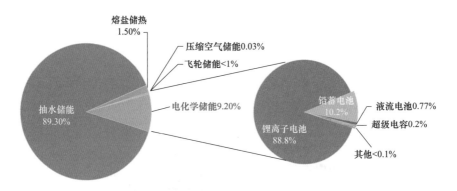

图 2-9 2020 年中国投运储能项目的装机结构图

从电化学储能工程类型及装机结构图可以看出，钠硫、铅酸电池因其低成本在前期占据发展优势，但因低循环寿命制约转而走向没落。铅炭电池改善了铅酸电池的寿命短的劣势，成本依旧较低，得到了快速发展。锂电池依然是 MW 级储能调频应用主流类型，其中钛酸锂电池具有高倍率特性，磷酸铁锂具有循环寿命长优势，三元锂也具有一定应用前景，将来物理储能、氢储能等也将逐一应用于调峰、调频服务领域。综上，储能技术类型呈多元趋势，未来必定是百家争鸣的场景，但就目前来看，最适合商业化运行的调频用储能系统依然是铅炭电池储能系统和锂电池储能系统。

各类电化学储能类型的主要技术经济指标见表 2-3。从表中可以看出：铅酸电池成本最低，但其较低的比能量和比功率及较短的循环次数决定其不宜在调峰、调频等需要频繁充放的场景下应用；钠硫电池投资成本相对较低、循环寿命相对较高，但需要维持 300~350℃ 的工作温度，运行维护费用高且安全性问题突出，大规模应用的安全性可靠性问题尚未完全解决；液流电池的显著优点是循环寿命最长，但目前液流电池普遍应用的条件尚不完全具备，技术尚不成熟，仍然有许多问题亟待研究与突破；镍基电池成本与锂离子电池可比拟，但功率密度、充放电效率等多项指标与锂离子电池存在较大差距；锂离子电池充放电效率最高，在国家政策的支持下锂离子电池技术日益成熟并实现了大规模商业应用，其中磷酸铁锂电池具有价格相对低和安全性能高的特点，已经开始在电动汽车及电力储能系统中示范运行。综合考虑各类电化学储能的出力特性、技术成熟度、经济性，针对本书实际算例河南电网特高压交直流落点的需求，磷酸铁锂电池是相对合理的选择。

表 2-3
各类电化学储能的主要技术经济指标

储能类型	能量密度（Wh/kg）	功率密度（W/kg）	循环寿命（次）	充放电效率	成本（$/kWh）
铅酸电池	25~45	180~200	200~1800	65%~80%	150~500
镍镉电池	50~75	150~300	2000~2500	60%~70%	800~1500
镍氢电池	70~80	250~1000	500~2100	65%~70%	—
钠硫电池	150~240	150~240	2500~4500	75%~90%	300~500
液流电池	10~50	50~140	12000~14000	75%~85%	150~1000
锂离子电池	80~200	500~2000	1000~10000	90%~97%	600~2500

2.3 电化学储能电站配置方法与规划

通过求解基于典型场景集的随机规划模型，可以得到储能的初始配置方案，但由于其未充分考虑风电出力不确定性的影响，且规划结果是基于一个固定的储能预期寿命，储能的初始配置容量与最优配置容量之间可能存在偏差。因此，通过对含初始储能配置方案的系统进行全年的运行模拟，能够在规划期间对储能和风电场未来的运行状况进行较为精细的仿真分析，进一步考虑风电全年的出力变化和储能运行的寿命折损对储能配置结果的影响，以便获取更合理的储能配置方案。

2.3.1 电化学储能电站成本收益及配置方法

本小节首先结合电化学储能的技术特征，建立电化学储能的投资模型，利用雨流计数法统计锂电池的使用寿命与其放电深度关系，并采用基于典型场景集的随机规划模型求解 IEEE MRTS-24 中储能的初始配置容量和功率。

2.3.1.1 电化学储能投资模型

储能系统启动快，出力爬坡迅速，运行灵活，在运行过程中可看作仅受公式（2-2）和（2-3）所示的功率和容量上限的约束。只要储能系统的设计容量和设计功率不小于储能系统在实际运行中的最大功率和最大容量，就可以满足两个约束的要求。

$$-P_{\max} \leqslant P \leqslant P_{\max} \qquad (2-2)$$

$$-P_{\max} \leqslant P \leqslant P_{\max} \qquad (2-3)$$

设控制周期为 T_c，第 k 个控制周期储能系统出力为 P_{ESSm}，则第 k 个控制周期结束时，储能系统剩余电量为

$$E_k = E_0 + \sum_{m=1}^{k} P_{ESSm} T_c \qquad (2-4)$$

式中：E_0 为储能系统初始剩余电量。

为满足系统调峰、调频需求，储能所需最大功率 P_{ESS} 与最大容量 E_{ESS} 分别为

$$P_{ESS} = \max \left\{ \left| P_{ESSk} \right| \right\} \qquad (2-5)$$

$$E_{\mathrm{ESS}} = \max_{k=1,2,\cdots n} E_k - \min_{k=1,2,\cdots n} E_k \qquad (2\text{-}6)$$

为更科学地计算储能系统成本，除关注一次投资外，还需将储能系统的损耗计及在内。储能系统的投资成本计算为

$$\pi^{\mathrm{ESS}} = A_{\mathrm{r}}(C^{\mathrm{ep}}P_{\mathrm{ESS}} + C^{\mathrm{ee}}E_{\mathrm{ESS}}) \qquad (2\text{-}7)$$

式中：π^{ESS} 是储能系统投资成本的等年值；P_{ESS} 和 E_{ESS} 为储能系统的功率和容量配置；C^{ep} 和 C^{ee} 分别为电池单位功率和容量的造价。A_{r} 是储能投资成本的等年值折现率，其计算为

$$A_{\mathrm{r}} = I \times \frac{(1+I)^{Y_{\mathrm{r}}}}{(1+I)^{Y_{\mathrm{r}}} - 1} \qquad (2\text{-}8)$$

其中：I 为年折现率；Y_{r} 是储能使用寿命年限。

2.3.1.2 电化学储能寿命模型

锂电池的使用寿命与其放电深度密切相关，锂电池对应于特定的放电深度下所能释放的总电能是一定的，称之为有效放电量，即锂电池在特定的放电深度下总的循环次数一定。充放电对蓄电池的损耗与充放电的深度密切相关，充放电深度越深，对电池损耗越大，电池寿命越短。在相同的环境条件下，锂电池的循环使用次数为放电深度的递减函数，放电深度越大，循环寿命越短。锂电池在充放电深度 d 下总的循环次数 N_d^{fail} 与充放电深度 d 的关系为

$$N_d^{\mathrm{fail}} = N_{100}^{\mathrm{fail}} d^{-k_{\mathrm{p}}} \qquad (2\text{-}9)$$

式中：N_{100}^{fail} 指充放电深度为 100%时总的可充放次数；k_{p} 为不同类型储能循环寿命的指数系数，k_{p} 的取值一般由电池生产厂家根据实验测试结果提供。

一个完整的循环周期是由一个放电半周期和一个充电半周期构成的，即循环周期为 $SOC_1 \rightarrow SOC_2 \rightarrow SOC_1$。但是在实际应用中，储能电池每次充放电深度一般不等，相邻的两个充放电过程不构成一个完整的循环周期，因此不便于直接进行总循环次数的折算。为了解决这个问题，本小节采用雨流计数法（Rain-Flow-Counting Method）计算实际使用中的 SOC 时间序列对应的等效循环周期。雨流计数法又可称为"塔顶法"，主要用于工程界，特别在疲劳寿命计算中运用非常广泛。这种方法的突出特点是根据所研究对象的应变–时间之间的非线性关系来进行计数，亦即把样本记录用雨流计数法定出一系列循环。雨流计数法示意图如图 2-10 所示。

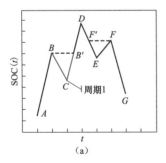
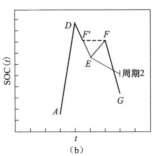
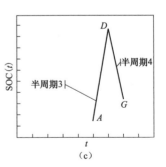

图 2-10　雨流计数法示意图

（a）周期 1；（b）周期 2；（c）半周期 3、半周期 4

雨流计数法的具体操作如下。

（1）步骤 1。应用算法识别时间序列里的极点，包括峰值和谷值，这些极点构成一个新的、更短的时间序列，记为 $SOC(t), t \in \{1,\cdots,T\}$。

（2）步骤 2。对极值序列 SOC（t）应用算法辨识循环。

需要注意的是，雨流计数法中的步骤 2 只是一种等效方法，其结果不唯一，与具体采用"三点法"还是"四点法"有关，下面以"四点法"为例对其原理进行说明。以图 2-10（a）所示 SOC 时间序列中的前四个点 A、B、C、D，它们构成三个充放电进程，其深度分别为

$$\begin{cases} d_{AB} = |SOC_B - SOC_A| \\ d_{BC} = |SOC_C - SOC_B| \\ d_{CD} = |SOC_D - SOC_C| \end{cases} \tag{2-10}$$

若 BC 进程的深度小于或等于 AB 进程和 CD 进程，即 $d_{BC} \leq d_{AB}$，$d_{BC} \leq d_{CD}$，则在线段 CD 上添加辅助点 B'（$SOC_B = SOC_{B'}$），那么 A-B-C-D 可以等效为一个完整循环周期 B-C-B' 和一个半周期 A-B-B'-D。这样可记录下完整循环 B-C-B'，然后对序列 $SOC(t)$ 进行化简，得到更短的时间序列如图 2-10（b）所示。接着对点 A、D、E、F 重复上述操作，发现不满足 $d_{DE} \leq d_{EF}$。则向后移一个时间单位，继续对点 D、E、F、G 重复上述操作，获得一个完整循环 F'-E-F，并得到更短的时间序列如图 2-10（c）所示。由于剩余时间序列里的点数小于 4，终止操作并得到两个半周期 AD 和 DG。

通过雨流计数法获得某一 SOC 时间序列的循环计数周期后，对于某一特定的深度为 d、总次数为 N_d 的完整充放电周期，可以将其等效为 100% 充放电深度下的循环次数，转换公式为

$$N_{eq} = N_d d^{kp} \tag{2-11}$$

对于深度为 d、总次数为 N_d 的充放电循环半周期，其等效的 100% 充放电深度下的循环次数为

$$N_{eq} = 0.5 N_d d^{kp} \tag{2-12}$$

2.3.1.3 储能电站成本及收益分析

在储能配置初始随机规划中，预期使用寿命是储能优化配置问题中的关键参数，对储能最优配置结果有很大影响，然而在实际使用中，锂电池储能的使用寿命与其放电深度和循环次数密切相关，涉及整个寿命周期中的储能参与的电网运行控制。另外，储能的初始配置方案仅为典型场景下随机规划的最优解，未充分考虑全生命周期中可再生能源出力与负荷不确定性的影响。

本小节将结合电力系统全年日运行模拟与影子价格法，对储能配置结果进行经济最优性分析。基于影子价格法的储能经济最优性分析如图 2-11 所示。通过全年日运行模拟可计算得到逐时段的储能充放电深度，然后通过雨流法换算为若干完整周期和半周期，再换算为等效的 100% 充放电深度下的循环次数，这样可获得给定容量和功率配置的储能电池实际使用寿命。

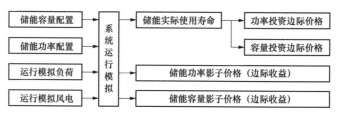

图 2-11　基于影子价格法的储能经济最优性分析

虚拟影子价格，又称边际价格。在经济学中，边际成本等于边际收益时综合效益最大，即增加单位储能容量（功率）所需的投资与带来的收益相等时，该容量（功率）的储能设备给电网带来的综合收益最大。当运行模拟中储能能量上限约束 $E_d(t) \leqslant \overline{\mu} E_{\mathrm{ESS}}$ 的对偶变量为 $\overline{\lambda}_{d,t}$，储能能量下限约束 $\underline{\mu} E_{\mathrm{ESS}} \leqslant E_d(t)$ 的对偶变量为 $\underline{\lambda}_{d,t}$，则储能容量的虚拟影子价格是 $\overline{\mu}\overline{\lambda}_{d,t} - \underline{\mu}\underline{\lambda}_{d,t}$，代表增加单位容量的储能导致目标函数（日运行成本）的减少量。

因此，通过全年运行模拟可得到储能容量边际收益的等年值为

$$MR^E = \sum_{d=1}^{365} \sum_{t=1}^{24} (\overline{\mu}\overline{\lambda}_{d,t} - \underline{\mu}\underline{\lambda}_{d,t}) \tag{2-13}$$

在某些条件下忽略充放电约束，则运行模拟中储能充放电功率上限约束为 $p_d^{\mathrm{dc}}(t) \leqslant P_{\mathrm{ESS}}$ 和 $p_d^{\mathrm{ch}}(t) \leqslant P_{\mathrm{ESS}}$，这两个约束的对偶变量之和 $\pi_{d,t}^{\mathrm{dc}} + \pi_{d,t}^{\mathrm{ch}}$ 即为储能功率的虚拟影子价格，代表增加单位功率的储能导致目标函数（日运行成本）的减少量。因此通过全年运行模拟可得到储能功率边际收益的等年值为

$$MR^P = \sum_{d=1}^{365} \sum_{t=1}^{24} (\pi_{d,t}^{\mathrm{ch}} + \pi_{d,t}^{\mathrm{dc}}) \tag{2-14}$$

由于单位储能容量投资成本 C^{ee} 和单位功率投资成本 C^{ep} 为固定参数，储能投资的边际成本等年值仅取决于其寿命年限 Y_r。A_r 是储能投资成本的等年值折现率，其计算公式为 $A_r = (1+I)^{Y_r}/((1+I)^{Y_r}-1)$。在获取储能的实际使用寿命 Y_r^{rl} 之后，可以计算储能容量的边际成本等年值为

$$MC^E = C^{\mathrm{ee}}(1+I)^{Y_r^{\mathrm{rl}}} / ((1+I)^{Y_r^{\mathrm{rl}}} - 1) \tag{2-15}$$

储能功率的边际成本等年值为

$$MC^P = C^{\mathrm{ep}}(1+I)^{Y_r^{\mathrm{rl}}} / ((1+I)^{Y_r^{\mathrm{rl}}} - 1) \tag{2-16}$$

边际成本（增加单位储能容量或功率所需的投资）和边际收益（增加单位储能容量或功率给电网带来的额外效益）的相对大小反映了当前储能规划方案的经济最优性，并且指导当前规划方案向最佳规划方案的趋优过程。

依旧以 IEEE RTS-24 节点系统测试算例为例进行说明。设以初始规划方案为基准，对不同百分比（如 70%～130%）的容量（功率）配置方案进行全年的日运行模拟并分别计算每个配置方案的边际成本和边际收益，结果如图 2-12 和图 2-13 所示，两图分别绘制了储能容量配置的归一化边际效应净值，即

$$MU^E = \frac{MR^E - MC^E}{\max\{MR^E, MC^E\}} \qquad (2\text{-}17)$$

与储能功率的归一化边际效应净值为

$$MU^P = \frac{MR^P - MC^P}{\max\{MR^P, MC^P\}} \qquad (2\text{-}18)$$

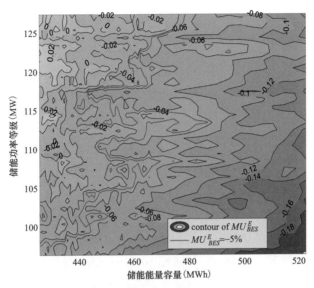

图 2-12　储能容量配置的边际收益与边际成本

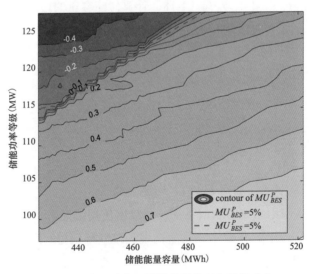

图 2-13　储能功率配置的边际收益与边际成本

　　通过多场景随机规划获得的储能配置方案（519.35MWh，97.87MW）分别位于图 2-12 和图 2-13 的右下角，从图中可以看出，该配置方案功率的边际净效益为正，而容量的边际净效益为负，说明进一步增加功率配置或减少容量配置对系统来说是更有利的。

　　2.3.1.4 将介绍一种两层迭代算法，对储能配置方案进行迭代修正，最终获得边际收益等年值与边际成本等年值最接近的储能容量和功率配置方案。

2.3.1.4 储能电站经济性优化配置方法

全寿命周期最优配置在计算上几乎是不可行的，2.3.1.3 基于影子价格法的储能经济最优性分析方法，通过分解计算，绘制容量和功率边际净效益为零的曲线，两条曲线的交点即为全寿命周期最优的储能配置结果。然而，这种方法需要枚举所有可能的储能容量、功率配置并对其进行运行模拟计算，需求解数量巨大的子问题。针对以上问题，下面给出一种基于模拟运行和储能配置修正的储能电站优化配置方法，简称"运行—校正"的迭代方法。该方法基于储能实际寿命分别计算储能容量和功率的边际净效益，并根据净效益对当前容量和功率配置进行校正。上述过程迭代进行，以影子价格为指导寻找经济性最优的容量和功率规模。

算法具体步骤如下：

（1）步骤 1。设置迭代次数 $k=0$。初始储能寿命年限 $Y_r^{ep}=8$。

（2）步骤 2。基于 8 个典型场景以及储能预期使用年限 Y_r^{ep}，求解多场景随机规划问题获得储能电站功率、容量配置方案 P_{ESS}^k 和 E_{ESS}^k。

（3）步骤 3。采用含储能的多时段 DC-OPF 模型对配置 P_{ESS}^k 和 E_{ESS}^k 的系统进行全年日运行模拟，并基于运行模拟中储能能量变化曲线，利用雨流计数法计算出储能在一年内 100% 充放电深度等效循环次数 N_{eq}^k。根据 N_{eq}^k 与储能 100% 充放电的额定循环次数 N_{100}^{fail} 之间的比值，计算该配置下储能的实际寿命年限 $Y_y^{yl} = N_{100}^{fail} / N_{eq}^k$。

（4）步骤 4。根据式（2-13）～式（2-18）计算储能容量的边际净效益 MU^E 以及储能功率的边际净效益 MU^P。如果 $|MU^E|$ 和 $|MU^P|$ 都小于预设的误差裕度 $\varepsilon=5\%$，则结束算法，最优配置为（P_{ESS}^k，E_{ESS}^k）。否则，转到步骤 5。

（5）步骤 5。对储能功率配置进行修正，即

$$P_{ESS}^{k+1} = P_{ESS}^k(1+\alpha MU^P) \qquad (2-19)$$

对储能容量配置进行修正为

$$E_{ESS}^{k+1} = E_{ESS}^k(1+\alpha MU^E) \qquad (2-20)$$

其中 $a>1$ 是修正的步长。然后 $k=k+1$，转到步骤 3。

仍以 IEEE RTS-24 节点系统为测试系统，并给出仿真结果。

设置预期使用寿命为 8 年，求解多场景随机规划模型得到初始配置方案为功率 97.87MW，容量 519.35MWh。应用上述"运行—校正"的迭代规划方法，经过 14 次迭代后得到最终配置方案，为功率 123.27MW，容量 465.11MWh，该配置下的电化学储能电站的实际使用寿命为 7.93 年。

MU^E 和 E_{ESS}^k 的迭代结果，即储能容量边际净效益与容量规模校正如图 2-14 所示。$k=0$ 时，以 8 年为预期服役寿命得到的初始容量配置方案为 $E_{ESS}^0=519.35$MWh，此时的 MU^E，即系统对容量参数的灵敏度，是绝对值很大的负数，说明在此基础上减少容量配置系统会获益更多。

经过 14 次迭代调整后，获得最终容量配置方案 E_{ESS}^{13} =465.1MWh，此时 $|MU^E|$ =2.98%，在预设误差容忍度 5%以内，表明系统对容量参数的灵敏度接近于 0。

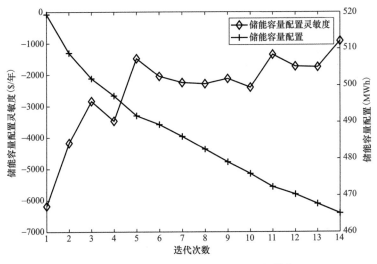

图 2-14　储能容量边际净效益与容量规模校正

MU^P 和 P_{ESS}^k 的迭代结果，即储能功率边际净效益与容量规模校正如图 2-15 所示。k =0 时，以 8 年为预期服役寿命得到的初始容量配置方案为 P_{ESS}^0 =97.87MW，此时的 MU^P ，即系统对功率参数的灵敏度，是绝对值很大的正数，说明在此基础上增加功率配置系统会获益更多。经过 14 次迭代调整后，获得最终功率配置方案 P_{ESS}^{13} =123.27MW，此时 $|MU^E|$ =2.23%，在预设误差容忍度 5%以内，表明系统对功率参数的灵敏度接近于 0。

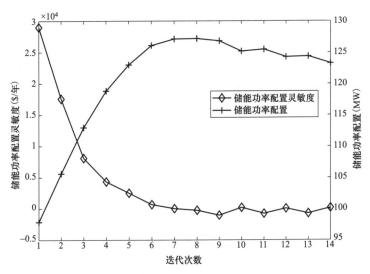

图 2-15　储能功率边际净效益与容量规模校正

接下来，对比本方法与仅应用多场景随机规划所得到的结果。具体方式为利用全年日运行模拟求得含不同配置储能的电力系统全年各成本项的实际值，不同储能规划方法结果对比见表 2-4（成本为等年值，单位为 million USD）。

表 2-4　　　　　　　　　　不同储能规划方法结果对比

规划方法		规划结果	年运行模拟验证			
			实际寿命	储能投资成本	系统运行成本	总成本
运行—校正的迭代方法		（465.11MWh，123.27MW）	7.93 年	15.4257	511.4210	526.8467
多场景随机规划	预期寿命 6 年	（479.42MWh，88.73MW）	7.98 年	15.4820	511.7722	527.2542
	预期寿命 8 年	（519.35MWh，97.87MW）	8.09 年	16.6075	510.4191	527.0265
	预期寿命 10 年	（622.84MWh，117.81MW）	8.23 年	19.6346	507.4805	527.1151

可以看到，多场景随机规划方法所得的结果依赖于储能电池预期服役寿命的设置，不同预计服役寿命得到的结果差异较大，且可能与实际服役寿命有着较大偏差。即使决策者对储能服役寿命的估计比较准确（比如预计服役寿命为 8 年，仅采用多场景随机规划方法得到储能配置为（519.35MWh，97.87MW），该配置下储能电池的实际服役寿命为 8.09 年，与预计服役寿命很接近），但"运行—校正"的迭代方法对含电化学储能电站的电力系统未来运行状况进行了较为精细的仿真和分析，充分考虑了不确定的未来应用场景下配置储能给系统带来的收益，与仅采用多场景随机规划方法相比，给系统节约 179800\$/年的综合成本。从表 2-4 也可看出，所提方法获得的储能规划结果（465.11MWh，123.27MW）对应的系统总成本最小，验证了"运行—校正"的迭代方法对电化学储能电站全寿命周期经济性的提升作用。

2.3.2　储能电站中长期规划模型及决策

2.3.2.1　储能电站中长期规划协调配置

由于储能电站成本昂贵，储能设备的配置必须综合考虑投资成本、运行效益和应用场景等因素，根据具体用途选择适合的建设方案。本小节主要针对单一储能电站建设的优化配置问题进行建模分析，根据场景需求、市场预测和发展趋势，综合考虑储能电站额定功率和容量配置。根据多项储能技术及经济特性，计算储能系统的应用范围与运行成本，为储能电站投资建设提供合理化建议。

1. 目标函数

（1）上层目标。

1）储能系统投资成本。储能投资成本主要与储能系统的额定功率、额定容量和技术经济特点有关，包括储能电池组、电池管理系统、储能变换器、监控系统等的支出，即

$$f_{A1} = \gamma_p P_{rp} + \gamma_E E_{rc} \tag{2-21}$$

式中：γ_p 为单位储能变换器、监控设备的成本及其他费用；P_{rp} 为储能额定功率；γ_E 为单位储能电池组成本、电池管理系统等费用；E_{rc} 为储能额定容量。

2）储能运行效益。当负荷峰值和电价较高时，对储能系统进行充电。当电力系统负荷较

低，电价较低时，储能系统就会放电。利用电价时间差所获得的经济效益年值为储能系统的运行效率，定义为

$$f_{A2} = \sum_{1}^{365} \sum_{i=1}^{n} \lambda_i P_i \Delta t_i \eta \tag{2-22}$$

式中：n 为电价的时段数；λ_i 为第 i 段电价区间；P_i 为储能系统第 i 时段充放电功率；Δt_i 为第 i 时段步长；η 为储能系统充放电效率。

3）环保效果。储能电站替代火电机组进行发电可以节约大量的燃煤，减少了污染物和温室气体排放量。环境效益为

$$f_{A3} = \sum_{j=1}^{m} \frac{P_\Sigma}{\mu} V_j Q_j + I \tag{2-23}$$

式中：P_Σ 为储能年发电量；μ 为单位燃煤发电量；V_j 为节约单位污染物 j 的环境价值；Q_j 为单位燃煤中污染物 j 的含量；I 为脱硫脱硝费用。

（2）下层目标。

1）净现值。净现值指未来资金流入现值与未来资金流出现值的差额，即

$$f_{B1} = \sum_{n=0}^{N} \frac{y_1(n)}{(1+i_0)^n} + \frac{c_P \varepsilon_P + c_E \varepsilon_E}{(1+i_0)^N} \tag{2-24}$$

式中：N 为根据典型日负荷曲线优化的充放电功率得出的储能系统生命周期；$y_1(n)$ 为第 n 年储能系统净现金流量；i_0 为预期收益率；c_P 为储能系统电子设备成本；ε_P 为储能系统电子设备的剩余率；c_E 为储能电池投资；ε_E 为储能电池剩余成本率。

2）投资回报率。储能系统的年回报率与投资成本的比率，即

$$f_{B2} = \frac{y_1 \dfrac{i_0(1+i_0)^N}{(1+i_0)^N - 1}}{C_0} \times 100\% \tag{2-25}$$

式中：C_0 为储能系统投资成本。

3）投资回收期。储能项目投资回收期指储能项目投资产生的净现金流入实现收回初始总投资所需的时间。如果 $y_1(k) \geqslant 0$ 并且 $y_1(k-1) < 0$，能量存储系统表示为回收期，可表示为

$$f_{B3} = k - 1 + \frac{|C_{NPV}(k-1)|}{y_1(k)}(1+i_0)^k \tag{2-26}$$

式中：$C_{NPV}(k-1)$ 为过去（$k-1$）年的净现值；$y_1(k)$ 为第 k 年的净现金流量。

4）延迟设备投资。储能电站的削峰填谷作用可以延缓电力设备的扩容，效益表示为

$$f_{B4} = \lambda_d C_d \eta P_{rp} \tag{2-27}$$

式中：λ_d 为设备固定资产折旧率；C_d 为设备单位生产能力成本。

5）操作和维护费用。储能系统的运行维护成本与其运行状态有关，可以表示为

$$f_{B5} = C_m \times P_\Sigma \tag{2-28}$$

式中：C_m 为每千瓦时操作和维护费用。

2. 约束条件

（1）等式约束。含有 N_b 个节点的电力系统，等式约束主要是潮流方程约束，即

$$
\begin{cases}
P_i = U_i \sum_{j=i} U_j (G_{ij}\cos\theta_{ij} + B_{ij}\sin\theta_{ij}) \\
(i = 1, 2, \cdots, N_b) \\
Q_i = U_i \sum_{j=i} U_j (G_{ij}\sin\theta_{ij} - B_{ij}\cos\theta_{ij}) \\
(i = 1, 2, \cdots, N_b)
\end{cases}
\tag{2-29}
$$

式中：$j\in i$ 表示 $\sum$ 号后的标号 j 的节点必须直接和节点 i 相连，包括 $j=i$ 的情况；P_i 为节点 i 有功注入；Q_i 为节点 i 无功注入；U_i 为节点 i 电压模值；θ_{ij} 为节点 i 和节点 j 的电压相角差。

（2）不等式约束。不等式约束为

$$
\begin{cases}
P_{G,i}^{\min} \leqslant P_{G,i} \leqslant P_{G,i}^{\max} & i = 1, 2, \cdots, N_G \\
Q_{G,i}^{\min} \leqslant Q_{G,i} \leqslant Q_{G,i}^{\max} & i = 1, 2, \cdots, N_G \\
U_j^{\min} \leqslant U_j \leqslant U_j^{\max} & j = 1, 2, \cdots, N_b \\
P_{L,l} \leqslant P_{L\max,l} & l = 1, 2, \cdots, N_L \\
f_{\min} \leqslant f \leqslant f_{\max}
\end{cases}
\tag{2-30}
$$

式中：N_G 为系统中机组的总台数；$P_{G,i}^{\min}$ 和 $P_{G,i}^{\max}$ 分别为机组 i 的最小和最大有功出力限值；$Q_{G,i}^{\min}$ 和 $Q_{G,i}^{\max}$ 分别为机组 i 的最小和最大无功出力限值；U_j 为节点 j 电压，$U_j^{\min}$ 和 $U_j^{\max}$ 分别为节点 j 在正常情况下允许的电压最小和最大值，此处取为 0.9p.u. 和 1.1p.u.；N_L 为系统中线路总数，$P_{L,l}$ 为线路 l 上流过的有功功率，$P_{L\max,l}$ 为线路 l 在正常情况下允许输送的最大功率；$f_{\min}$ 和 $f_{\max}$ 为系统允许的频率最小和最大值。

（3）储能系统充放电功率约束为

$$
-P_{rp} \leqslant P_{e,j}(t) \leqslant P_{rp}
\tag{2-31}
$$

（4）储能系统的电量状态约束为

$$
SOC_{\min} \leqslant S_{e,j}(t) \leqslant SOC_{\max}
\tag{2-32}
$$

式中：$SOC_{\min}$ 为储能系统最低电量；$SOC_{\max}$ 为储能系统最高电量。

2.3.2.2 储能电站中长期规划模型求解

免疫算法是在免疫学基础上发展而来的新型智能优化算法，它利用免疫系统的多样性产生和维持机制来保持种群的多样性，一定程度上改善了寻优过程中难处理的早熟问题。将求解问题的多目标函数对应于入侵免疫系统的抗原，将多目标函数的可行解对应于免疫系统产生的抗体，抗体与抗原间的亲和力描述了可行解与最优解之间的近似程度。采用免疫算法求解此问题，每个抗体代表一种规划方案，根据方案计算目标函数值。根据方案构建规划网架，并进行潮流校验，采用罚函数法处理校验越限方案。抗体编码及评价方式主要包括以下

两方面。

1. 决策变量编码设计

将建电站容量作为抗体长度，抗体的每位编码代表一个容量等级，编码采用二进制，1 表示储能容量在此等级以上，0 表示储能容量在此等级以下。

2. 抗体评价方式的确定

采用期望繁殖概率评价抗体的优劣，主要根据目标函数进行设置。计算步骤如下：

（1）抗体与抗原间的亲和力为

$$\begin{cases} A_v = \sum_{j=1}^{m} A_{v,j} \\ A_{v,j} = r_{v,j} - M \end{cases} \tag{2-33}$$

式中：m 为目标函数个数；$r_{v,j}$ 为抗体 v 的目标函数 j 的规范化值，其中 n 为抗体群规模；M 为违反约束条件给予的惩罚，若符合约束条件，M 取 0，否则 M 取一个较大的正数。由于储能电站中长期规划模型为多目标优化问题，因此取方案各目标亲和力之和表示总体亲和力。

（2）效益型指标为

$$r_{v,j} = \frac{f_{v,j}}{\max_{1 \leq i \leq n} \{f_{i,j}\}} \tag{2-34}$$

（3）成本型指标为

$$r_{v,j} = \frac{\min_{1 \leq i \leq n} \{f_{i,j}\}}{f_{v,j}} \tag{2-35}$$

（4）抗体与抗体间的亲和力为

$$S_{v,s} = \frac{k_{v,s}}{L} \tag{2-36}$$

式中：$k_{v,s}$ 为抗体 v 与抗体 s 中相同的位数；L 为抗体长度。

（5）抗体浓度为

$$C_v = \frac{1}{N} \sum S_{v,s} \tag{2-37}$$

式中：N 为抗体总数；$S_{v,s} = \begin{cases} 1 & S_{v,s} \geq T \\ 0 & S_{v,s} < T \end{cases}$；$T$ 为设定的阈值。

（6）期望繁殖率为

$$P_i = \alpha \frac{A_v}{\left| \sum A_v \right|} + (1 - \alpha) \frac{C_v}{\sum C_v} \tag{2-38}$$

式中：α 为比例系数，$0 \leq \alpha \leq 1$。

由式（2-33）~式（2-38）可见，抗体的亲和力越高，期望繁殖率越大；浓度越大，期望繁殖率越小，从而保证抗体多样性。

2.3.2.3 储能电站中长期规划方案多属性决策

采用免疫算法求解多目标优化模型，获得了方案的 Pareto 最优解集，还需要根据决策者的偏好和实际客观状况确定最终满意解。

灰色关联法是综合灰色系统理论和逼近思想的多属性决策方法，可以很好地解决实际系统中的灰色多属性决策问题，且有较高的决策灵敏度。本小节采用灰色关联模型进行多属性决策，具体决策过程如下：

（1）构造有 n 个方案 m 个属性的决策矩阵 $F=(f_{ij})_{n \times m}$，$i \in [1, n], j \in [1, m]$，经过规范化处理得规范化矩阵 $R=(r_{ij})_{n \times m}$。

（2）设

$$r_j^+ = \max\{r_{ij} \mid 1 \leqslant i \leqslant n\}, j=1,2,\cdots,m \tag{2-39}$$

$$r_j^- = \min\{r_{ij} \mid 1 \leqslant i \leqslant n\}, j=1,2,\cdots,m \tag{2-40}$$

则正理想解与负理想解分别为

$$S^+ = \{r_1^+, r_2^+, \cdots, r_m^+\} \tag{2-41}$$

$$S^- = \{r_1^-, r_2^-, \cdots, r_m^-\} \tag{2-42}$$

（3）计算方案 i 与正负理想方案关于指标 j 的灰关联系数分别为

$$\xi_{ij}^+ = \frac{\min\limits_{i}\min\limits_{j}\left|r_{ij}-r_j^+\right| + \rho \max\limits_{i}\max\limits_{j}\left|r_{ij}-r_j^+\right|}{\left|r_{ij}-r_j^+\right| + \rho \max\limits_{i}\max\limits_{j}\left|r_{ij}-r_j^+\right|} \tag{2-43}$$

$$\xi_{ij}^- = \frac{\min\limits_{i}\min\limits_{j}\left|r_{ij}-r_j^-\right| + \rho \max\limits_{i}\max\limits_{j}\left|r_{ij}-r_j^-\right|}{\left|r_{ij}-r_j^-\right| + \rho \max\limits_{i}\max\limits_{j}\left|r_{ij}-r_j^-\right|} \tag{2-44}$$

式中：ρ 为分辨系数，$\rho \in [0, 1]$，一般取 $\rho=0.5$。

（4）计算方案 i 与正负理想方案的关联度分别为

$$\gamma_i^+ = \sum_{j=1}^{m} \omega_j \xi_{ij}^+, \quad i=1,2,\cdots,n \tag{2-45}$$

$$\gamma_i^- = \sum_{j=1}^{m} \omega_j \xi_{ij}^-, \quad i=1,2,\cdots,n \tag{2-46}$$

式中：γ_i^+ 越大，表示方案 i 与正理想方案越接近，方案越佳；γ_i^- 则相反，γ_i^- 越小，方案越佳。

（5）定义优属度 u_i 来综合衡量方案 S_i 靠近正理想方案和远离负理想方案的程度。方案 S_i 以优属度 u_i 趋近于正理想方案，同时以 $1-u_i$ 趋近于负理想方案。根据最小平方和准则，建立方案 i 的评价函数为

$$\min F(u_i) = [(D_i^+)^2 + (D_i^-)^2] \tag{2-47}$$

式中：$D_i^+ = u_i \gamma_i^+$，$D_i^- = (1-u_i) \gamma_i^-$。令 $dF(ui)/dui=0$，易得

$$u_i = \frac{(\gamma_i^+)^2}{(\gamma_i^+)^2 + (\gamma_i^-)^2} \tag{2-48}$$

因此，将优属度 u_i 作为参评不同方案优劣的综合指标，对其进行降序排序，u_i 值最大的方案即是最优方案。

2.3.2.4 算例仿真与分析

本小节选取河南电网实际系统 220kV 某储能电站为算例，对其储能配置方案进行优化。主要技术参数与分时电价、环境成本分别见表 2-5、表 2-6。

表 2-5   主要技术参数与分时电价

指标	值	指标	值
γ_P	600（¥·kW）	Δt	2（h）
γ_E	1850（¥·kWh）	I	2（百万/年）
η	90%	μ	0.26（kWh·kg^{-1}）
λ_d	35%	C_d	780（¥·kWh）
C_m	0.4（¥·kWh）	i_0	3%
时段 1 费用	0.36（¥·kWh）	时段 3 费用	0.82（¥·kWh）
时段 2 费用	1.1（¥·kWh）	时段 4 费用	0.65（¥·kWh）

表 2-6   环 境 成 本

指标	标准值（¥·kg^{-1}）	常规燃煤发电	
		g（kWh）$^{-1}$	0.01¥（kWh）$^{-1}$
SO_2	6.00	8.556	5.1396
NO_x	8.00	3.803	3.042
CO_2	0.023	822.802	1.8924
CO	1.00	0.124	0.0124
TSP	2.20	0.1904	0.0418
Ash	0.12	52.287	0.6274

选取 3 位专家对目标函数的重要性进行评价，专家评价，即模糊隶属度函数见表 2-7。

表 2-7   模 糊 隶 属 度 函 数

指标	专家 A	专家 B	专家 C
f_{A1}	H	M	M
f_{A2}	H	H	H
f_{A3}	M	H	M
f_{B1}	M	H	M

指标	专家 A	专家 B	专家 C
f_{B2}	M	M	L
f_{B3}	H	H	M
f_{B4}	L	M	H
f_{B5}	H	L	H

注　H 为高级；M 为中级；L 为低级。

利用免疫算法对方案进行优化求解，主要参数设置如下：抗体群规模为 50，每个抗体基因位数设为 20（容量选择范围 0~200MW，1 表示此位有效，0 表示此位无效），交叉概率取 0.7，变异概率取 0.3，最大迭代次数设为 100，多样性评价参数取 0.95，惩罚因子 M 值取 1，比例系数 α 取 0.5，抗体群淘汰数 m 为 10。随机产生初始种群，求解多目标优化问题的 Pareto 最优解集。免疫算法求得的上层目标函数的 Pareto 最优解集分布如图 2-16 所示。

对 Pareto 解集进行了筛选，最优结果，即下层目标函数的最优值如图 2-17 所示。

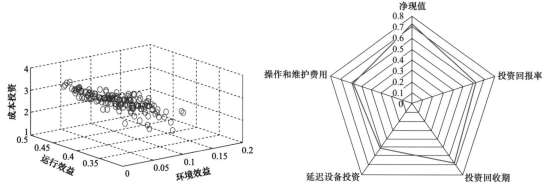

图 2-16　上层目标函数的 Pareto 最优解集分布　　图 2-17　下层目标函数的最优值（标准化值）

根据建模、优化和决策的过程，最终选定的储能容量为 100MW/200MW·h。从以上结果可以看出，储能电站项目设备投资相对昂贵，通过运营效益和环境效益实现成本回收需要 17.3 年以上的时间。因此，储能电站的建设需要较长的时间回收成本，是一项长期的投资，在早期阶段进行充分的长期规划是必要的。同时，也应考虑到多种不确定因素，以便在储能电站建设中发挥更大的作用。

2.3.3　储能电站多典型场景分析与例证

2.3.2 结合 IEEE 标准算例分析了规划模型的合理性，本小节将通过河南电网实际算例检验储能容量配置结果的有效性，为面向电网调峰、调频需求的储能选型与优化配置思路和方案提供参考和借鉴。

2.3.3.1　河南电网基本概况与分析

本部分选取河南电网 220kV 及以上的母线真实系统，并对低电压等级母线做适当等效合并，最后保留了 398 个母线节点，594 条线路，151 台发电机。这样做既简化了计算，避免产生过多的变量和约束影响计算效率，同时尽可能地保留了反映实际电网特性的负荷、线路参数。河南省 220kV 及以上电网地理接线图如图 2-18 所示。

河南电网作为直流受端省级电网，通过灵宝直流背靠背工程和 ±800kV 特高压哈郑直流（又称天中直流）与西北电网互联，并通过长南线及南荆线两回特高压交流线路与华北电网和湖北电网相连。2021 年，在现状网架基础上，新增交流特高压驻马店站及南阳—驻马店双回线路，并且投运青豫直流高端。

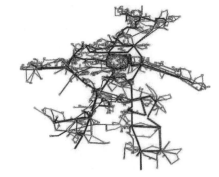

图 2-18 河南省 220kV 及以上电网地理接线图

河南电网特高压线路的详细信息见表 2-8。

表 2-8 河南电网特高压线路的详细信息

序号	特高压线路	交/直流	起点	受端	额定输送容量（万 kW）	电压等级（kV）
1	天中直流	直流	新哈密	豫郑州换	800	±800
2	灵宝背靠背 1 期	直流	陕罗敷	豫灵宝 50	36	±120
3	灵宝背靠背 2 期	直流	陕东南郊	豫灵宝 22	75	±120
4	青海-河南直流	直流	青海	驻马换	800	±800
5	长南线	交流单回	晋东南	豫南阳	500	1000
		交流单回	豫南阳	湖北荆门	500	1000
6	南阳-驻马店	交流双回	豫南阳	驻马店		1000

河南电网装机构成主要以火电机组为主。截至 2018 年底，河南电网统调火电装机约 64000MW。根据河南省网常规统调机组规划，到 2025 年全省常规统调机组装机容量 76275MW。新能源方面，截至 2019 年，河南省的风电装机容量约为 7300MW，河南电网风电主要集中豫西、豫北等地区，并持续推进豫西沿黄山地、豫北沿太行山区、豫西南伏牛山区、豫南桐柏山—大别山区 4 个风带山地百万千瓦级风电场项目建设。2021 年底，河南省风电装机 18000MW；预计至 2025 年，河南省风电装机可达 27000MW。河南省风电装机情况如图 2-19 所示，显示了河南省风电装机的区域分布特性，可以看到，河南风电主要集中于三门峡、安阳、南阳等地区，但同时局部地区新能源装机在快速增长。

对河南系统进行测算时，假设锂电池储能 100%放电深度循环 6000 次，使用寿命年限为 7 年。锂电池的循环寿命指数系数 kp 取为 1.25，银行年折现率取为 4.9%。电网运行成本参数见表 2-9。

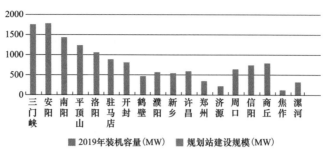

图 2-19　河南省风电装机情况

表 2-9　　　　　　　　　　　　　电网运行成本参数

成 本 项	数值	成 本 项	数值
储能投资功率成本（$/MW）	25000	传统机组成本系数常数项（$/h）	500
储能投资容量成本（$/MWh）	100000	弃风成本（$/MWh）	30
传统机组成本系数一次项（$/MWh）	20 或 40	风力发电成本（$/MWh）	0

2.3.3.2　河南电网储能电站典型场景分析

根据河南电网 2019 年的历史负荷数据，得到河南电网春夏秋冬四个季节的大负荷日和小负荷日共 8 个典型日负荷曲线，河南电网典型日标幺负荷曲线如图 2-20 所示。

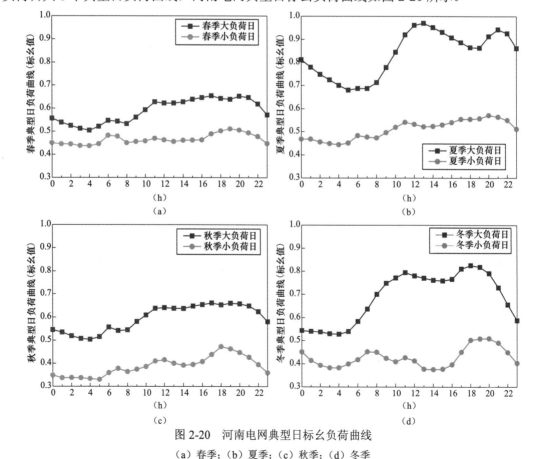

图 2-20　河南电网典型日标幺负荷曲线

（a）春季；（b）夏季；（c）秋季；（d）冬季

各典型日的负荷特性见表 2-10。可以看出，河南电网夏、冬季大负荷日和秋、冬季小负荷日的峰谷差率较大，分别为 30%、36%、30% 和 26%，而其他典型日的峰谷差率相对较小。

表 2-10　　　　　　　　　　　各 典 型 日 的 负 荷 特 性

典型日类型		尖峰负荷（标幺值）	峰谷差率
春季	大负荷日	0.65	0.23
	小负荷日	0.51	0.15
夏季	大负荷日	0.97	0.30
	小负荷日	0.57	0.22
秋季	大负荷日	0.66	0.24
	小负荷日	0.47	0.30
冬季	大负荷日	0.83	0.36
	小负荷日	0.51	0.26

由河南电网 2018 年实测数据得到的风电平均出力曲线如图 2-21 所示，可以明显观察到：风电出力具有反调峰特性，且春、冬两季平均出力较多，夏、秋两季平均出力较少。但是，同时也可以观察到，基于平均值的风电典型出力场景中，风电曲线变化趋势平缓，波动特性不明显。图 2-21 只能反映该地区风电出力的平均水平却无法刻画出波动特性，导致决策者倾向于选择偏离实际的储能容量功率配置。

针对以上问题，根据皮尔逊相关系数理论，基于河南电网 2018 年风电实测数据，获取春、夏、秋、冬四季的风电顺调峰典型场景和逆调峰典型场景，如图 2-22 所示。为了更好发挥储能缓解弃风调峰的作用，同时为了保留风电曲线的波动性，选取四个季节逆调峰特性最明显的日风电曲线

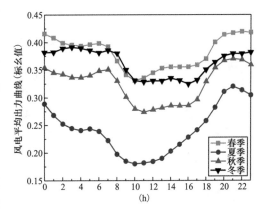

图 2-21　河南电网 2018 年实测风电平均出力曲线

（并按照 2025 年规划结果调整风电规模）作为面向调峰需求的风电出力典型场景。

因此，本小节得到的初始场景为河南电网春夏秋冬四个季节的大负荷日和小负荷日，共 8 个典型日。为了更好发挥储能配置在电网调峰中的作用，并减轻计算负担，本小节选择夏季大负荷日、冬季大负荷日、秋季小负荷日、冬季小负荷日 4 个峰谷差相对较大的典型日进行计算分析，典型场景数削减至 4 个，储能配置初始随机规划典型场景见表 2-11。

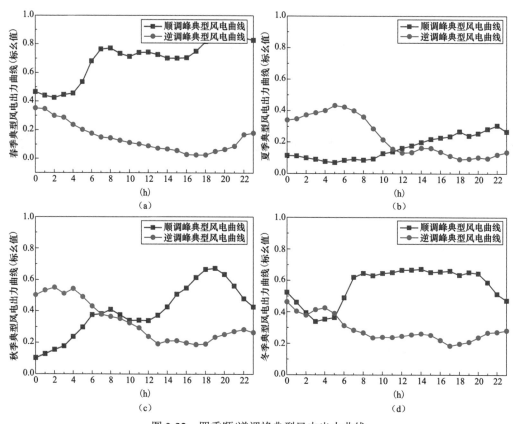

图 2-22　四季顺/逆调峰典型风电出力曲线

（a）春季；（b）夏季；（c）秋季；（d）冬季

表 2-11　　　　　　　　　　储能配置初始随机规划典型场景

典型场景	负　　荷	风　　电
1	夏季大负荷日	夏季典型逆调峰曲线
2	冬季大负荷日	冬季典型逆调峰曲线
3	秋季小负荷日	秋季典型逆调峰曲线
4	冬季小负荷日	冬季典型逆调峰曲线

截至 2020 年底，河南省安阳地区具有全省最大的装机容量。在该仿真算例中，本小节考虑安阳地区的 12 个风电场（9 个接入 220kV 站点），并按照 2025 年的风电装机规划乘以一定的比例因子，得到安阳地区风电场参数设置（见表 2-12）。风电出力数据参考 2018 年实测数据。

表 2-12　　　　　　　　　　安阳地区风电场参数设置

序号	所在地市	项目名称	电场（电厂）容量（MW）	接入系统220（kV）站点
1	安阳	昼×风电场	610.69	崇义
2	安阳	强×风电场	610.69	帝喾

序号	所在地市	项目名称	电场（电厂）容量（MW）	接入系统220（kV）站点
3	安阳	占×风电场	117.25	红旗渠
4	安阳	润×风电场	395.73	瓦岗
5	安阳	守×风电场	488.56	蓝旗
6	安阳	杰×风电场	732.83	蓝旗
7	安阳	河×风电项目	122.14	管营
8	安阳	鹏×电场	370.81	汤阴
9	安阳	沐×风电场	244.28	易都
10	安阳	大×风电场	122.14	易都
11	安阳	大×风电场项目	122.14	砥柱
12	安阳	硕×风电场	366.42	顾顼

储能配置初始随机规划显示，系统需要在守×风电场和杰×风电场的并入系统网点——蓝旗安设一定规模的储能装置，初始规划结果见表 2-13。

可见，系统无储能时的年发电成本为 6369.45 million USD/年，弃风调峰成本为 2.22 million USD/年，总成本 6371.68 million USD。观察表 2-13 可发现，不同的储能预期寿命对应不同的储能配置方案，储能给系统带来的经济增益也不同。低寿命（7 年）预期下，在该站点安装储能可以降低系统综合成本约 9000 USD/年；高寿命（11 年）预期下，在该站点安装储能可以降低系统综合成本约 1.37 million USD/年。预期寿命越高，储能固定投资成本折合到年就越小，相当于单位储能的造价更低，系统更倾向于配置更大规模的储能。

表 2-13　　　　　　　　初 始 规 划 结 果

预期寿命（年）		7	7.5	8	8.5	9
容量配置（MWh）		58.13	70.37	140.75	297.42	297.42
功率配置（MW）		46.50	56.30	56.30	79.31	79.31
成本项等年值（million USD）	储能投资	1.20	1.37	2.38	4.65	4.44
	传统机组	6368.52	6368.34	6367.55	6365.78	6365.78
	弃风成本	1.87	1.80	1.49	0.80	0.80
	总成本	6371.59	6371.51	6371.42	6371.24	6371.03
预期寿命（年）		9.5	10	10.5	11	11.5
容量配置（MWh）		297.42	297.42	297.42	537.56	737.56
功率配置（MW）		79.31	79.31	118.97	215.02	215.02
成本项等年值（million USD）	储能投资	4.25	4.09	4.06	7.08	6.85
	传统机组	6365.78	6365.78	6365.66	6363.11	6363.11
	弃风成本	0.80	0.80	0.80	0.10	0.10
	总成本	6370.84	6370.68	6370.52	6370.30	6370.06

接下来，对含初始储能配置的系统进行全年运行模拟，并进行储能设备和风电场未来的运行状况仿真分析，充分考虑风电出力不确定性和储能运行寿命折损对储能最优配置结果的影响，得到不同配置储能的预期寿命与实际寿命如图 2-23 所示。图 2-23 对比了不同预期寿命下储能最优配置的实际使用寿命，仿真结果显示，当预期寿命较小时（大约低于 10 年），实际寿命会高于预期寿命；当预期寿命较大时（大约高于 10 年），实际寿命会低于预期寿命。

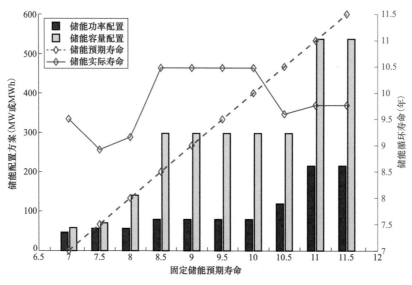

图 2-23 不同配置储能的预期寿命与实际寿命

实际寿命与预期寿命的偏差，威胁到了初始配置方案的经济最优性，因此需要调整预期寿命重新规划，这一迭代过程，即储能寿命与规模调整如图 2-24 所示。初始的预期寿命为 7

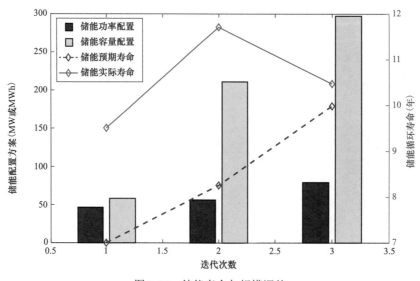

图 2-24 储能寿命与规模调整

年，初始方案为 58.13MWh，46.50MW。经过三次"规划—模拟—矫正"的过程，最终的预期寿命为 9.98 年，实际寿命为 10.47 年，两者之间的相对误差的绝对值在 5%以内，则认为是可以接受的偏差。最终的配置结果为 297.42MWh，79.31MW。该方案是对储能和风电场未来的运行状况进行较为精细的仿真分析后，考虑到风电全年的出力变化和储能运行的寿命折损对储能配置结果的影响，而获取的更合理的个性化储能配置方案。

电化学储能跟踪负荷变化能力强、响应速度快、出力控制精确，且具有功率双向调节能力，储能电站群参与电网调峰、调频、调压可有效增强电网频率调节能力，对提高供电质量、保证电网的安全稳定运行有较大作用。鉴于我国特高压交直流混联受端电网的基本发展现状，针对电化学储能电站群联合参与受端电网调峰、调频，与联合调相机、OLTC、SVG、柔性清洁能源等方式共同调压，提升通道输电能力等方面研究相对较少，电化学储能电站群对于特高压交直流混联受端电网频率稳定、电压调节等作用机理尚不明晰。

因此，本章通过对电化学储能在特高压交直流混联受端电网中的应用关键技术开展研究，提出储能电站群提高受端电网调峰、调频和调压能力的协调控制方法；同时，研究常规机组、调相机与电化学储能电站群之间的协调控制策略，为充分发挥储能作为电网灵活的可调电源的优势提供技术支撑。

3.1 电化学储能电站群与常规电源协调调峰调度策略

本节以实际电网中火电机组、水电机组等常规电源和电化学储能电站作为研究对象，建立电化学储能电站的动态等值模型，研究含储能的电力系统鲁棒机组组合模型及高效求解策略，实现电化学储能电站与常规电源的协调调峰控制，并针对储能电站与常规火电机组协同调峰的特定应用场景，结合河南电网数据研究兼顾技术性和经济性的储能辅助调峰组合方案优化。

3.1.1 电化学储能电站与常规电源协调调峰模型

3.1.1.1 两阶段鲁棒理论

在通常的优化问题中，不确定性有不同的模拟方法，如随机规划就可以很好地解决在具有一定不确定环境下的决策计算，如凸优化问题 $\min\limits_{x\in X} f(x,u)$，在集合 X 是凸集的情况下，如果已知不确定变量 u 的分布 P，则可以将该凸优化问题转化为一个关于期望的随机优化问题 $\min\limits_{x\in X} E_p\left[f(x,u)\right]$。

然而在实际使用时，由于大部分工程决策中，不确定变量 u 的分布无法确定或是被精确计算，使得许多决策无法求解。因此，为了解决随机规划的不足问题，提出了鲁棒优化表达式，与随机优化最为明显的区别是，鲁棒优化采用有限集合（相比于随机优化的概率分布函数）来描述不确定参数的性质。此时，原随机优化问题转变为 $\inf\limits_{x\in X}\max\limits_{P\in \boldsymbol{P}}E_P\big[f(x,u)\big]$。此时，目标函数的计算取决于整个不确定参数分布集中最坏的期望，因此不确定分布集合 P 的确定与检验变得非常重要。

本小节所使用到的传统的两阶段鲁棒优化形式为：$\min\limits_{x\in \boldsymbol{R}^n}\Big[c^T x+\max\limits_{P\in \boldsymbol{P}}E_P\big(Q(x,\varepsilon)\big)\Big]$，s.t. $x\geqslant 0$，其中 $Q(x,\varepsilon)$ 是第二阶段问题的最优值；$\min\limits_{y\in R_m}q^T y$，s.t. $Tx+Wy=u,y\geqslant 0$，其中，u 是决策中的随机变量。两阶段不确定模型通常用来求解实际工程中含有不确定约束的决策问题，电力系统经济调度由于受新能源不确定性的限制，且对系统安全性有非常高的要求，适合使用两阶段鲁棒优化模型求解。从调度的角度解释，将电力系统分成预调度与再调度，即将火电机组的启停作为预调度，将机组出力作为再调度，如果风电不确定集合构建合理，得到的最优解能在保证系统安全运行的前提下最小化运行总成本。

同时，具体的模型包含上层机组组合问题求解与下层鲁棒可行性检测问题，下层问题需要满足的可行域取决于上层问题求解得出的机组组合 x。两阶段鲁棒优化的求解通常来说较为复杂，通常通过本德—对偶割平面的方法在主—子问题中反复迭代，子问题通过向主问题传递割平面从而限制主问题，从而求出满足所有不确定性集合的最优解。在此基础上，后有研究在求解该两阶段鲁棒优化问题时提出了列约束生成法，相比于传统本德—对偶割平面算法该方法更为简单，收敛更快，适合大规模问题的求解。

因此，本小节为了求解在大规模接入新能源电场后电力系统的最佳调度决策，进一步构建了风电场参与的完整电力系统鲁棒机组组合。鲁棒模型强调"鲁棒性"，将调度过程分为"预调度"与"再调度"过程，这样的两阶段调度过程，在决策变量不同时可以解决完全不同的问题，在机组组合模型中，机组启停与机组状态由于需要在日前确定，因此是预调度变量，系统中机组的启停与运行状态无论运行当天的新能源出力如何变化，都应保持与原计划一致，而机组出力则是再调度量，需要在实际运行时，根据出力不确定性的变化再做决定，从而实现出力与负荷的平衡。

以下为本小节所构建的两阶段鲁棒机组组合模型，也是储能参与机组调度的理论基础。目标函数为

$$\min F=\sum_t\sum_i[s_i z_{it}+c_i u_{it}+C_i(p_{it})]\tag{3-1}$$

其中，整体优化目标是电网整体运行成本 F 最小，在式（3-1）中 i 为参与优化的机组数量，t 为优化的时段数一般是 24h，其中的参数与决策变量为：s_i 为机组 i 的启停成本；c_i 为机组 i 的固定运行成本；$C_i(p_{it})=a_i p_{it}^2+b_i p_{it}$ 为机组 i 的可变运行成本，由于存在二次项，因此需要通过近似，从而使目标可解；z_{it} 为机组 i 在时刻 t 的启停决策变量；u_{it} 为机组 i 在时刻 t 的机组运行状态；p_{it} 为机组 i 在时刻 t 的机组出力。

上层问题中的决策变量还需要满足一系列实际约束，才能保证最优解满足电网实际运行要求。定义 p_{jt} 为参与电网的风电机组出力，对风电不确定集合的描述为

$$P^W = \left\{ \{p_{jt}\} \middle| \begin{array}{c} p_{jt} = p_{jt}^e + (\tau_{jt}^+ - \tau_{jt}^-)p_{jt}^h \\ \tau_{jt}^+, \tau_{jt}^- \in \{0,1\} \\ \tau_{jt}^+ + \tau_{jt}^- \leqslant 1 \\ \sum_j \tau_{jt}^+ + \tau_{jt}^- \leqslant \Gamma^s, \forall t \\ \sum_j \tau_{jt}^+ + \tau_{jt}^- \leqslant \Gamma^T, \forall j \end{array} \right\} \tag{3-2}$$

在该定义下，设定参与系统的风电场在同一时间到达不确定边界的个数不多于 Γ^s，一天内同一风电场到达不确定边界的最大时间 Γ^T，保证了风电建模的高效性与可行性，并且能在最大程度上涵盖风电场出力不确定性。

在此不确定性集合的基础上，上层问题中决策变量需要满足的约束有：

（1）机组启停约束。

$$-u_{i(t-1)} + u_{it} - z_{it} \leqslant 0, \forall i, \forall t \tag{3-3}$$

该约束表示机组 i 只有当从 $t-1$ 时刻到 t 时刻启停状态从关变为开时，该时刻该机组的启停决策 $z_{it} = 1$。

（2）最小启停间隔约束。

$$-u_{i(t-1)} + u_{it} - u_{ik} \leqslant 0, \forall i, \forall t, \forall k, t \leqslant k \leqslant T_{on}^i + t - 1 \tag{3-4}$$

$$u_{i(t-1)} - u_{it} + u_{ik} \leqslant 1, \forall i, \forall t, \forall k, t \leqslant k \leqslant T_{off}^i + t - 1 \tag{3-5}$$

该约束来源于机组由于物理原因限制其不能连续启停，因此需要满足最小启停间隔约束，其中 T_{on} 与 T_{off} 就分别代表机组 i 的最小启停时间。

（3）功率平衡约束。

$$\forall t, \forall \{p_{jt}\} \in P^W, \exists \{p_{it}\}: \sum_i p_{it} + \sum_j p_{jt} = \sum_q p_{qt} \tag{3-6}$$

该约束中 p_{jt} 代表第 j 个风电场在 t 时刻的出力，该约束保证了整个电网发电与负荷的平衡。

（4）发电容量约束。

$$u_{it} P_{min}^i \leqslant p_{it} \leqslant u_{it} P_{max}^i, \forall i, \forall t \tag{3-7}$$

该约束限制了每时刻火电机组出力的上下限，该约束也同时确保了关闭的机组出力一定为 0。

（5）爬坡功率约束。

$$p_{i(t+1)} - p_{it} \leqslant u_{it} R_+^i + (1 - u_{it}) P_{max}^i, \forall i, \forall t \tag{3-8}$$

$$p_{it} - p_{i(t+1)} \leqslant u_{i(t+1)} R_-^i + (1 - u_{i(t+1)}) P_{max}^i, \forall i, \forall t \tag{3-9}$$

火电机组调节出力时收到爬坡速率的限制，式（3-8）、（3-9）分别代表机组向上调节和向下

调节时的速度限制。

（6）电网潮流约束。

$$\forall l, \forall t, \forall \{p_{jt}\} \in P^W, \exists \{p_{it}\}:$$
$$-F_l \leqslant \sum_i \pi_{il} p_{it} + \sum_j \pi_{jl} p_{jt} - \sum_q \pi_{ql} p_{qt} \leqslant F_l \tag{3-10}$$

该约束中 π_{jl} 代表风电场 j 到传输线 l 的功率转移因子，该约束代表风电场参与时电网中每条输电线必须时刻满足传输容量约束，保证线路潮流小于最大承载容量。

综合来说式（3-3）～式（3-5）组成了预调度约束 $X(z_{it}, u_{it})$，式（3-6）～式（3-10）组成了再调度约束 $Y(\{z_{it}, u_{it}\}, \{p_{jt}\})$，可以看到再调度变量中的机组出力 $\{p_{it}\}$ 将随着风电场 $\{p_{jt}\}$ 出力确定而确定。

因此，对于该问题，其鲁棒可行域 X_R 需要满足

$$X_R = \left\{ \{u_{it}, z_{it}\} \mid \forall \{p_{jt}\} \in P^W : Y(\{z_{it}, u_{it}\}, \{p_{jt}\}) \neq \varnothing \right\} \tag{3-11}$$

3.1.1.2 储能电站参与鲁棒机组组合模型

正如第 2 章所介绍的，目前对于储能的种类按照不同的技术有着非常详尽的分类，其中电池储能由于其配置灵活、维护方便、响应迅速等优点，近些年被越来越多地运用于电网中。本小节中将对电池储能配置对电网运行成本的增加进行分析，并将根据电池储能特性对储能参与电网决策的限制进行建模。

1. 储能成本的建模

电池储能在近些年已经具备相当的技术成熟度。但是，无论电池储能在电网中能够产生多少正面的效益，其使用与维护所带来的额外经济成本都是首先需要考虑的问题。几种典型电化学储能的运行与成本典型参数见表 3-1。

表 3-1　　　　　　　　　　典型电化学储能的运行与成本典型参数

储能技术	运行效率（%）	寿命（年）	功率容量成本（\$/kW）	能量容量成本（\$/kWh）
锂电池	79～97	5～15	1200～4000	600～2500
超级电容	84～97	10～30	100～300	300～2000
液流电池	70～90	5～10	600～1500	150～1000
钠硫电池	75～90	10～15	1000～3000	300～500
铅酸电池	63～90	5～15	300～600	200～400

从表 3-1 中可以看到，使用不同技术的电化学储能在虽然在参数上有着较大的差异，并且即便是同种储能，也有着不小的区别，但这些典型参数都在一定的范围内浮动，且无论何种电化学技术，都有着效率与成本较高且寿命偏短的特点。

通常来说，在计算电池储能成本时无外乎需要考虑两个主要的成本来源，即表 3-1 中的

功率容量成本与能量容量成本。

假设在系统中加入了 k 组电池储能系统参与电网调度决策，通过先观察该电池的配置成本，定义第 i 组电池储能的单位功率成本 C_{ep}^i，单位容量成本为 C_{ee}^i，它们分别代表在配置该储能时每一单位的电池容量与功率的提升需要额外付出 C_{ee}^i 与 C_{ep}^i 的成本，得到该第 r 组电池储能的总配置成本为

$$C_i = C_{ee}^k S_i + C_{ep}^i R_i \tag{3-12}$$

式中：S_i 与 R_i 分别代表加入系统的第 i 组电池储能配置的电池容量与功率。从而，将所有的 k 组储能总配置成本相加，得到将所有 k 组储能加入系统所需要付出的额外固定成本为

$$\sum_k C_k = \sum_K (C_{ee}^k S_k + C_{ep}^k R_k) \tag{3-13}$$

修改整个问题的目标函数式，由于在机组调度时，本小节是针对一天 24 小时的机组总成本进行优化，因此，本小节需要将储能系统的总成本，从整个寿命周期转化为一天内的成本，在本章中，暂不考虑储能在系统中参与时充放电对储能寿命的影响，在此处简单假设储能电池组可以使用 n 年，则将储能成本均分到储能可以正常运行的每一天，得到储能运行的天数为

$$T = 365n \tag{3-14}$$

得到在一天内储能配置的成本为

$$\Delta F = \frac{\sum_k C_k}{T} = \frac{\sum_k (C_{ee}^k S_k + C_{ep}^k R_k)}{365n} \tag{3-15}$$

从而获取在加入储能后的目标函数为

$$
\begin{aligned}
\min F' &= \min(F + \Delta F) \\
&= \min\left(\sum_t \sum_i (s_i z_{it} + c_i u_{it} + C_i(p_{it})) + \frac{\sum_K (C_{ee}^k S_k + C_{ep}^k R_k)}{365n} \right) \\
&= \min\left(\sum_t \sum_i (s_i z_{it} + c_i u_{it} + C_i(p_{it})) + Cons \right)
\end{aligned}
\tag{3-16}
$$

由于在本章中 S_k 与 R_k 为定值，因此储能折合到一天的成本 ΔF 实际上为定值，该项的加入对目标函数的改变实际不会对总体问题的求解产生影响，最优决策也不会因此改变。因此储能参与后对该决策的主要影响在于储能充放电引出的再调度改变。

2. 储能充放电再调度

在该优化决策模型中，储能的加入除了使优化的总成本发生了改变，同时还会对问题自身产生的额外的再调度决策变量，从而改变原问题的约束形式，因此需要分析储能的详细行为。

假设第 k 组电池储能本身的最大容量为 $S_k^{\max}$，自身的最大充放电功率（充放功率近似一致以便于计算）为 $R_k^{\max x}$，该储能的充放电效率为 η_k。该储能在运行到 t 时刻的自身电荷容量

为 S_{kt}，t 时刻放出能量 rl_{kt}，充入能量 ru_{kt}，则电池储能需要满足以下约束。

（1）容量最大值约束。

$$0 \leqslant S_{kt} \leqslant S_k^{\max} \tag{3-17}$$

该约束保证每个时刻的电池容量在零至最大电池容量之间。

（2）功率最大值约束。

$$0 \leqslant ru_{kt} \leqslant R_k^{\max} \tag{3-18}$$

$$0 \leqslant rl_{kt} \leqslant R_k^{\max} \tag{3-19}$$

该约束保证每个时刻电池的充/放电小于给定的电池充放电最大值。

（3）储能电量变化约束。

$$S_{k1} = \eta_k ru_{k1} - rl_{k1} / \eta_k \tag{3-20}$$

$$S_{kt} = S_{k(t-1)} + \eta_k ru_{kt} - rl_{kt} / \eta_k \tag{3-21}$$

该约束将电池储能的容量与充放电相联系，确保电池行为的可靠性与合理性。

（4）周期约束（视情况是否需要）。

$$S_{k1} = S_{k24} \tag{3-22}$$

该约束确保当天储能所吸收能量完全放出，当连续模拟数天的电网行为时不需要加上，若单独模拟一天可以选择加上来模拟一个以天为基本时间的独立周期内的储能行为。

除了以上储能运行额外的约束，原约束式（3-6）、式（3-10）也需要做一定形式的改变。

（5）功率平衡约束。

$$\forall t, \forall \{ p_{jt} \} \in P^W, \exists \{ p_{it}, ru_{kt}, rl_{kt} \} :$$
$$\sum_i p_{it} + \sum_j p_{jt} + \sum_k rl_{kt} = \sum_q p_{qt} + \sum_k ru_{kt} \tag{3-23}$$

（6）电网潮流约束。

$$\forall l, \forall t, \forall \{ p_{jt} \} \in P^W, \exists \{ p_{it} \} :$$
$$-F_l \leqslant \sum_i \pi_{il} p_{it} + \sum_j \pi_{jl} p_{jt} - \sum_q \pi_{ql} p_{qt} + \sum_k \pi_{kl} rl_{kt} - \sum_k \pi_{kl} ru_{kt} \leqslant F_l \tag{3-24}$$

该约束中 π_{kt} 代表电池储能 k 到传输线 l 的功率转移因子，以上两组约束形式的变化代表了储能充放作为新的决策变量，对鲁棒机组组合的求解产生了影响。

可以发现，系统在加入电池储能后每个时刻的充放电 ru_{kt}、rl_{kt} 也成为电网的再调度量，在实施机组组合时只有 $\{u_{it}\}$ 被执行，而储能决策 ru_{kt}、rl_{kt} 与机组出力 P_{it} 一起需要在获得风电场出力后才能决定，从而得到使整个问题得到满足风电不确定性的最优解，具有鲁棒性，此时鲁棒可行域 X_R' 满足

$$X_R' = \left\{ \{ u_{it}, z_{it} \} \mid \begin{array}{l} \forall \{ p_{jt} \} \in P^W : \\ Y'\left(\{ z_{it}, u_{it} \}, \{ p_{jt}, ru_{kt}, rl_{kt} \} \right) \neq \varnothing \end{array} \right\} \tag{3-25}$$

3.1.1.3 算例仿真与分析

含储能参与的鲁棒机组组合问题具有两阶段决策的特性，其中火电机组启停决策 z_{it} 与状态决策 u_{it} 属于预调度变量，而机组出力 p_{it} 与储能充放电 ru_{kt}、rl_{kt} 均作为再调度，需要在风电出力 p_{it} 确定之后进一步调整，因符合标准的两阶段鲁棒优化形式，将原本的调度问题中的预调度与再调度的确定分解到两个独立的问题。

该问题经过转化后的形式如下。

上层问题（MP）：机组组合，即

$$\min_{z_{it},u_{it}\in X} F_{\text{TLUC}} = \sum_t \sum_i (s_i z_{it} + c_i u_{it} + C_i(p_{it}))$$
$$+ \frac{\sum_K \left(C_{\text{ee}}^k S_k + C_{\text{ep}}^k R_k\right)}{365n} \tag{3-26}$$

上层问题中预调度约束为约束式（3-3）～式（3-5）。

下层问题（SP）：可行性检测，即

$$F_{\text{RFT}} = \max_{\{p_{jt}\}\in P^W} S(\{u_{it}\},\{p_{jt}\}) \tag{3-27}$$

$$S(\{u_{it}\},\{p_{jt}\}) = \min_{\{p_{it}\},\{ru_{kt}\},\{rl_{kt}\},s^+\geq 0,s^-\geq 0} l^T s^+ + l^T s^- \tag{3-28}$$

下层问题是为了检验上层问题中求解到的最优机组组合 $\{u_{it}\}$ 是否能满足在给定风电不确定性的条件下的机组出力与储能充放电在可行的范围内，下层问题中的松弛变量 s^+ 与 s^- 来自再调度变量约束式（3-7）～式（3-9）以及式（3-17）～式（3-24），在约束中添加松弛变量 s^+ 与 s^- 是为了检验约束的可行性，可以证明当且仅当下层问题 $F_{\text{RFT}}=0$ 时，求得的最优机组组合 $\{u_{it}\}$ 满足鲁棒性的要求。

采用约束生成法来求解两阶段鲁棒优化问题，具体的解法是首先针对上层问题 MP 求出最优解 $F_{\min}^{\text{TLUC}}$ 以及其对应的火电机组状态 $\{u_{it}\}$，将其传到子问题中进行鲁棒可行性检验，针对下层问题 SP，在上层问题传来的机组状态 $\{u_{it}\}$ 下，求解在给定不确定预算下再调度量机组出力与储能充放电是否满足其可行性约束，下层问题的形式本质上是一个 max-min 问题，本小节使用对偶将该问题转化为 max-max 问题，求解出松弛变量和的最大值 $F_{\max}^{\text{RFT}}$，若在上层问题最优值 $F_{\min}^{\text{TLUC}}$ 对应的 $\{u_{it}\}$ 下，$F_{\max}^{\text{RFT}}=0$，此时说明再调度量有可行值，该结论符合可行性检测，结论具有鲁棒性；若此时 $F_{\max}^{\text{RFT}}\neq 0$，说明在已经确定的机组组合 $\{u_{it}\}$ 下，再调度变量 p_{it}、ru_{kt}、rl_{kt} 无法在风电不确定性与预调度构成的范围内找到可行解，即上层问题最优值 $F_{\min}^{\text{TLUC}}$ 不具有鲁棒性，此时本小节将下层问题中 $F_{\max}^{\text{RFT}}$ 所对应的最差风电出力 $\{p_{jt}^{\text{worst}}\}$ 传递回主问题，作为主问题决策的额外约束再次求解在新约束添加后主问题的最优解 $F_{\min}^{\text{TLUC}}$。

根据此流程反复迭代，最终求出使得总成本最小而又能满足给定不确定性预算的最优鲁棒解，整体求解流程如图 3-1 所示。

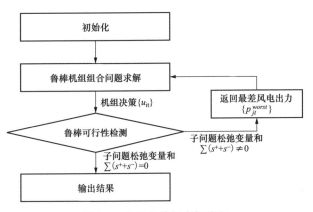

图 3-1　最优鲁棒解求解流程

本小节中，为了验证给出储能参与的两阶段鲁棒优化模型的正确性与有效性，在简单 IEEE-39 节点标准系统中进行算例测试与分析，该系统有 10 台传统机组，39 个节点以及 46 条输电线路，IEEE-39 节点如图 3-2 所示。

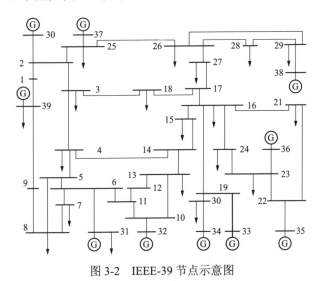

图 3-2　IEEE-39 节点示意图

由于使用的测试数据与标准 39 节点系统参数一致，所以在此对数值的选取不做更多说明，IEEE-39 系统中火电机组参数见表 3-2。

表 3-2　　　　　　　　　　　　　IEEE-39 系统中火电机组参数

机组	$[P_{min}, P_{max}]$（MW）	启停成本（\$）	a_i（\$/MW^{2}h）	b_i（\$/MWh）	c_i（\$/h）	爬坡速率（MW/h）	最小启停时间（h）
G1	[150,455]	9000	0.00048	16.19	1000	150	6
G2	[150,455]	10000	0.00031	17.26	970	150	6
G3	[60,130]	3100	0.002	16.60	700	50	5
G4	[60,130]	3520	0.00211	16.50	680	50	5

机组	$[P_{min}, P_{max}]$（MW）	启停成本（$）	a_i（$/MW²h）	b_i（$/MWh）	c_i（$/h）	爬坡速率（MW/h）	最小启停时间（h）
G5	[80,162]	5800	0.00398	19.70	450	50	5
G6	[40,80]	1340	0.00712	22.26	370	40	4
G7	[45,85]	1520	0.00079	27.74	480	40	4
G8	[30,55]	1000	0.00413	25.92	660	30	1
G9	[30,55]	960	0.00222	27.27	665	30	1
G10	[30,55]	960	0.00173	27.79	670	25	1

在系统中接入三个小型风电场，分别位于系统第 29,11 与 3 节点，为了方便计算，假设三个风电场的预期出力与出力上下界均相同，在实际算例中也可以根据实际情况改变风电出力与不确定性的取值。为了考虑加入储能后系统的决策变化，本小节也同时在该 IEEE-39 节点中添加了 5 个电池储能，分别位于第 1，5，10，14，22 节点，假设 5 个电池储能具有相同的单位成本，容量与功率以及固定统一的运行寿命方便进行成本计算。则接入风电场与储能后的系统示意图如图 3-3 所示。

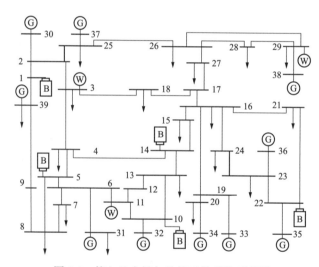

图 3-3 接入风电场与储能后的系统示意图

接入的风电场与储能的位置也可以根据需要进行变动，在此场景中风电场的出力与给定的不确定上下界以及其对于电网总负荷的对比如图 3-4 所示。

接入系统的 5 个储能系统的各项参数见表 3-3。

表 3-3　　　　　　　　　　　电 池 储 能 参 数

储能容量（MWh）	储能功率（MW）	效率（%）	单位容量成本（$/MWh）	单位功率成本（$/MW）	预期寿命（年）
200	50	95	4000	1000	10

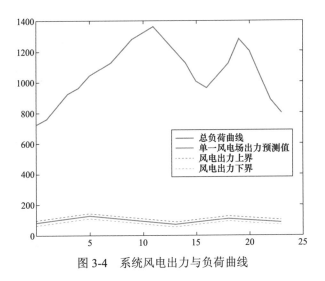

图 3-4 系统风电出力与负荷曲线

以下考虑 2 个场景。

1. 场景 1（是否加入储能）

在此场景下，设定风电场不确定性为零，即风电出力完全符合预测值，观察在确定环境下储能的参与给整个系统处理决策带来的变化以及储能对于总成本的改变。并将此情况下火电机组出力状态在有无储能参与时的变化做一个对比，见表 3-4。

表 3-4　　　　　　　　　　　有无储能参与时火电机组出力状态变化

时段	G1	G2	G3	G4	G5	G6	G7	G8	G9	G10
1	1/1	1/1	0/0	0/1	1/0	0/0	0/0	0/0	0/0	0/0
2	1/1	1/1	0/0	0/1	1/0	0/0	0/0	0/0	0/0	0/0
3	1/1	1/1	0/1	0/1	1/0	0/0	0/0	0/0	0/0	0/0
4	1/1	1/1	0/1	0/1	1/0	0/0	0/0	0/0	0/0	0/0
5	1/1	1/1	0/1	0/1	1/0	0/0	0/0	0/0	0/0	0/0
6	1/1	1/1	0/1	1/1	1/0	0/0	0/0	0/0	0/0	0/0
7	1/1	1/1	0/1	1/1	1/1	0/0	0/0	0/0	0/0	0/0
8	1/1	1/1	1/1	1/1	1/1	0/0	0/0	0/0	0/0	0/0
9	1/1	1/1	1/1	1/1	1/1	1/0	0/0	0/0	0/0	0/0
10	1/1	1/1	1/1	1/1	1/1	1/0	1/0	0/0	0/0	0/0
11	1/1	1/1	1/1	1/1	1/1	1/0	1/0	1/0	0/0	0/0
12	1/1	1/1	1/1	1/1	1/1	1/0	1/0	1/0	1/0	0/0
13	1/1	1/1	1/1	1/1	1/1	1/0	1/0	1/0	0/0	0/0
14	1/1	1/1	1/1	1/1	1/1	1/0	1/0	0/0	0/0	0/0
15	1/1	1/1	1/1	1/1	1/1	1/0	0/0	0/0	0/0	0/0
16	1/1	1/1	1/1	1/1	1/1	0/0	0/0	0/0	0/0	0/0

续表

时段	G1	G2	G3	G4	G5	G6	G7	G8	G9	G10
17	1/1	1/1	1/1	1/1	1/1	0/0	0/0	0/0	0/0	0/0
18	1/1	1/1	1/1	1/1	1/1	0/0	0/0	0/0	0/0	0/0
19	1/1	1/1	1/1	1/1	1/1	0/0	0/0	0/0	0/0	0/0
20	1/1	1/1	1/1	1/1	1/1	1/0	0/0	1/0	1/0	0/0
21	1/1	1/1	1/1	1/1	1/1	1/0	0/0	1/0		
22	1/1	1/1	1/1	1/1	1/1	0/0	0/0			
23	1/1	1/1	0/1	1/1	0/0					
24	1/1	1/1	0/0	1/0	0/0					

系统总成本变化见表 3-5。

表 3-5　　　　　　　　　　系 统 总 成 本 变 化

无储能时机组成本（$）	储能参与后总成本（不计储能配置成本）（$）	储能配置成本（$）	系统实际收益（$）
4.3667×10^5	4.2272×10^5	1160	12790

其中，储能配置成本计算为

$$Cost_{\text{per day}} = 5 \times (4000 \times 200 + 1000 \times 50) \div (365 \times 10)$$
$$= 1164 \approx 1160$$

从表 3-4 和表 3-5 可以看到，利用所提出的模型与算法，在添加储能后对该机组鲁棒优化模型进行求解，观察结果，发现在风电不确定度为 0 的简单场景下，添加储能会使得整个问题的总成本有所下降，在不添加储能时，为了满足机组的出力上下限与电网每时刻的潮流约束，整个问题的最小单日总成本为 4.4367×10^5\$，而在电网 1、5、10、14、22 节点添加 5 个容量为 200MWh、充放最大功率为 50MW 的理想储能模型后，整个问题的最小单日总成本变为 4.2389×10^5\$，其中包含了储能配置时所产生的固定成本均摊到每一天的平均日成本 1160\$，因此从火电机组调度层面，储能的参与在一天 24h 内为机组节省了约 12790\$ 的成本。

表 3-4 中的火电机组状态 1 代表该机组在该时刻启动，0 代表该机组在该时刻停机，可以发现在没有电池储能参与时，G1~G5 参与了大部分的调度，而 G6~G10 则相对而言出力开机出力时间较少，可以解释为在机组总出力大于负荷的用电低谷阶段，机组 G1~G5 会优先出力，而 G6~G10 的小机组由于其出力上限较小，结合了启停成本的单位出力总成本较高，因此出力优先级较低。然而纵观整个一天 24h 中，每个机组（G1~G10）均或多或少参与了这一过程，观察负荷曲线，日负荷在 12 点与 18 点左右有两个高峰，此时由于电网用电端有大量的需求，传统电网本身没有能够储存能量的设备，因此在这两个时刻每个机组均会启动，

从而满足电网实时供需平衡的要求。但总的来说，从机组出力情况来看，使用大容量机组出力相比于小容量机组会使得总成本更低。

在系统添加储能后，整个系统一天内的总运行成本减少，分析其原因，发现储能加入后会使得机组调度更趋于集中，G1～G4 这四台大功率机组会承担更多的出力，而 G5～G10 机组则出力时间减少，G7～G10 这四台机组甚至会在整个一天 24h 时间内都保持关闭，为了分析储能的参与如何改变机组出力组成，本小节在图 3-5 中将 5 个电池在优化周期（1 天 24h）内的容量比变化用柱状图的形式展示出来，从上到下依次是第 1～5 个储能。

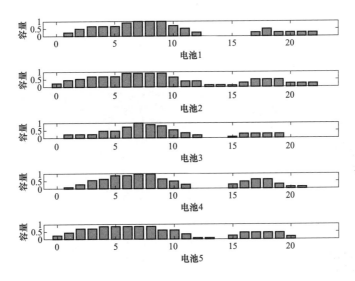

图 3-5　参与调度的 5 个储能系统的容量百分比

可以看到 5 处不同位置的储能虽然各自的充放电状况有所不同，但是总体趋势非常相似，都是在最大机组出力大于用电总负荷的 0～10 点以及 15～17 点充电，而在用电高峰 11～13 点以及 18～21 点放电，说明储能可以将单位出力成本较少的机组的额外出力在负荷较少时储存起来，并在用电高峰时释放，达到电能在不同时间点之间的转移。因此，原本经济性较高的大容量机组因为线路容量或者功率平衡原因限制其出力的情况因为储能系统参与而进一步改进，使得原本分散的发电体系集中化，大容量高经济性机组能更多地参与整体的处理决策，使得系统调度具有更高的经济性，总调度成本更少。

2. 场景 2（增加不确定性）

在分析了电池储能参与后整体机组出力与成本变化后，在本场景中对储能在不同程度的风电不确定性下对整体系统的影响程度的不同。

表 3-6 和表 3-7 中列出了在不同风电不确定度下模型求解的结果，可以从两个角度调整风电不确定性：

（1）调整风电场出力上下界。从 0（预测完全准确）逐步增加到出力上下界为最大风电出力上下界。不同出力上下界下模型求解见表 3-6。

表 3-6 不同出力上下界下模型求解

出力上下界 （%）	无储能总成本 （$）	储能参与总成本 （$）	储能带来的经济效益 （$）	求解时的迭代次数 （无/有）（次）
0	4.3667×10^5	4.2389×10^5	12790	1
10	4.3667×10^5	4.2404×10^5	12630	2
50	4.3704×10^5	4.2508×10^5	11960	2
100	4.3754×10^5	4.2600×10^5	11540	3

（2）调整不确定性预算。即风电场允许在同一时间到达不确定边界的个数 Γ^S，一天内同一风电场到达不确定边界的最大时间 Γ^T，观察储能参与对问题结果的影响，见表 3-7。

表 3-7 不同不确定预算下模型求解

Γ^S	Γ^T	无储能总成本 （$）	储能参与总成本 （$）	储能带来的经济 效益（$）	求解时的迭代 次数（次）
0	0	4.3667×10^5	4.2389×10^5	12790	1
1	6	4.3704×10^5	4.2536×10^5	11680	3
2	8	4.3754×10^5	4.2600×10^5	11540	3
3	12	4.4202×10^5	4.2668×10^5	15340	4

实际运行中可以发现，随着风电出力上下界扩大以及不确定预算的上升，问题求解的难度越来越高。在不确定度为 0 时，上层问题求出的最优解即为全局最优解，此时必然满足可行性检测，即子问题最优值为 0，此时程序经过 1 次上—下层迭代即可求出最优调度决策，然而随着不确定度增加，子问题求解时间大幅加长。当不确定预算 Γ^S=1，Γ^T=6 时，程序经过 60s 左右就求得了最优解，而当 Γ^S=3，Γ^T=12 时，程序求解超过了 10min，并且在求解的过程中上层问题与下层问题需要经历多次迭代才能求出整个问题的最优解，且所对应的系统总成本上升，并且当不确定度扩大到一定程度后，系统在原约束条件下将无法求得满足所有不确定度的鲁棒解。此时如果在系统中配置恰当储能系统，则能够帮助电力系统在高不确定性的情况下依然有鲁棒解，并且储能在此情况下依然能明显降低整个系统的调度成本。

那么储能的参与为什么能帮助系统减少成本？本小节将储能系统在标准不确定度下（100%出力上下界，Γ^S=2，Γ^T=8）储能利用率与不确定度为 0 时储能的利用率做了一个比较，储能在应对风电不确定性时的作用如图 3-6 所示。

图 3-6 为参与调度的 5 个储能系统在一天 24h 的容量百分比共 24 个点，其中深色部分代表当风电出力完全按照预测值时的储能容量百分比，其变化与图 3-5 一致。浅色部分代表在程序运行过程中当上层问题产生机组调度无法满足可行性检测后，下层问题传回最坏场景下风电约束使上层问题进入下一次迭代后，储能对于风电出力误差的应对。可以发现储能能够在高风电不确定度下通过实时调整自身充放电量，使得机组决策能够以较少的变动来应对风

电的随机出力，这也解释了储能系统能为系统整体带来更多的收益的原因。

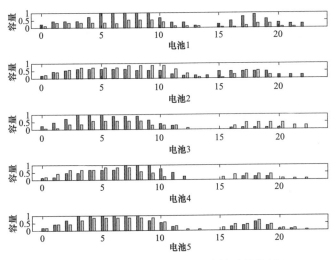

图 3-6　储能在应对风电不确定性时的作用

3.1.2　电化学储能电站参与调峰的调度策略

随着储能在电网中大规模配置，目前储能带来的成本与收益越发受到关注。其中，除了储能系统在配置时会产生一次性的固定成本，随着对储能利用程度的不断增加，储能的寿命与维护成本也成为衡量储能价值的重要因素，其本身的充放电效率和寿命损耗甚至会对未来电力系统能否可靠而又经济的运行产生重要的影响，因此决定了其是否能进一步投入市场大规模普及。

在 3.1.1 中针对储能参与电网调度的行为进行建模，在计算电池成本时只计算电池储能配置时的固定成本，并设定其预期运行时间，从而在优化时加入储能参与均分到每一天的平均成本，从而求出整个问题的最优解，该设计考虑了电池储能的固定成本，但存在至少两方面缺陷：①在优化时未对电池在 24h 内充放电行为进行约束，电池频繁的充放电会极大地消耗其成本，从而使得电池寿命降低，此时储能有可能无法持续运行到固定时间，使得实际储能分摊到每天的使用成本上升，原最优解的计算存在偏差；②投资存在折现率，储能的成本是在一段较长时间内的投资，储能对于投资者当前的价值会随着电池储能运行时间的长度而变化，其运行时间越久，储能带来的长期受益就越高，反过来投资时的成本投入对于当前时刻的折算就越低。

3.1.2.1　储能电站充放电周期与寿命关系

1. 充放电寿命折算

首先分析储能充放电对于寿命的影响，采用一种考虑了储能损耗的储能成本计算方法。

已知电池充放电的深度与次数对电池的损耗有着非常明显的影响，并且电池的寿命会随着电池频繁高强度的充放电而大幅减少，因此，需要将每次充放电对储能造成的损耗等效为全额充放带来的损耗。实际情况下，电池充放电深度与循环寿命之间的关系较为复杂，往往

需要根据电池种类采用实验的方法进行测量，从而绘制对应曲线，给出循环寿命 L 与放电深度 D 之间的拟合曲线为

$$L = -3278D^4 - 5D^3 + 12823D^2 - 14122D + 5112 \tag{3-29}$$

然而为了建立模型时模型与计算的简洁，本节采用与上述曲线相似的反比例函数来描述两者之间的关系，即

$$LD = L'D' \tag{3-30}$$

此时电池循环次数与充放电深度之间的关系则近似如图 3-7 所示。

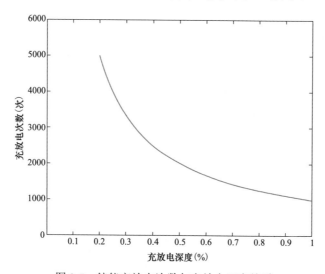

图 3-7　储能充放电次数与充放电深度关系

在此近似条件下，先假设某一电池储能 k，其在运行时若每次均完整充放电，则其可以进行 N_k 次完整充放电过程。

$$n_0 = \frac{N_k}{N_0} \tag{3-31}$$

式中：N_0 代表在给定的充放电深度 p_0 下，进行 N_0 次充放，可以完整使用电池的寿命，则 n_0 代表在 p_0 充放电深度下的电池等效损耗。

进一步将一天内电池进行的 i 次充放电深度为 p_i 的行为进行等效并相加，得到

$$n' = \sum_i n_i = \sum_i \frac{N_k}{N_i} \tag{3-32}$$

则在该标准天内，i 次充放电行为消耗的电池寿命百分比为

$$loss = \frac{n'}{N_k} \tag{3-33}$$

2. 折现率储能成本

式（3-12）给出了储能的固定配置成本，电池储能成本配置主要由容量成本和功率成本构成。在此处，假设银行的折现率为 dsc，则在储能预期运行寿命为 yr_i 时，储能投资成本的

等年值折现率为

$$A_i^r = dsc \times \left[\frac{(1+dsc)^{yr_i}}{(1+dsc)^{yr_i}-1} \right] \tag{3-34}$$

式（3-34）中 A_i^r 代表储能投资成本折算到现值的折算比，即储能等年值折现率与预期使用年限，其关系曲线近似如图 3-8 所示。

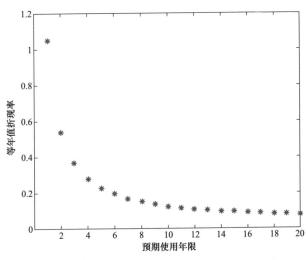

图 3-8　储能等年值折现率与预期使用年限关系

则此时储能成本折算到现值为

$$C_i' = A_i^r \times C_i = dsc \times \frac{(1+dsc)^{yr_i}}{(1+dsc)^{yr_i}-1} \times (C_{ee}^i S_i + C_{ep}^i R_i) \tag{3-35}$$

3.1.2.2　储能电站鲁棒调度优化模型

根据 3.1.2.1 对电池储能充放对储能寿命的影响的分析，本小节在对储能参与电网调度这一过程中鲁棒调度模型的目标函数式（3-16）进行改进，式（3-16）中对储能在优化周期（1 天）内的折合成本来自式（3-15），并将问题优化过程中每个时段的储能 i 充放电 ru_{it}、rl_{it} 纳入目标函数，由于实际使用中，储能在每个时刻的充电与放电不能同时进行，在以小时为最小时间尺度时，转化为约束

$$ru_{it} \times rl_{it} = 0 \tag{3-36}$$

该约束确保了每个时段内储能只能单独充/放电，此时在时段 t 内，储能系统 i 的充/放电行为消耗其整体使用寿命占比为

$$util_{it} = \frac{ru_{it}+rl_{it}}{S_i} \times \frac{1}{n_i^{max}} \tag{3-37}$$

式中：S_i 代表储能 i 的最大容量；式中第一项代表时段 t 内电池行为占完整充放的比例；n_i^{max} 代表储能 i 每次都执行完整充放时最大的使用次数。

由于在问题的整体分析中，价值的体现使用金钱来衡量，因此需要在加入储能寿命时乘以储能价值因子来将目标折合为金钱。在给定储能 i 预期使用年限 yr_i 后，该因子即储能 i 折合到现值后的成本，表示为

$$\theta_i = dsc \times \frac{(1+dsc)^{yr_i}}{(1+dsc)^{yr_i}-1} \times (C_{ee}^i S_i + C_{ep}^i R_i) \qquad (3-38)$$

则储能 i 在时段 t 所产生的总成本为

$$F_{it}^{life} = util_{it} \times \theta_i$$

$$= \frac{ru_{it}+rl_{it}}{S_i} \times \frac{1}{n_i^{max}} \times dsc \times \frac{(1+dsc)^{yr_i}}{(1+dsc)^{yr_i}-1} \times (C_{ee}^i S_i + C_{ep}^i R_i) \qquad (3-39)$$

此时，将系统中所有参与的储能在一天 24h 内的成本相加，得到整体模型的优化目标为

$$F^{life} = \sum_t \sum_i \left(s_i z_{it} + c_i u_{it} + C_i(p_{it}) \right)$$

$$+ \sum_t \sum_k \left(\frac{ru_{it}+rl_{it}}{S_i} \times \frac{1}{n_i^{max}} \times dsc \times \left(\frac{(1+dsc)^{yr_i}}{(1+dsc)^{yr_i}-1} \times (C_{ee}^i S_i + C_{ep}^i R_i) \right) \right) \qquad (3-40)$$

3.1.2.3　算例仿真与分析

本小节针对考虑储能寿命后的决策模型进行算例验证，同样是在 IEEE-39 节点模型中进行分析。算例设置与 3.1.1 节中大体一致，依然是 3 个风电场与 5 个储能电池的参与，并且所接入的系统节点位置也保持一致。

本小节的算例会对储能的行为与寿命以及储能带来的成本与收益改变进行重点分析，算例中使用的储能及其价格具体参数与之前的算例相同，额外需要的参数即计及寿命的储能参数见表 3-8。

表 3-8　　　　　　　　　　　　计及寿命的储能参数

完整充放深度（MWh）	完整充放次数（次）	预期运行寿命（年）	折现率（%）
200	365×24	10	4.9

需要说明的是，在系统中加入的 5 组储能容量均为 200MWh，每小时的最大放电功率为 50MW，因此至少需要 4h 才能将电池从充满电的状态释放完毕或者说从空的状态重点完毕，设定该电池可以完整充放 8760 次，且单个储能的预期运行寿命为 10 年，年折现率为 4.9%。

在此电池模型的基础上，比较系统在加入与不加入储能时在标准风电不确定度下（出力上下界 100%，$\Gamma^S=2$，$\Gamma^T=8$）系统总成本的变化以及储能带来的收益与成本，储能收益与成本见表 3-9。

表 3-9　　　　　　　　　　　　储　能　收　益　与　成　本

无储能时系统总成本（$）	储能参与但储能成本不计（$）	储能参与总成本（计算储能损耗）（$）	储能花费折合（$）	储能收益折合（$）
4.3754×10⁵	4.2483×10⁵	4.276×10⁵	82.323	9972.323

从表 3-9 中可以看到，3.1.1 中由于计算储能成本时只是将储能的固定成本平均分到优化的每一天，因此在针对该系统决策进行优化时是否将储能成本纳入并不会改变火电机组的决策，因此储能本身动态的充放电行为并不会对系统总成本造成影响。然而，这种计算方式实则会使得储能在系统中的作用被扩大，成本被低估，因为储能的充放电行为不会对储能总成本带来影响，因此优化时会对其大量、频繁并且无节制地依赖，而却没有任何惩罚，从表 3-9 中可以看出在不计算储能成本时系统运行（火电机组）的总成本为 4.283×10^5\$，而在考虑了储能成本后，最优决策下总成本为 4.2765×10^5\$，去除电池成本（折合到 1 天内的寿命损耗）82.323\$，则此时不计储能成本时火电机组总成本为 4.2757×10^5\$，相比之前有所上升。成本上升的原因是随着模型对储能充放电行为加以约束，储能的参与减少，原本由于储能加入所改变的火电机组处理程度有所变化，原本成本出力成本相对高的机组由停机重新开机来弥补储能充放电的减少，原先出力成本较低的经济大容量机组也会因为线路容量的关系减少出力。

因此在本小节的模型下，针对储能在每个时段的充放电行为计算损耗从而折合到总成本，使得系统对储能的依赖进行约束，进而火电机组运行成本小幅上升，但因为经济与有效地储能调度能够确保其拥有更长的寿命，在更长时间尺度上保持运行，将该模型下火电机组出力状态改变见表 3-10。

表 3-10　　　　考虑储能运行对寿命影响与否对火电机组出力改变影响

时段	G1	G2	G3	G4	G5	G6	G7	G8	G9	G10
1	1/1/1	1/1/1	0/1/0	0/1/1	1/0/0	0/0/0	0/0/0	0/0/0	0/0/0	0/0/0
2	1/1/1	1/1/1	0/1/0	0/1/1	1/0/0	0/0/0	0/0/0	0/0/0	0/0/0	0/0/0
3	1/1/1	1/1/1	0/1/0	0/1/1	1/0/0	0/0/0	0/0/0	0/0/0	0/0/0	0/0/0
4	1/1/1	1/1/1	0/1/0	1/1/1	1/0/1	0/0/0	0/0/0	0/0/0	0/0/0	0/0/0
5	1/1/1	1/1/1	0/1/1	1/1/1	1/0/1	0/0/0	0/0/0	0/0/0	0/0/0	0/0/0
6	1/1/1	1/1/1	0/1/1	1/1/1	1/0/1	0/0/0	0/0/0	0/0/0	0/0/0	0/0/0
7	1/1/1	1/1/1	1/1/1	1/1/1	1/0/1	0/0/0	0/0/0	0/0/0	0/0/0	0/0/0
21	1/1/1	1/1/1	1/1/1	1/1/1	1/0/1	1/0/1	0/0/0	0/0/0	0/0/0	0/0/0
22	1/1/1	1/1/1	1/1/0	1/1/1	0/0/0	1/0/1	0/0/0	0/0/0	0/0/0	0/0/0
23	1/1/1	1/1/1	0/0/0	1/1/1	0/0/0	0/0/0	0/0/0	0/0/0	0/0/0	0/0/0
24	1/1/1	1/1/1	0/0/0	1/0/1	0/0/0	0/0/0	0/0/0	0/0/0	0/0/0	0/0/0

从表 3-10 中可以看到第五台发电机（G5）从 4 点到 7 点、第六台发电机（G6）的 21 点到 22 点以及第四台发电机（G4）原本由于储能的加入使得这三台单位发电成本较高的火电机组停机，但是此处因为对储能充放电行为进行了约束使得全寿命成本最优，在该 8 个小时内这些机组重新启动出力。相应的，原本的大容量机组 G3 由于储能无法完全吸收在负荷较

低时成本较低机组的额外出力，在 1 点到 5 点时 G3 机组的启停决策从开启变为关闭，出力变为 0。因此该储能行为成本不仅能影响储能系统本身的运行周期与寿命，更会对机组出力决策产生实质性的改变，进而影响成本。

对比两种储能成本模型下储能在风电出力完全符合预测值时的充放电行为，如图 3-9 所示。

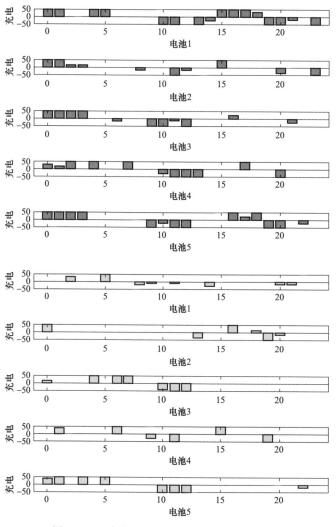

图 3-9　两种储能成本模型下的储能行为比较

图 3-9 中，左图为不考虑储能行为带来损耗时一天内 5 个储能的充放电量，右图为考虑了电池充放电点对储能寿命影响时的充放电量，其中 x 轴上的数值代表该储能系统在该时刻充电，x 轴下方代表该储能系统在该时刻放电，可以明显看出右图中储能系统在每个时段的充放电量有所下降，说明在此计算结果下储能参与电网调峰行为比例有所下降，将每组储能系统一天内总充放电行为累加，折合为一天内的寿命消耗，两种情况储能损耗对比见表 3-11。

表 3-11 储 能 损 耗 对 比

储能行为无影响	一天内损耗次数	储能行为影响	一天内损耗次数
1	3.5769	1	0.8236
2	1.6941	2	1.0122
3	2.1262	3	1.5321
4	2.4485	4	1.3837
5	3.0864	5	1.8315
总和	12.9321	总和	6.5831

从表 3-11 可以看出在考虑储能充放电对寿命带来影响进而改变储能成本时，不同储能的参与度变化不同，但是 5 组储能的充放电参与程度均有所降低，其中第一储能充放电量大幅减少，而第二、三、四与第五组的充放电量小幅减小，所有 5 组储能一天内折合到完整充放电的次数从 12.9321 次下降至 6.5831 次，说明在考虑了储能大量使用造成的寿命缩短进而引起的成本增加的情况下，最优决策中储能的参与度会下降。使用本小节中储能充放电对于储能寿命改变的模型计算，若以该一天内系统发电与负荷场景为例，在长期运行的情况下，储能组的寿命变化见表 3-12。

表 3-12 储 能 系 统 寿 命 变 化

序号	1	2	3	4	5	总体
寿命变化（%）	+334.3	+67.37	+38.78	+76.95	+68.52	+96.44

表 3-12 中总体的寿命变化是由储能系统总体充放电量计算而来，不是每组系统单独寿命变化之和。值得注意的是此处的寿命变化完全是根据目前优化的一天内的储能行为所计算而出的，在实际情况下该寿命应当由大量典型场景计算而出，每个储能自身的寿命改变也需要从大量运行周期中归纳，与系统风电不确定性变化和发电负荷改变也存在关系，但是此处所计算得到的一天内充放电次数改变可以体现出该储能成本模型相对于储能成本从长期到一天内的折合更加精确，并且能够有效控制储能的过量使用，使得在该问题决策中保证总成本降低的同时使储能系统本身有着更长的运行周期。

3.2 电化学储能电站群参与电网调频机理及控制技术

随着越来越多的新能源和直流输电接入华中电网，传统的同步机组将被电力电子装置替代。相比于传统的同步机组，电力电子设备具有控制灵活、响应迅速等优点，但也存在非线性特性明显、缺少惯性等不足。电力系统惯量降低，会导致电力系统在出现扰动后，系统频率急速变化，可能在调频装置作用之前系统频率就突破阈值，发生连锁故障。所以，研究系统频率响应特性随系统直流受电或新能源占比提高的变化规律，以及增加快速频率响应装置（如储能电站等）对于改善系统频率响应特性的作用，就显得尤为重要。

本节首先分析了电化学储能电站群接入对电网频率稳定的作用机理，并通过灵敏度分析，辨识了影响电力系统频率稳定的关键因素，接着简要介绍了华中电网的特点，具体以河南电网为例，求解了电力系统对阶跃响应的频率响应解析表达式，其次，仿真计算得到了直流受电比例不断提高电网频率特性的变化规律，并验证了储能电站对于电网改善频率特性的显著作用以及参数配置方法的有效性，并通过仿真探究了储能空间分布对调频特性的影响；最后，提出了一种协调一、二次调频的储能多时间尺度控制技术，并验证了其在改善系统频率特性，降低储能装置的功率和容量需求上的有效性。

3.2.1 储能电站群对电网频率稳定的作用机理

本小节首先从理论上分析电化学储能电站群接入对系统频率稳定的影响，建立表征电力系统频率响应特性的等效分析模型；然后，求解系统受扰后（直流闭锁），传统的频率特性指标如稳态频率偏差、最大频率偏差以及最大频率变化率与系统参数的解析表达式，进而分析电化学储能电站群接入对系统频率稳定的影响机理，并讨论了参与一次调频的储能装置所需的放电时间，最后，通过灵敏度分析，确定了影响系统频率稳定的关键因素。

3.2.1.1 电力系统频率响应模型

电力系统的频率反映了系统中的有功平衡程度。在研究频率稳定时，往往只关注系统的频率和有功，所以电力系统集总（惯性中心坐标下）的频率响应问题，其动态特性可由反映系统频率因有功不平衡而产生变化的等效摇摆方程和反映系统有功注入和有功消耗因频率偏差而产生变化的动态方程来刻画。

1. 反映系统频率变化的摇摆方程

在传统电力系统中，系统的频率动态特性遵循发电机的摇摆方程，其基本形式为

$$2H\dot{\omega} = -D\omega + P_G - P_L \tag{3-41}$$

式中：ω 表示系统的 COI 坐标下的频率偏差值；P_G、P_L 为系统集总的有功输入偏差和有功负荷偏差（包括因扰动导致的偏差 ΔP_L 和负荷本身特性导致的偏差 P_{L-f}）；H、D 分别表示系统的集总惯量、频率阻尼。

在稳态情况下，系统功率的生产与消耗相等 $P_G - P_L = 0$，系统运行在频率平衡点，有 $\omega=0$ 且 $\dot{\omega}=0$。当系统电源或者负荷发生波动时，导致功率输入输出不匹配 $P_G - P_L \neq 0$，此时系统存在不平衡功率，这导致 $\omega \neq 0$ 即系统频率将发生变化。

2. 反映系统有功变化的动态方程

传统电力系统中很多元件会因为频率偏差，使得其有功输入或输出发生变化，如同步机调速器、负荷等，本小节将分别刻画其动态。

同步电机调速器能够根据频率变化调节输出功率 P_G，维持系统的频率稳定。将上述的调频控制建模为微分方程

$$\tau_G \dot{P}_G = -P_G - r_G^{-1}\omega \tag{3-42}$$

式中：t_G、r_G 分别为调速器的集总时间常数（动作延迟）和下垂系数。在稳态情况下，系统频率偏差为 0，系统发出的有功功率为设定值。当系统频率偏离额定值时，在一次调频控制的作用下，同步机调速器会自动调节输出有功功率。t_G 表征了系统响应不平衡功率的速度快慢，t_G 越小，响应速度越快，反之则越慢。r_G 反映了系统支撑频率的强度，r_G 越小，在相同的频率偏差下，系统能够提供更多的功率支撑，另外，对相同的电源或负荷波动，r_G 越大，系统将面临的频率偏差越大。

系统的有功负荷往往会随着频率的变化而变化，即负荷的功率—频率特性，当系统的频率下降时，负荷功率也会下降；当系统的频率上升时，负荷功率也会上升。通常而言，因为系统的频率变化很小，负荷的功率—频率特性近似为一条直线。负荷有功特性可以写成

$$P_{L-f} = \alpha_L \omega \tag{3-43}$$

式中：P_{L-f} 为因负荷特性导致的有功负荷偏差；α_L 为负荷的频率调节效应系数。

传统电力系统频率动态可以用如图 3-10 所示的传递函数来刻画。

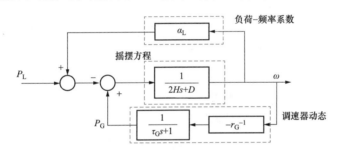

图 3-10　传统电力系统传递函数图

3. 储能装置的动态方程

当储能电站群接入电力系统后，从整体来看，相当于给电力系统额外增加了一个功率调整环节，储能电站群接入后电力系统传递函数图如图 3-11 所示。

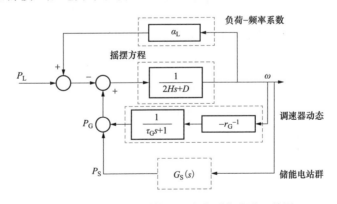

图 3-11　储能电站群接入后电力系统传递函数图

图 3-11 中，$G_s(s)$ 代表储能电站群的集总传递函数。储能电站群接入电力系统后，对电

力系统的频率稳定会造成什么影响，关键在于储能电站群采用的控制方式。与传统的同步机的延迟响应不同，电化学储能电站群接入电力系统后，会给电力系统带来几乎瞬时的频率支撑。从频率稳定的角度来看，目前主流的控制方式有两种，一种是下垂控制，根据系统的频率偏差，输出与偏差成正比的有功；一种是虚拟惯量控制，模仿同步电机的惯性响应，输出与系统频率变化率成正比的有功。对于储能电站群，可以认为其集总动态是下垂控制和虚拟惯量控制的混合，那么图 3-11 中的 $G_S(s)$ 可以用如下方程来刻画，即

$$G_S(s) = \frac{m_v s + \alpha_S}{s\tau_S + 1} \tag{3-44}$$

式中：m_v 为虚拟惯量；α_S 为储能下垂系数的倒数；t_S 为储能装置的时间常数（动作延迟），如果考虑储能装置的快速响应特性，即 t_S 非常小，可忽略。那么储能电站群的调频控制集总动态可以建模成

$$P_S = -(m_v\dot{\omega} + \alpha_S\omega) \tag{3-45}$$

式中：P_S 为电化学储能电站群的有功输出偏差。

联立式（3-41）、式（3-43）和式（3-45），可以得到储能电站群接入后的系统频率动态方程

$$\begin{cases} 2H\dot{\omega} = -D\omega + P_G + P_S - (\Delta P_L + P_{L-f}) \\ \tau_G\dot{P}_G = -P_G - r_G^{-1}\omega \\ P_{L-f} = \alpha_L\omega \\ P_S = -(m_v\dot{\omega} + \alpha_S\omega) \end{cases} \tag{3-46}$$

式（3-46）是一个高度简化的电力系统频率动态等效分析模型。系统的受到扰动后的频率动态特性与集总等效参数 H，D，t_G，r_G^{-1}，α_L，m_v，α_S 紧密相关。电网直流受电与新能源比例增长过程，以及电化学储能电站群接入对系统稳定性的影响可以等效地体现在对（3-46）中各参数的影响上。

3.2.1.2　电力系统频率响应求解

1.　时域表达式

基于系统频率动态方程，即式（3-46），可以求出当系统电源或负荷变化时系统的频率响应解析表达式。根据式（3-46），由拉普拉斯变换得

$$\begin{cases} s2H\omega(s) = -D\omega(s) + P_G(s) + P_S(s) - (\Delta P_L(s) + P_{L-f}(s)) \\ s\tau_G P_G(s) = -P_G(s) - r_G^{-1}\omega(s) \\ P_{L-f}(s) = \alpha_L\omega(s) \\ P_S(s) = -(m_v s\omega(s) + \alpha_S\omega(s)) \end{cases} \tag{3-47}$$

由此可得系统从电源或负荷波动 ΔP_L 到频率偏差 ω 的传递函数为

$$T(s) = \frac{\omega(s)}{\Delta P_L(s)} = -\frac{1}{s(2H + m_v) + (D + \alpha_L + \alpha_S) + \dfrac{r_G^{-1}}{\tau_G s + 1}} \tag{3-48}$$

记 $\bar{M}=2H+m_{\mathrm{v}}$ 为系统等效惯量，$\bar{d}=D+\alpha_{\mathrm{L}}+\alpha_{\mathrm{S}}$ 为系统等效阻尼，为了便于表达，省略 T_{G}，r_{G} 的下标，记为 T，r。则当系统电源或负荷发生幅值为 ΔP 的阶跃变化时，即 $\Delta P_{\mathrm{L}}(s)=\dfrac{1}{s}\Delta P$，系统的频率响应为

$$
\begin{aligned}
\omega(s) &= T(s)\Delta P_{\mathrm{L}}(s) = -\frac{\tau s+1}{\tau\bar{M}s^2+(\bar{M}+\bar{d}\tau)s+\bar{d}+r^{-1}}\frac{\Delta P}{s} \\
&= \frac{-\Delta P}{\bar{d}+r^{-1}}\left(\frac{1}{s}-\frac{s+\left(\tau^{-1}-r^{-1}\bar{M}^{-1}\right)}{s^2+\left(\tau^{-1}+\bar{d}\bar{M}^{-1}\right)s+\left(\bar{d}+r^{-1}\right)\tau^{-1}\bar{M}^{-1}}\right)
\end{aligned}
\tag{3-49}
$$

系统的稳态响应为

$$
\omega_{\infty}=\frac{-\Delta P}{\bar{d}+r^{-1}}
\tag{3-50}
$$

式中：ω_{∞} 表示为系统稳态时的频率偏差值。可见，系统频率的稳态偏差取决于负荷波动大小 ΔP，系统频率等效阻尼 $\bar{d}$，以及调速器下垂系数 r，而与系统等效惯量 $\bar{M}$ 无关。

一般来说，电力系统是欠阻尼的，因此频率响应呈现出振荡收敛的特性，并且存在最大的频率变化点（Nadir）。定义

$$
\omega_d \triangleq \sqrt{(\bar{d}+r^{-1})\tau^{-1}\bar{M}^{-1}-\frac{1}{4}\left(\tau^{-1}+\bar{d}\bar{M}^{-1}\right)^2}>0
\tag{3-51}
$$

$$
\eta \triangleq \frac{1}{2}\left(\tau^{-1}+\bar{d}\bar{M}^{-1}\right)>0
\tag{3-52}
$$

则欠阻尼下该二阶系统的极点为 $-\eta\pm\mathrm{j}\omega_d$。定义 $\gamma \triangleq \left(\tau^{-1}-r^{-1}\bar{M}^{-1}\right)$，系统频率响应（3-49）可化简为

$$
\omega(s)=\frac{-\Delta P}{\bar{d}+r^{-1}}\left(\frac{1}{s}-\frac{s+\gamma}{(s+\eta)^2+\omega_d^2}\right)
\tag{3-53}
$$

由拉普拉斯反变换可求得系统频率响应的时域表达式为

$$
\omega(t)=\frac{-\Delta P}{\bar{d}+r^{-1}}\left[1-e^{-\eta t}\left(\cos(\omega_d t)+\frac{\gamma-\eta}{\omega_d}\sin(\omega_d t)\right)\right]
\tag{3-54}
$$

2. 频率特性指标表达式

对于处于欠阻尼状态的电力系统，其频率响应特性具有三个传统的关键指标：稳态频率偏差、最大频率偏差以及频率变化率（RoCoF）。接下来，分别求解这三个指标的解析表达式。

（1）稳态频率偏差。由式（3-50）知，系统的稳态频率偏差为

$$
\omega_{\infty}=\frac{-\Delta P}{\bar{d}+r^{-1}}
\tag{3-55}
$$

由此可知，稳态频率偏差仅与系统等效阻尼 $\bar{d}$ 和下垂系数 r 有关，而与系统等效惯量 $\bar{M}$

和下垂时间常数 r 无关。对于一个相同的电源或负荷波动 ΔP，系统等效阻尼越大，下垂系数越小，则稳态偏差越小。

（2）最大频率变化率。对式（3-53）求导可知，系统的频率变化率由式（3-56）决定，即

$$\dot{\omega}(t) = \frac{-\Delta P}{\overline{M}} e^{-\eta t} \sqrt{1 + \tan^2(\phi)} \cos(\omega_d t - \phi) \tag{3-56}$$

其中辅助变量 $\phi \in \left(-\frac{\pi}{2}, \frac{\pi}{2} \right)$ 满足

$$\sin(\phi) = \frac{\tau^{-1} - \eta}{\sqrt{\omega_d^2 + (\tau^{-1} - \eta)^2}} = \frac{\overline{M} - \overline{d}\tau}{2\sqrt{\overline{M}\tau r^{-1}}} \tag{3-57}$$

在 $t = 0$ 时刻，有

$$\dot{\omega}(0) = \frac{-\Delta P}{\overline{M}} e^0 \sqrt{1 + \tan^2(\phi)} \cos(-\phi) = \frac{-\Delta P}{\overline{M}} \tag{3-58}$$

接下来证明，系统的最大频率变化率总是在 $t = 0$ 时刻取得。

将式（3-56）对时间 t 求导可得

$$\ddot{\omega}(t) = \frac{\Delta P \overline{d}}{\overline{M}^2} e^{-\eta t} \frac{\cos(\omega_d t - \zeta)}{\cos(\zeta)} \tag{3-59}$$

式中，定义辅助变量 $\zeta \in \left(\frac{-\pi}{2}, \frac{-\pi}{2} \right)$，满足

$$\cos(\zeta) = \frac{\omega_d}{\sqrt{\omega_d^2 + \left(\dfrac{1}{\tau} - \eta + \dfrac{1}{\overline{d}\tau r} \right)^2}} \tag{3-60}$$

从而

$$\ddot{\omega}(0) = \frac{\Delta P \overline{d}}{\overline{M}^2} e^0 \frac{\cos(0 - \zeta)}{\cos(\zeta)} = \frac{\Delta P \overline{d}}{\overline{M}^2} \tag{3-61}$$

不妨假设 $\Delta P > 0$，即负荷增加。在 $t = 0^+$ 时刻有 $\dot{\omega}(0) < 0$ 而 $\ddot{\omega}(0) > 0$，这说明 $\dot{\omega}(0)$ 是一个局部极小值。

接下来证明，$\dot{\omega}(0)$ 是系统整个频率响应过程中频率变化率的全局极小值。由式（3-59）可知，$\ddot{\omega}(t)$ 取得 0 值的第一个时刻为

$$t^* = \frac{\zeta + \dfrac{\pi}{2}}{\omega_d} \tag{3-62}$$

将式（3-62）代入式（3-59），并定义

$$\Delta = \sqrt{\omega_d^2 + \left(\frac{1}{\tau} - \eta + \frac{1}{\overline{d}\tau r} \right)^2} \tag{3-63}$$

其中

$$\dot{\omega}(t^*) = \frac{-\Delta P}{\overline{M}} e^{-\eta t^*} \sqrt{1 + \tan^2(\phi)} \cos(\omega_d t^* - \phi)$$

$$= \frac{-\Delta P}{\overline{M}} e^{-\frac{\eta(\zeta + \pi/2)}{\omega_d}} \frac{\cos(\pi/2 + (\zeta - \phi))}{\cos(\phi)} \qquad (3\text{-}64)$$

$$= \frac{-\Delta P}{\overline{M}} e^{-\frac{\eta(\zeta + \pi/2)}{\omega_d}} \frac{1}{\overline{d}r\tau\Delta}$$

进而可得

$$\Delta = \sqrt{\omega_d^2 + \left(\frac{1}{\tau} - \eta + \frac{1}{\overline{d}\tau r}\right)^2} = \sqrt{\frac{1}{\overline{d}\tau r}\frac{1}{\tau} + \left(\frac{1}{\overline{d}\tau r}\right)^2} \qquad (3\text{-}65)$$

因此

$$\frac{1}{\overline{d}\tau r \Delta} = \frac{\dfrac{1}{\overline{d}\tau r}}{\sqrt{\dfrac{1}{\overline{d}\tau r}\dfrac{1}{\tau} + \left(\dfrac{1}{\overline{d}\tau r}\right)^2}} < 1 \qquad (3\text{-}66)$$

又注意到 $e^{-\frac{\eta(\zeta + \pi/2)}{\omega_d}} < 1$，则有

$$\dot{\omega}(t^*) = \frac{-\Delta P}{\overline{M}} e^{-\frac{\eta(\zeta + \pi/2)}{\omega_d}} \frac{1}{\overline{d}r\tau\Delta} > \frac{-\Delta P}{\overline{M}} \qquad (3\text{-}67)$$

其余所有的 $\dot{\omega}(t)$ 取得极值的时刻为

$$t_k^* = \frac{\zeta + \dfrac{\pi}{2} + k\pi}{\omega_d} \qquad (3\text{-}68)$$

注意到 $\left|\cos(\omega_d t_k^* - \phi)\right|$ 对所有的 t_k^* 都取相等的值，而 $e^{-\eta t}$ 随时间递减趋于 0。由 $\dot{\omega}(t) = \frac{-\Delta P}{\overline{M}} e^{-\eta t} \sqrt{1 + \tan^2(\phi)} \cos(\omega_d t - \phi)$ 可知对于任意极值时刻 t_k^* 都有 $\left|\dot{\omega}(t_k^*)\right| \leq \left|\dot{\omega}(t_1^*)\right| < \left|\dot{\omega}(0)\right|$ 这就证明了系统 $t=0^+$ 时刻的频率变化率的绝对值就是整个频率动态过程中的全局最大值。

综上所述，对于式（3-46）的频率阶跃响应，则有

$$\left|\dot{\omega}(t)\right|_{\max} = \left|\dot{\omega}(0)\right| = \frac{\Delta P}{\overline{M}} \qquad (3\text{-}69)$$

由此可知，系统最大频率变化率仅与系统等效惯量 $\overline{M}$ 有关，对于一个相同的电源或负荷波动 ΔP，系统的等效惯量越大，则系统最大频率变化率越小。

（3）最大频率偏差。

接下来求解系统频率最大偏差的解析表达式。假设在 $t=0$ 时刻系统电源或负荷发生阶跃扰动 ΔP，则系统 $t>0$ 后的频率响应由式（3-54）决定。系统频率变化的最大偏差对应式（3-54）的极值。假设在 $t_0 > 0$ 时刻频率偏差最大，此时应该满足 $\dot{\omega}(t_0) = 0$。求式（3-54）对时间 t 的导数可得

$$\dot{\omega}(t) = \frac{-\Delta P}{\bar{d} + r^{-1}} \frac{\mathrm{d}}{\mathrm{d}t} \left[e^{-\eta t} \left(\cos(\omega_d t) + \frac{\gamma - \eta}{\omega_d} \sin(\omega_d t) \right) \right]$$

$$= \frac{-\Delta P}{\bar{M}} e^{-\eta t} \sqrt{1 + \tan^2(\phi)} \cos(\omega_d t - \phi) \tag{3-70}$$

其中，定义 $\phi \in \left(-\frac{\pi}{2}, \frac{\pi}{2} \right)$ 且满足

$$\sin(\phi) = \frac{\tau^{-1} - \eta}{\sqrt{\omega_d^2 + (\tau^{-1} - \eta)^2}} = \frac{\bar{M} - \bar{d}\tau}{2\sqrt{\bar{M}\tau r^{-1}}} \tag{3-71}$$

令式（3-71）等于 0，可以解得

$$t = \frac{\phi + \frac{\pi}{2} + k\pi}{\omega_d}, \quad k \geqslant 0, k \in \mathbb{Z} \tag{3-72}$$

又注意到频率的偏差最大点应该为第一个极值点，故频率响应取得 Nadir 的时刻为

$$t_0 = \frac{\phi + \frac{\pi}{2}}{\omega_d} \tag{3-73}$$

将式（3-73）代入式（3-54）可得系统频率响应与额定频率的最大偏差 $|\omega|_{\max}$ 为

$$|\omega|_{\max} = |\omega(t_0)| = \frac{|\Delta P|}{\bar{d} + r^{-1}} \left(1 + \sqrt{\frac{\tau r^{-1}}{\bar{M}}} e^{-\frac{\eta}{\omega_d} \left(\phi + \frac{\pi}{2} \right)} \right) \tag{3-74}$$

由式（3-74）可见，系统频率响应的 Nadir 与系统的等效惯量、等效阻尼、调速器下垂时间常数和调速器下垂系数均有关系。

3.2.1.3 电网频率稳定关键因素分析

一般而言，刻画系统频率特性的指标主要有稳态频率偏差、最大频率变化率和最大频率偏差。从频率稳定的角度来看，系统最大频率偏差最为关键，因为过大的频率偏差，可能会触发切机切负荷等措施，使系统受到非常大的影响，甚至发生连锁故障；系统最大频率变化率也十分重要，因为有很多设备也会用这个指标作为保护措施的指示信号；系统的稳态频率偏差，一般不会对系统产生较大影响，而且会被系统的二次调频消除，相比之下，就不太受关注。所以主要看系统参数变化，对系统的最大频率变化率和最大频率偏差会造成什么样的影响。由式（3-69）可知，在相同的扰动下，系统的最大频率变化率只与系统等效惯量成反比，而系统最大频率偏差与各参数的关系则较为复杂。本小节通过灵敏度分析的方法，辨识影响最大频率偏差（频率稳定）的关键因素。

1. 对等效惯量的灵敏度

将（3-74）对 $\bar{M}$ 求偏导可得

$$\frac{\partial |\omega|_{\max}}{\partial \bar{M}} = \frac{|\Delta P|\alpha_1}{2\bar{M}(\bar{d} + r^{-1})} (-1 - \beta_1 - \gamma_1)$$

$$\alpha_1 = \sqrt{\frac{\tau r^{-1}}{\bar{M}}} e^{\frac{-\eta}{\omega_d}\left(\phi+\frac{\pi}{2}\right)}, \quad \beta_1 = \frac{(\bar{M}+\bar{d}\tau)^2}{4\bar{M}\tau r^{-1} - (\bar{M}-\bar{d}\tau)^2}, \tag{3-75}$$

$$\gamma_1 = \frac{4\bar{M}\tau(\bar{d}+r^{-1})(\bar{M}-\bar{d}\tau)\left(\phi+\frac{\pi}{2}\right)}{\left(4\bar{M}\tau r^{-1} - (\bar{M}-\bar{d}\tau)^2\right)^{\frac{3}{2}}}$$

在典型参数 $\bar{d}=2$，$r=0.1$，$\tau=1$ 下，最大频率偏差对 $\bar{M}$ 的灵敏度如图 3-12 所示，最大频率偏差随 $\bar{M}$ 的变化关系如图 3-13 所示。

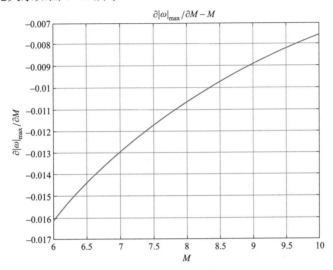

图 3-12 最大频率偏差对 $\bar{M}$ 的灵敏度

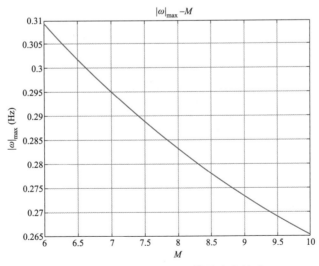

图 3-13 最大频率偏差随 $\bar{M}$ 的变化关系

可以验证，在大部分系统参数条件下有 $(\partial/\partial\bar{M})|\omega|_{max}<0$。这意味着系统频率响应的最大偏差是系统等效惯量的单调减函数，随着等效惯量的减少，如果没有其他补偿措施，系统的频率响应偏差就单调加速增大，导致系统出现频率稳定问题。

2. 对等效阻尼的灵敏度

将式（3-74）对 $\bar{d}$ 求偏导可得

$$\frac{\partial |\omega|_{\max}}{\partial \bar{d}} = \frac{|P|}{d+r^{-1}}\left(-\frac{1}{d+r^{-1}} + \alpha_2\left(-\frac{1}{d+r^{-1}} + \frac{\eta}{2\omega_d^2 M} + \beta_2 - \frac{\phi + \frac{\pi}{2}}{2M\omega_d}\right)\right) \tag{3-76}$$

$$\alpha_2 = \sqrt{\frac{\tau}{Mr}}\,\mathrm{e}^{\frac{-\eta}{\omega_d}\left(\phi + \frac{\pi}{2}\right)}, \qquad \beta_2 = \frac{\eta(1-\eta\tau)(\phi + \frac{\pi}{2})}{2\omega_d^{3/2}M\tau}$$

在系统典型参数 $\bar{M}=8$，$r=0.1$，$\tau=1$ 下，最大频率偏差对 $\bar{d}$ 的灵敏度如图 3-14 所示，最大频率偏差随 $\bar{d}$ 的变化关系如图 3-15 所示。

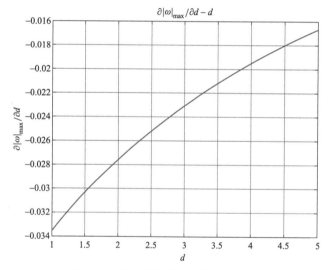

图 3-14　最大频率偏差对 $\bar{d}$ 的灵敏度

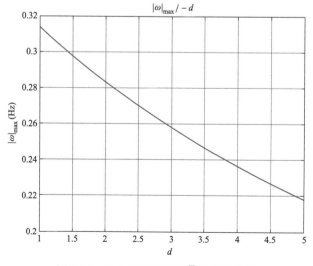

图 3-15　最大频率偏差随 $\bar{d}$ 的变化关系

可以验证，在大部分系统参数条件下有 $(\partial/\partial\bar{d})|\omega|_{max}<0$。这意味着系统频率响应的最大偏差是系统等效阻尼的单调减函数，随着等效阻尼的增加（储能下垂控制），系统的频率稳定性会有所改善。

3. 对调速器时间常数的灵敏度

将式（3-74）对 τ 求偏导可得

$$\frac{\partial}{\partial\tau}|\omega|_{max}=\frac{|\Delta P|\alpha_3}{2\tau\left(d+r^{-1}\right)}\left(1+\beta_3+\gamma_3+\frac{\phi+\pi/2}{\tau\omega_d}\right)$$

$$\alpha_3=\sqrt{\frac{\tau}{Mr}}e^{-\frac{\eta}{\omega_d}(\phi+\pi/2)},\quad\beta_3=\frac{(d\tau+M)^2}{4M^2\tau^2\omega_d^2} \qquad(3\text{-}77)$$

$$\gamma_3=\frac{(d\tau+M)(Mr-\tau(dr+2))(\phi+\pi/2)}{4rM^2\tau^3\omega_d^3}$$

在系统典型参数 $\bar{M}=8$，$\bar{d}=2$，$r=0.1$ 下，最大频率偏差对 τ 的灵敏度如图 3-16 所示，最大频率偏差随 τ 的变化关系如图 3-17 所示。

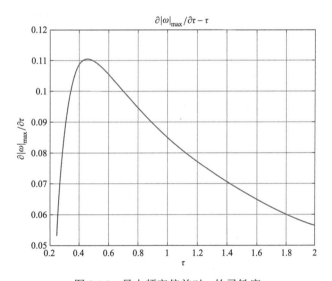

图 3-16 最大频率偏差对 τ 的灵敏度

可以验证，在大部分系统参数条件下有 $(\partial/\partial\tau)|\omega|_{max}<0$。这意味着系统频率响应的最大偏差是系统调速器时间常数的单调增函数，随着时间常数的增大，调速器响应速度减慢，由此会导致系统频率响应的 Nadir 更低，从而导致系统的频率稳定性不断恶化。

4、对调速器下垂系数的灵敏度

将式（3-74）对 r 求偏导可得

$$\frac{\partial}{\partial r}|\omega|_{max}=|\Delta P|\left[\frac{\alpha_3+1}{(\bar{d}r+1)^2}+\frac{\alpha_3(\beta_3-\gamma_3-1)}{2(\bar{d}r+1)}\right]$$

$$\alpha_3=\sqrt{\frac{\tau r^{-1}}{\bar{M}}}e^{\frac{-\eta}{\omega_d}\left(\phi+\frac{\pi}{2}\right)},\ \beta_3=\frac{\bar{d}^2/\bar{M}^2-1/\tau^2}{4\omega_d^2} \tag{3-78}$$

$$\gamma_3=\frac{(\bar{d}\tau+\bar{M})(\phi+\pi/2)}{8\bar{M}^2\tau^2r\omega_d^3}$$

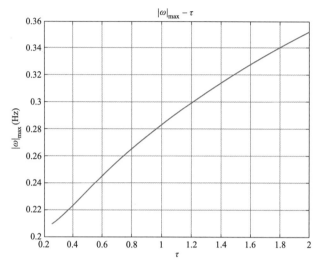

图 3-17　最大频率偏差随 τ 的变化关系

在系统典型参数 $\bar{M}=8$，$\bar{d}=2$，$\tau=1$ 下，最大频率偏差对 r 的灵敏度如图 3-18 所示，最大频率偏差随 r 的变化关系如图 3-19 所示。

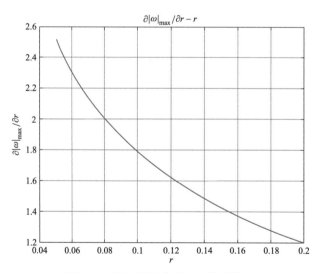

图 3-18　最大频率偏差对 r 的灵敏度

可以验证，在大部分系统参数条件下有 $(\partial/\partial r)|\omega|_{\max}>0$。因此，系统频率响应的最大偏差会随着调速器下垂系数的增大而增大。下垂系数越大，意味着在相同的频率偏差下一次调频产生的功率调节越小，频率支撑能力越弱，由此会导致系统频率响应的 Nadir 更低，从而

导致频率稳定问题。

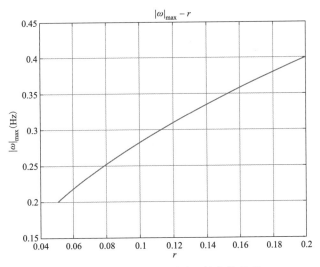

图 3-19 最大频率偏差随 r 的变化关系

5. 关键因素分析

根据灵敏度分析式（3-75）～式（3-78），各个参数对 $|\omega(t)|_{max}$ 的影响在大部分参数范围内都是单调的，有 $(\partial/\partial\bar{M})|\omega(t)|_{max}<0$，$(\partial/\partial\bar{d})|\omega(t)|_{max}<0$，$(\partial/\partial\tau)|\omega(t)|_{max}>0$ 以及 $(\partial/\partial r)|\omega(t)|_{max}>0$。这表明增加系统等效惯量、增加等效阻尼以及增加有功下垂支撑能力（减小下垂系数），减小下垂时间常数，可以减小最大的频率偏差值，有利于系统频率稳定。

对比上述三个灵敏度的数值大小可知，在所选取的典型参数下，$(\partial/\partial\bar{M})|\omega(t)|_{max}$ 为 1×10^{-2} 量级，$(\partial/\partial\bar{d})|\omega(t)|_{max}$ 为 2×10^{-2} 量级，$(\partial/\partial\tau)|\omega(t)|_{max}$ 为 7×10^{-2} 量级，$(\partial/\partial r)|\omega(t)|_{max}$ 为 10^{0} 量级。则有

$$\left|\frac{\partial}{\partial\bar{M}}|\omega(t)|_{max}\right|<\left|\frac{\partial}{\partial\bar{d}}|\omega(t)|_{max}\right|<\left|\frac{\partial}{\partial\tau}|\omega(t)|_{max}\right|<\left|\frac{\partial}{\partial r}|\omega(t)|_{max}\right| \tag{3-79}$$

即各个参数对于最大频率偏差的影响上，参数 r 的影响最大，τ、$\bar{d}$ 其次，$\bar{M}$ 最小。因此，对于频率稳定而言，下垂系数（下垂响应强度）是关键因素，下垂时间常数（下垂响应速度）、等效阻尼是重要因素，系统惯性是次要因素。惯性仅影响最大频率变化率，不是最大频率偏差的主要影响因素，且不影响稳态频率偏差。频率问题的本质不是惯性，而是系统应对不平衡功率的调节能力。通过增加储能装置，充分发挥电力电子设备快速响应特性，可以有效改善系统频率。

3.2.1.4 储能电站群接入对频率稳定的影响机理

电化学储能电站群接入对系统频率稳定的影响直接反映在对系统稳态频率偏差、最大频率变化率、最大频率偏差的影响上。电化学储能电站群接入对系统频率稳定的影响机理与其控制方式密切相关，本小节对典型的虚拟惯量控制+下垂控制方式进行分析。

从式（3-46）可以看出，储能电站主要影响系统的等效惯量和等效阻尼，从而影响系统

的频率稳定。

1. 频率特性指标表达式

由（3-50）知，系统的稳态频率偏差为 $\omega_{\infty} = -\Delta P / (\bar{d} + r^{-1})$，随着新能源和直流受电比例的提高，同步电机的相对占比不断下降。因为 MPPT 控制的新能源和直流受电可看成是恒功率源，基本不参与系统频率调节，相同频率偏差下，同步机调速器提供的频率支撑减小，所以可认为系统的等效惯量下降、一次调频下垂系数增加（频率支撑能力减弱）。系统的等效惯量不影响稳态频率偏差，而系统一次调频下垂系数增加会导致稳态频率偏差增大。

电化学储能电站群的接入，虚拟惯量控制部分可以提高系统的等效惯量，但对于系统的稳态频率偏差没有影响；下垂控制部分可以提高系统的等效阻尼，从而减小稳态频率偏差。

2. 最大频率变化率

由式（3-69）知，系统的最大频率变化率为 $\left| \dot{\omega}(t) \right|_{\max} = \Delta P / \bar{M}$，随着新能源和直流受电比例的提高，同步电机的相对占比不断下降。因为 MPPT 控制的新能源和直流受电都是半导体器件，与同步电机的旋转部件存在本质上的不同，不能提供旋转惯量，所以会导致系统的等效惯量下降，从而使系统最大频率变化率增大。

电化学储能电站群的虚拟惯量控制部分，因为其超高速的响应特性，可以在一定程度上模拟同步电机的惯性响应，提供虚拟惯量，使系统的等效惯量增大，从而使系统最大频率变化率减小，提高系统的频率稳定性。

3. 最大频率偏差

由式（3-74）知，系统的最大频率偏差为最大频率偏差与系统的等效惯量、等效阻尼、一次调频时间常数和一次调频下垂系数耦合关系比较复杂，很难直观判断出各参数对最大频率偏差的影响。

如果式（3-74）中指数项变化很小，可以忽略不计，那么系统的最大频率偏差会随着系统等效惯量、等效阻尼的增大而减小，随着一次调频时间常数、一次调频下垂系数的增大（响应速度减慢、支撑能力减弱）而增大。

由于储能电站群会增大系统的等效惯量和等效阻尼，所以能够有效改善系统的最大频率偏差，提高系统的频率稳定性。更深入、更准确地影响机理探究还需要进一步分析。

4. 储能装置放电时间讨论

图 3-20 给出了各种与频率相关的控制手段的时间尺度，在这里储能装置主要针对的是一次调频。储能电站群无论是采用虚拟惯量控制还是下垂控制，本质上都是根据系统的频率变化来调节自身有功输出。虚拟惯量控制是根据系统的频率变化率来确定有功输出，在扰动过程中，系统的频率变化率只在最开始的暂态中比较大，而且虚拟惯量控制的对象也是这一时间段，所以一般而言，采用虚拟惯量控制的储能装置，放电时间在 30s 左右就可以；下垂控制是根据系统的频率偏差来确定有功输出，所以储能装置会在二次调频完全作用，使系统频率回到额定值时，才会停止输出，所以采用下垂控制的储能装置，放电时间在 15min 以上会

比较合理。

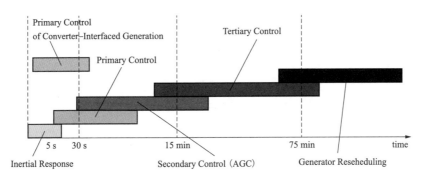

图 3-20　电力系统频率动态的典型时间尺度

3.2.2　不同典型场景下的电网频率特性分析

本小节将简要介绍华中电网的基本情况，具体以河南电网为例，进行电网直流受电比提高、增加储能装置并调节储能装置控制参数等场景的仿真分析，验证电化学储能电站群对于电网频率稳定的作用机理及电化学储能电站群聚合参数配置方法的有效性，并探究储能空间分布对调频特性的影响。

3.2.2.1　华中电网基本概况

1. 华中电网概况

华中电网覆盖湖北、河南、湖南和江西四省，区域面积约 73.16 万 km²，人口约 2.7 亿。华中电网常规一次能源主要有水能、煤炭和油气资源，其分布特点呈现"南水、北煤、西气"的格局。水能资源主要分布在湖北、湖南省，同时接收或转送西南水电。煤炭资源主要分布在河南省。负荷主要集中在河南省中部南部、鄂东、长株潭以及南昌等地区。华中地区的能源和负荷分布，形成了华中电网"西电东送、南北互供"的特点。

2. 华中电网架构

华中电网"得中独厚"，处于"联网中枢、安全中坚、资源中继"的重要地位，与周边所有区域电网互联，是全国互联电网的枢纽。

对于华中电网内部而言，湖北电网是华中电网的中心，通过 500kV 交流通道与其他省级电网辐射状互联。由于各省网内部 500kV 网架结构相对紧密，内部机组受扰后趋于作为一个整体同调振荡，因此华中电网的动态特性将呈现出多刚体运动特征。

从跨区的角度来看，华中电网通过 1000kV 特高压长南线与华北电网进行潮流的输送；通过位于河南的天中直流、灵宝直流和位于湖南的酒湖直流与西北电网进行能量传输；通过位于湖北的三峡直流与华东电网、南方电网进行能量传输；通过位于湖北的渝鄂背靠背直流工程与川渝电网进行容量的输送，形成了华中电网直流送受端混合与交流跨大区互联共存型的特殊电网形态。2018 年华中电网枯大运行方式（水电站处于枯水季节时，接入电力系统恰好在最大运行方式）下的潮流图如图 3-21 所示。

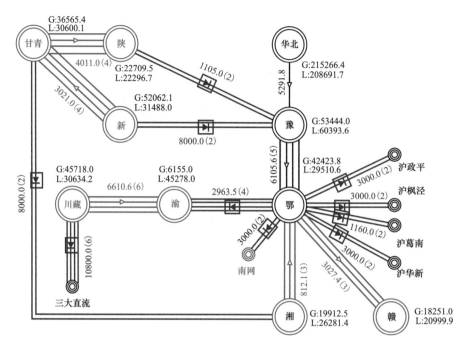

图 3-21　2018 年华中电网枯大运行方式潮流图

3. 华中电网仿真简化处理

华中电网结构复杂，受限于仿真计算能力，必须对系统进行适当的简化。因此对华中电网做如下的简化处理：

（1）仅考虑华中电网省际互联主干网络，忽略其余输电网络及配电网络。

（2）由于各省网内部 500kV 网架结构相对紧密，内部机组受扰后趋于作为一个整体同调振荡，所以将各省区内的所有同步发电机组等值为一台，经变压器升压接入 500kV 网络。

（3）各省新能源集中式接入，经升压变压器在 PCC 点并入电网。

（4）各省区内部负荷集总至同一节点。

（5）华中电网与西北电网、西南电网、南方电网、华东电网均为直流互联，不存在同步问题。对于外送功率，集总至同一节点，等效为静态负荷，均为有功负荷，大小为传输功率大小；对于送入功率，等效为恒功率源接入。

（6）华北电网与华中电网通过特高压交流互联，存在同步问题。故将华北电网等效为动态负载，额定容量为传输容量大小。

基于上述简化假设，华中电网可以简化为如图 3-22 所示的系统。

在华中地区，水电占据了重要地位，对电力系统有着很大的影响。水电的运行与季节有关，分为丰水期和枯水期，所以可将电力系统的运行方式分为枯大运行方式、枯小运行方式、丰大运行方式和丰小运行方式四种。在这里，选取丰大运行方式来进行研究。

仿真系统的数据参考了华中电网实际数据，各省区总装机容量、有功负荷、外送功率分别见表 3-13 和表 3-14。

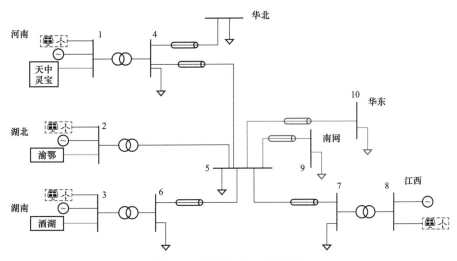

图 3-22　简化华中电网示意图

表 3-13　　　　　　　　　　　　华中电网各省装机容量及有功负荷

省区	河南	湖北	湖南	江西
装机（万 W）	8680	7401	4521	3554
有功负荷（万 kW）	6041.5	3270.0	2615.5	2100.0

表 3-14　　　　　　　　　　　　华中电网各输电工程传输功率

传输线路	功率输入/输出（万 kW）
河南—华北交流	−534.6
湖北—华东直流	−1016.0
湖北—南网直流	−300.0
河南—西北直流	910.5
湖南—西北直流	800.0
湖北—川渝直流	500.0

　　按照上述数据，本小节在 CloudPSS 仿真平台上搭建了简化华中电网仿真系统，负荷采用感应电动机和恒阻抗的综合负荷模型，华中电网各省负荷组成比例见表 3-15，功率因素设定为 0.85，各省区发电组额定容量与负荷见表 3-16。

表 3-15　　　　　　　　　　　　华中电网各省负荷组成比例

负荷类型	河南	湖北	湖南	江西
感应电动机	50%	65%	65%	50%
恒阻抗	50%	35%	35%	50%

表 3-16 简化华中电网各省区装机容量与负荷

省区	装机容量（MW）	负 荷					
		静态负荷		电动机负荷		总 和	
		P（MW）	Q（Mvar）	P（MW）	Q（Mvar）	P（MW）	Q（Mvar）
河南	$8.680×10^4$	30208	18721	30208	18721	60415	37442
湖北	$7.401×10^4$	11445	7093	21255	13173	32700	20266
湖南	$4.521×10^4$	9154	5673	17001	10536	26155	16209
江西	$3.554×10^4$	10500	6507	10500	6507	21000	13015

3.2.2.2 电网频率响应特性

1. 场景一（高比例直流受电）

本场景中，同步发电机均配有调速、励磁和 PSS 控制。不断提高直流受电占比，同步发电机额定功率相应地被直流替代，系统总装机容量维持不变。

对每个场景，仿真系统启动达到稳态后，在河南节点处另一回直流闭锁，系统总有功注入减少 3.3775%。有功功率的不平衡将导致系统频率波动，在 CloudPSS 仿真平台上进行电磁暂态仿真，得到系统的在相同扰动的频率响应曲线，改变直流受电比例系统频率响应曲线如图 3-23 所示。

绘制系统参数随直流受电比例提高的变化趋势曲线如图 3-24 所示。

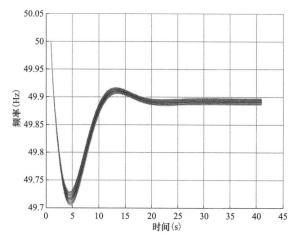

图 3-23　改变直流受电比例系统频率响应曲线

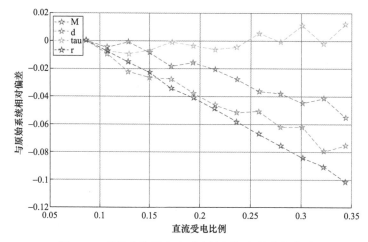

图 3-24　系统参数随直流受电比例提高的变化趋势

可见，当不能参与频率响应过程、等效为功率源的直流受电逐渐替换同步机容量时，系统等效惯量、等效阻尼、下垂强度均呈明显的下降趋势，而系统一次调频时间常数则基本维持稳定。

直流闭锁后，系统频率响应最低点随直流受电比例提高的变化趋势图如图 3-25 所示。

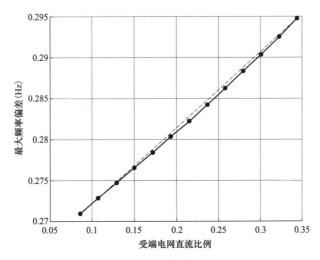

图 3-25　系统频率响应最低点随直流受电比例提高的变化趋势

可见，系统受扰后的最低频率呈现加速下降的趋势。当河南直流受电比例占比达到最大时，系统频率最低点由初始的 49.73Hz 下降到了 49.70Hz。

直流闭锁后，系统稳态频率随直流受电比例提高的变化趋势图如图 3-26 所示。

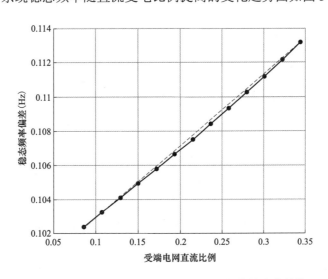

图 3-26　系统稳态频率随直流受电比例提高的变化趋势

可见，直流闭锁后的稳态频率也呈现出加速下降的趋势。当河南直流受电占比达到最大比例时，系统稳态频率由初始的 49.90Hz 下降到了 49.885Hz。

综上所述，不参与调频的直流受电大量替代系统中的同步机后，系统等效惯性、等效阻尼、下垂强度均呈下降趋势，然而系统频率响应特性加速恶化，需要引起注意。

2. 场景二（储能装置接入）

本场景中，同步发电机同样均配有调速、励磁和 PSS 控制。采用最高直流受电比例，并在河南节点处增加储能装置，以研究储能装置对系统频率响应特性的影响。

设定储能装置采用有功—频率下垂控制来参与系统调频，即储能的输出功率由式（3-80）刻画，即

$$P = -\alpha_s \omega \tag{3-80}$$

为了简化，假设河南节点配备有足够容量的储能装置，从而其在参与频率调节的过程中不会受到容量的约束，来分析储能下垂强度（虚拟阻尼大小）对系统频率响应特性的影响。

在直流受电最大接入的场景下，本小节共设置 11 个仿真场景，对应不同的储能下垂强度 a_s。对每个场景，仿真系统启动达到稳态后，在河南节点处另令一回直流闭锁，系统总有功注入减少 3.3775%，有功功率的不平衡将导致系统频率波动，通过仿真得到系统频率的阶跃响应曲线，如图 3-27 所示。

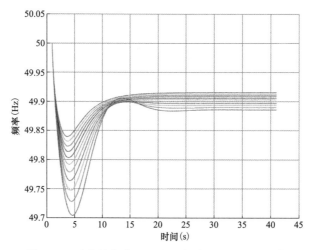

图 3-27　改变储能装置下垂强度系统频率响应曲线

绘制系统各参数随储能下垂强度 a_s 的变化趋势如图 3-28 所示（由于储能下垂强度太高会导致系统等效阻尼过大，系统频率响应过程没有第二个极值点，无法使用前述小节中所提出的参数估计方法，所以只画了储能下垂强度较小的三个场景）。

可见系统等效惯量、一次调频强度和时间常数均几乎保持不变，而系统等效阻尼随储能下垂强度 a_s 的增大而线性增大，印证了 3.2.1 节所讨论的电化学储能电站群对于特高压交直流混联受端电网频率稳定的作用机理。

直流闭锁后，系统频率响应最低点随储能下垂强度 a_s 的变化曲线如图 3-29 所示。

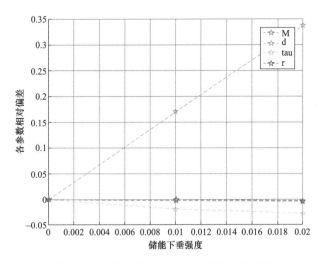

图 3-28　系统参数随储能下垂强度变化曲线

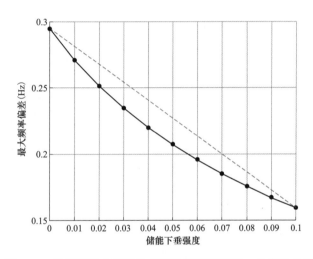

图 3-29　系统频率响应最低点随储能下垂强度 a_S 的变化曲线

可见，系统最大频率偏差随着储能下垂强度 a_S 的增大逐渐减小，并呈现出饱和趋势。系统频率最低点由无储能时的 49.71Hz，随储能下垂强度 a_S 的增加单调的增加至 49.84Hz。

直流闭锁后，系统稳态频率随储能下垂强度 a_S 的变化曲线图如图 3-30 所示。

可见，系统稳态频率偏差随着频率响应强度的增大逐渐减小，同样呈现出一定的饱和趋势。稳态频率由初始的 49.89Hz 随频率响应强度的增加单调的增加至 49.92Hz。

综上所述，增加储能装置进行调频可有效改善系统频率响应特性，改善程度与储能下垂强度 a_S 正相关。单独提升储能参与调频的强度对于系统频率特性的提升有饱和趋势。值得注意的是，在较大的储能下垂强度 a_S 下，系统发生扰动后的最大频率偏差、稳态频率偏差均显著减小，甚至小于初始场景。说明若能够增设储能装置参与系统频率调节，在适当的控制设计下，甚至有可能会使得系统的频率响应特性优于无直流受电的场景。

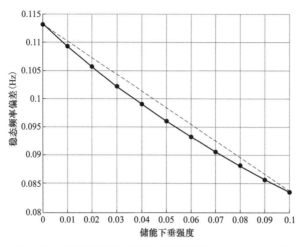

图 3-30 系统稳态频率随储能下垂强度 a_S 的变化曲线

3.2.2.3 储能分布对频率特性的影响

本场景中，同步发电机同样均配有调速、励磁和 PSS 控制。为了研究储能空间分布对调频特性的影响，对河南节点进行拓展，由 1 个节点变为 4 个节点，相当于将河南省电网划分为 4 块，一块接入了特高压直流，一块接入了特高压交流，一块与湖北互联，剩余部分为一块。

考虑三种典型的储能空间分布形式：①所有的储能装置均设置在 1 号节点（直流闭锁处）；②储能装置均匀分布在 1～4 号节点；③所有的储能装置均设置在 4 号节点（远离故障处）。

对每个场景，仿真系统启动达到稳态后，在河南 1 号节点处另一回直流闭锁，系统总有功注入减少 3.3775%。有功功率的不平衡将导致系统频率波动，在 CloudPSS 仿真平台上进行电磁暂态仿真，得到系统在相同扰动下的频率响应曲线，从而研究储能空间分布对调频特性的影响。

本小节主要比较两类指标，第一类指标是传统的时域指标，如最大频率偏差等，这类指标主要刻画了系统惯性中心频率的特性，反映了系统频率响应过程的整体特性；第二类指标是二次型指标，如同步成本，这类指标主要刻画了系统各节点频率与系统惯性中心频率的偏差，反映了系统频率响应过程的暂态特性。这里采用的二次型指标计算表达式为

$$P(T) = \int_0^T (\omega(t) - \bar{\omega}(t))^T (\omega(t) - \bar{\omega}(t)) \mathrm{d}t \qquad (3-81)$$

式中：$P(T)$ 为系统在频率响应过程中的同步成本；T 为时间长度；$\omega(T)$ 为元素为系统各节点频率的列向量；$\bar{\omega}(t)$ 为元素全为系统惯性中心频率的列向量。

三种储能装置的空间分布形式下，系统在相同扰动下的频率响应曲线，即储能位置对系统整体频率特性的影响如图 3-31 所示。

从图 3-31 中，可以看到，三种储能装置的空间分布形式下，系统在相同扰动下的频率响应曲线几乎完全重合，系统的惯性中心频率的动态响应过程几乎一致，进一步，以第一种分布形式下的频率最大偏差为基准，分别计算另外两种分布形式下的频率最大偏差的相对误差

为+0.01894%和+0.00219%，说明储能装置的空间分布对于系统整体的调频特性几乎没有任何影响。

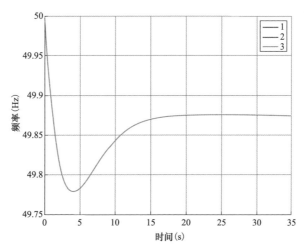

图 3-31 储能位置对系统整体频率特性的影响

因为系统的惯性中心频率反映了整个系统的有功平衡程度，而无论储能装置放置在哪个地理位置，其输出的有功都将直接影响到整个系统的有功平衡，所以储能装置的位置对于系统频率响应过程的整体特性几乎没有影响，仿真结果也符合预期。

不同储能空间分布下的系统同步成本见表 3-17。

表 3-17 不同储能空间分布下的系统同步成本

分布 1	分布 2	分布 3
0.023286	0.023051	0.023022

从三种储能空间分布形式下的系统同步成本计算结果可以看到，在此场景下，储能装置的空间分布对于系统的同步成本，即系统频率响应过程的暂态特性，几乎没有任何影响。其原因在于，用于仿真河南电网简化系统是强阻尼的，系统中各个机组基本保持同步，基本不存在机组群内部振荡，所以对于刻画了系统各节点频率与系统惯性中心频率的偏差的二次型指标，储能装置的空间分布基本不会产生影响。如果系统的各机组之间存在较为剧烈的振荡过程，那么储能装置的空间分布会对系统的同步成本产生较大影响。可见，储能的位置对于系统的调频特性影响不大。

3.2.3 储能参与调频的多时间尺度控制技术

电化学储能装置作为一种存储能量的装置，无法自行补充能量，只能通过控制其与电力系统的能量交互过程来维持其能量水平。如果控制不当，很有可能会导致储能装置能量耗尽，无法正常参与系统的调峰、调频等需求，不利于电网安全稳定运行，因此，本小节提出了一种协调一、二次调频的储能多时间尺度控制技。首先给出一种考虑能量水平的储能控制策略，然后分析该控制策略下的储能参与调频后的电力系统的频率特性及不同频率安全稳定范围所需求的储能容量水平，最后通过数值模拟，将考虑能量水平的储能控制策略与传统的下垂控制进行对比，充分体现所提出的控制策略在降低储能最大容量需求以及维持储能能量水平方面的优越性。

3.2.3.1 储能参与调频的典型控制策略

对于储能电站群，可以认为其集总有功输出是下垂控制和虚拟惯量控制的混合，在考虑储能快速响应特性（忽略延迟）的情况下，其有功—频率动态可以写成

$$P_S = -(m_v\dot{\omega} + a_S\omega) \tag{3-82}$$

式中：P_S 为储能装置的有功输出偏差；m_v 为储能装置的虚拟惯量；a_S 为储能装置的下垂强度。

协调一、二次调频的储能多时间尺度控制技术，其目的是使储能装置在参与调频过程之后其能量水平恢复到初始值，便于后续能继续正常参与系统的调峰、调频需求，所以需要提出一种将储能装置的有功输出与其能量水平相关联的控制策略，本小节的思路就是在储能装置的有功输出上引入一个与储能装置能量偏差成正比的修正项，则储能装置的有功输出偏差 P_S 可以写成

$$P_S = -(m_v\dot{\omega} + a_S\omega) + a \cdot E \tag{3-83}$$

储能装置能量水平变化率的绝对值等于其有功输出的绝对值，所以储能装置的能量动态可以写成

$$\dot{E} = -P_S = (m_v\dot{\omega} + a_S\omega) - a \cdot E \tag{3-84}$$

根据 3.2.1 节中的结果，可以看到系统的等效惯量虽然是影响系统最大频率变化率的关键因素，但并不是影响系统最大频率偏差的关键因素，所以本小节主要通过改变储能装置的下垂强度 a_S 来改善系统的最大频率偏差，而虚拟惯量的作用更多是在故障发生时改善系统的频率变化率，使其在安全稳定范围内。

3.2.3.2 储能参与调频后的系统频率特性

考虑能量水平的控制策略的储能装置接入后，系统的频率动态方程将变为

$$\begin{cases}
\dot{\theta} = \omega \\
2H\dot{\omega} = -D\omega + P_G + P_S - (\Delta P_d + P_{L-f}) \\
\tau_G\dot{P}_G = -P_G - r_G^{-1}\omega - K\theta \\
P_{L-f} = \alpha_L\omega \\
P_S = -(m_v\dot{\omega} + a_S\omega) + a \cdot E \\
\dot{E} = -P_S
\end{cases} \tag{3-85}$$

式中：θ 为系统的相角偏差；K 为系统二次调频强度。

本小节主要分析系统在一次调频过程中的频率特性，由于二次调频时间尺度较长，对于一次调频过程基本没有影响，为了便于求解，暂时忽略系统的二次调频，取 $K=0$；另外，为了书写简便，记 $M=2H$ 为系统自身等效惯性时间常数，$d=D+a_L$ 为系统自身等效阻尼，记

τ_G, r_G^{-1}为τ, α_g，则上述系统的频率动态方程可简化为

$$\begin{cases} M\dot{\omega} = -d\omega + P_G - \dot{E} - \Delta P_d \\ \tau\dot{P}_G = -P_G - \alpha_g\omega \\ \dot{E} = m_v\dot{\omega} + a_s\omega - a \cdot E \end{cases} \tag{3-86}$$

根据，可得系统从电源或负荷波动ΔP_d到系统频率偏差ω的传递函数为

$$T(s) = \frac{\omega(s)}{\Delta P_d(s)} = -\frac{1}{Ms + d + \dfrac{\alpha_g}{\tau s + 1} + \dfrac{m_v s + a_s}{s + a}s} \tag{3-87}$$

为了便于理论分析，固定能量水平负反馈强度$a = 1/\tau$，则式（3-87）可化简为

$$T(s) = \frac{\tau s + 1}{\tau(M + m_v)s^2 + (M + (d + \alpha_s)\tau)s + d + \alpha_g} \tag{3-88}$$

当系统电源或负荷发生幅值为ΔP的阶跃变化时，即$\Delta P_d(s) = -\Delta P/s$，系统的频率响应为

$$\begin{aligned} \omega(s) &= -\frac{\Delta P}{s} \frac{\tau s + 1}{\tau(M + m_v)s^2 + (M + (d + \alpha_s)\tau)s + d + \alpha_g} \\ &= -\frac{\Delta P}{d + \alpha_g} \left(\frac{1}{s} - \frac{s + \dfrac{1}{\tau}\dfrac{M}{M + m_v} + \dfrac{\alpha_s - \alpha_g}{M + m_v}}{s^2 + \left(\dfrac{M}{M + m_v}\dfrac{1}{\tau} + \dfrac{d + \alpha_s}{M + m_v} \right)s + \dfrac{d + \alpha_g}{\tau(M + m_v)}} \right) \end{aligned} \tag{3-89}$$

虚拟惯量只在系统频率变化率大于某一阈值时起作用，而且作用时间短，对系统最大频率偏差影响较小，而在这里主要分析系统的最大频率偏差，所以在分析过程中，取$m_v = 0$，所以式（3-89）可以简化为

$$\omega(s) = -\frac{\Delta P}{d + \alpha_g} \left(\frac{1}{s} - \frac{s + \dfrac{1}{\tau} + \dfrac{\alpha_s - \alpha_g}{M}}{s^2 + \left(\dfrac{1}{\tau} + \dfrac{d + \alpha_s}{M} \right)s + \dfrac{d + \alpha_g}{\tau M}} \right) \tag{3-90}$$

一般来说，电力系统是欠阻尼的，但加入了下垂控制的储能装置后，系统的特性会发生变化，所以需要分情况进行讨论。

记$\Lambda = s^2 + (\tau^{-1} + (d + a_s)/M)s + \tau^{-1}(d + \alpha_g)/M$，根据$\Lambda$的阻尼情况来进行分类讨论。

若Λ是临界阻尼的，则对应着

$$\left(\frac{1}{\tau} + \frac{d + a_s}{M} \right)^2 - 4\frac{d + \alpha_g}{\tau M} = 0 \tag{3-91}$$

此时，储能装置的下垂强度大小应为

$$a_s = -d - M/\tau + 2\sqrt{(d + \alpha_g)M/\tau} \tag{3-92}$$

電化学储能电站群调控关键技术与工程应用

记 $\zeta = -d - M/\tau + 2\sqrt{(d+\alpha_g)M/\tau}$ 为 Λ 处于临界阻尼时对应的储能装置下垂强度大小，则若 $a_s < \zeta$，则 Λ 为欠阻尼的；若 $a_s > \zeta$，则 Λ 为过阻尼的。

（1）Λ 欠阻尼。

Λ 欠阻尼，对应着 $a_s < -d - M/\tau + 2\sqrt{(d+\alpha_g)M/\tau}$。定义

$$\eta = \frac{1}{2}\left(\frac{1}{\tau} + \frac{d+a_s}{M}\right), \quad \omega_d = \sqrt{\frac{d+\alpha_g}{\tau M} - \eta^2} \tag{3-93}$$

则欠阻尼下该系统有一对极点为 $-\eta \pm j\omega_d$。定义 $\gamma = \tau^{-1} + (a_s - \alpha_g)/M$，系统频率响应可化简为

$$\omega(s) = -\frac{\Delta P}{d+\alpha_g}\left(\frac{1}{s} - \frac{s+\gamma}{(s+\eta)^2 + \omega_d^2}\right) \tag{3-94}$$

由拉普拉斯反变换可求得系统频率响应的时域表达式为

$$\omega(t) = \frac{-\Delta P}{d+\alpha_g}\left[1 - e^{-\eta t}\left(\cos(\omega_d t) + \frac{\gamma-\eta}{\omega_d}\sin(\omega_d t)\right)\right] \tag{3-95}$$

仿照 3.2.1.2 的方法，可以求出系统频率响应与额定频率的最大偏差 $|\omega|_{max}$ 为

$$|\omega|_{max} = \frac{|\Delta P|}{d+\alpha_g}\left[1 + \sqrt{\frac{\tau(\alpha_g - a_s)}{M}}e^{-\frac{\eta}{\omega_d}\left(\phi+\frac{\pi}{2}\right)}\right] \tag{3-96}$$

其中 $\phi \in (-\pi/2, \pi/2)$，且满足

$$\sin(\phi) = \frac{M - \tau(d+a_s)}{2\sqrt{\tau M(\alpha_g - a_s)}} \tag{3-97}$$

（2）Λ 临界阻尼。

Λ 临界阻尼，对应着 $a_s = -d - M/\tau + 2\sqrt{(d+\alpha_g)M/\tau}$。定义

$$\eta = \frac{1}{2}\left(\frac{1}{\tau} + \frac{d+\alpha_s}{M}\right), \quad \gamma = \frac{1}{\tau} + \frac{a_s - \alpha_g}{M} \tag{3-98}$$

则 Λ 临界阻尼下该系统有一个二重极点 $-\eta$，系统频率响应可化简为

$$\omega(s) = -\frac{\Delta P}{d+\alpha_g}\left(\frac{1}{s} - \frac{s+\gamma}{(s+\eta)^2}\right) \tag{3-99}$$

由拉普拉斯反变换可求得系统频率响应的时域表达式为

$$\omega(t) = \frac{-\Delta P}{d+\alpha_g}\left[1 + e^{-\eta t}(-1 - \gamma t + \eta t)\right] \tag{3-100}$$

对式（3-100）求导，可得

$$\dot{\omega}(t) = -\frac{\Delta P}{d+\alpha_g}e^{-\eta t}\left[-\eta(\eta-\gamma)t + (2\eta-\gamma)\right] \tag{3-101}$$

由于 $2\eta - \gamma = (d+\alpha_g)/M > 0, \eta > 0$，所以只有当 $\eta - \gamma > 0$ 时，才有

94

$$\exists t_0>0, \quad s.t. \quad \begin{cases} \dot{\omega}(t)<0, & t<t_0 \\ \dot{\omega}(t_0)=0, \\ \dot{\omega}(t)>0, & t>t_0 \end{cases} \tag{3-102}$$

使得系统频率响应存在最低点。

$\eta-\gamma>0$ 时对应的储能下垂强度 a_S 应满足

$$a_S<d+2\alpha_g-\frac{M}{\tau} \tag{3-103}$$

又因为此时 $a_S=-d-M/\tau+2\sqrt{(d+\alpha_g)M/\tau}$，所以当系统参数满足 $d+\alpha_g>M/\tau$ 时，系统频率响应才存在最低点，与额定频率的最大偏差为

$$\begin{aligned} |\omega|_{\max} &= \frac{\Delta P}{d+\alpha_g}\left[1+e^{-\eta\left(\frac{1}{\eta}+\frac{1}{\eta-\gamma}\right)}\left(-1+(\eta-\gamma)\left(\frac{1}{\eta}+\frac{1}{\eta-\gamma}\right)\right)\right] \\ &= \frac{\Delta P}{d+\alpha_g}\left[1+e^{-1-\frac{\eta}{\eta-\gamma}}\frac{\eta-\gamma}{\eta}\right] \end{aligned} \tag{3-104}$$

而当系统参数满足 $d+\alpha_g\leqslant M/\tau$ 时，系统频率响应不存在最低点，与额定频率的最大偏差即为稳态偏差。

（3）Λ 过阻尼。

Λ 过阻尼，对应着 $\alpha_s>-d-M/\tau+2\sqrt{(d+\alpha_g)M/\tau}$。定义

$$\eta=\frac{1}{2}\left(\frac{1}{\tau}+\frac{d+a_s}{M}\right), \quad \beta=\sqrt{\eta^2-\frac{(d+\alpha_g)}{\tau M}}>0 \tag{3-105}$$

则 Λ 过阻尼下该系统有一对极点 $-\eta\pm\beta$。定义 $\gamma=\tau^{-1}+(\alpha_s-\alpha_g)/M$，系统频率响应可化简为

$$\omega(s)=-\frac{\Delta P}{d+\alpha_g}\left(\frac{1}{s}-\frac{s+\gamma}{(s+\eta)^2-\beta^2}\right) \tag{3-106}$$

由拉普拉斯反变换可求得系统频率响应的时域表达式为

$$\omega(t)=\frac{\Delta P}{d+\alpha_g}\left[-1+\frac{1}{2\beta}\left((\beta+\eta-\gamma)e^{-(\eta+\beta)t}+(\beta+\eta-\gamma)e^{-(\eta-\beta)t}\right)\right] \tag{3-107}$$

设式中的 $A(t)=(\beta+\eta-\gamma)e^{-(\eta+\beta)t}+(\beta-(\eta-\gamma))e^{-(\eta-\beta)t}$，并对 $A(t)$ 求导，可得

$$\dot{A}(t)=-(\eta+\beta)(\beta+\eta-\gamma)e^{-(\eta+\beta)t}-(\eta-\beta)(\beta-(\eta-\gamma))e^{-(\eta-\beta)t} \tag{3-108}$$

若要 $\omega(t)$ 存在最低点，则首先需要 $\exists t_0>0, \ s.t. \ \dot{A}(t_0)=0$，即

$$\begin{aligned} \exists t_0>0, \ s.t. \ &-(\eta+\beta)(\beta+\eta-\gamma)e^{-(\eta+\beta)t_0} \\ &=(\eta-\beta)(\beta-(\eta-\gamma))e^{-(\eta-\beta)t_0} \end{aligned} \tag{3-109}$$

其次需要 $\ddot{A}(t_0)>0$。由于

$$\begin{aligned} \ddot{A}(t_0)&=(\eta+\beta)^2(\beta+\eta-\gamma)e^{-(\eta+\beta)t_0} \\ &+(\eta-\beta)^2(\beta-(\eta-\gamma))e^{-(\eta-\beta)t_0} \\ &=2\beta(\eta+\beta)(\beta+\eta-\gamma)e^{-(\eta+\beta)t_0} \end{aligned} \tag{3-110}$$

所以 $\omega(t)$ 存在最低点的条件为

$$\begin{cases} \dfrac{-(\eta+\beta)(\beta+\eta-\gamma)}{(\eta-\beta)[\beta-(\eta-\gamma)]}>1, \\ \beta+\eta-\gamma>0 \end{cases} \tag{3-111}$$

当 $a_s \geqslant a_g$ 时，有

$$\begin{aligned} \beta^2-(\eta-\gamma)^2 &= \beta^2-\eta^2+2\eta\gamma-\gamma^2 \\ &= -\frac{d+\alpha_g}{M\tau}+\left(\frac{1}{\tau}+\frac{a_s-\alpha_g}{M}\right)\frac{d+\alpha_g}{M} \\ &= \frac{a_s-\alpha_g}{M}\frac{d+\alpha_g}{M}\geqslant 0 \Leftrightarrow |\beta|\geqslant|\eta-\gamma| \end{aligned} \tag{3-112}$$

此时 $\beta+\eta-\gamma>0$，而 $\dfrac{-(\eta+\beta)(\beta+\eta-\gamma)}{(\eta-\beta)(\beta-(\eta-\gamma))}<0$，所以，$\omega(t)$ 不存在最低点。

当 $-d-M/\tau+2\sqrt{(d+\alpha_g)M/\tau}<a_s<\alpha_g$ 时，则有

$$\beta^2-(\eta-\gamma)^2=\frac{a_s-\alpha_g}{M}\frac{d+\alpha_g}{M}<0 \Leftrightarrow |\beta|<|\eta-\gamma| \tag{3-113}$$

若 $\beta+\eta-\gamma>0$，则 $\eta-\gamma>0$；此时 $\beta-(\eta-\gamma)<0$，所以

$$\begin{aligned} &\frac{-(\eta+\beta)(\beta+\eta-\gamma)}{(\eta-\beta)(\beta-(\eta-\gamma))}>1 \\ \Leftrightarrow &(\eta+\beta)(\beta+\eta-\gamma)+(\eta-\beta)(\beta-(\eta-\gamma))>0 \\ \Leftrightarrow &2\beta(\eta-\gamma)>0 \end{aligned} \tag{3-114}$$

所以，当 $-d-M/\tau+2\sqrt{(d+\alpha_g)M/\tau}<a_s<\alpha_g$ 时，若有 $\eta-\gamma>0$，则系统频率响应存在最低点。

$$\eta-\gamma=\frac{1}{2}\left(\frac{1}{\tau}+\frac{d+a_s}{M}\right)-\frac{1}{\tau}-\frac{a_s-\alpha_g}{M} \Leftrightarrow a_s<d+2\alpha_g-\frac{M}{\tau} \tag{3-115}$$

此时需要（3-105）中 a_s 的范围与 $-d-M/\tau+2\sqrt{(d+\alpha_g)M/\tau}<a_s<\alpha_g$ 存在交集，系统频率响应才会存在最低点，所以系统参数需要满足

$$d+2\alpha_g-\frac{M}{\tau}>-d-M/\tau+2\sqrt{(d+\alpha_g)M/\tau} \tag{3-116}$$

即系统参数满足 $d+\alpha_g>M/\tau$ 时，系统频率响应才会存在最低点。此时，系统满足 $d+2\alpha_g-M/\tau>\alpha_g$，所以在 $-d-M/\tau+2\sqrt{(d+\alpha_g)M/\tau}<a_s<\alpha_g$ 范围内，系统频率响应都会存在最低点，并且与额定频率的最大偏差为

$$\begin{aligned} \omega(t_0) &= \frac{\Delta P}{d+\alpha_g}\left[-1-\frac{1}{(\eta-\beta)}(\beta+\eta-\gamma)e^{-(\eta+\beta)t_0}\right] \\ t_0 &= \frac{1}{2\beta}\ln\left[\frac{-(\eta+\beta)(\beta+\eta-\gamma)}{(\eta-\beta)(\beta-(\eta-\gamma))}\right] \end{aligned} \tag{3-117}$$

综上所述，该控制策略下的储能装置接入电力系统后，系统频率响应在阶跃扰动下的最

大偏差，可以有如下总结。

当系统参数满足 $d + \alpha_g \leqslant M / \tau$ 时

$$|\omega|_{\max} = \begin{cases} \dfrac{|\Delta P|}{d + \alpha_g}\left[1 + \sqrt{\dfrac{\tau(\alpha_g - a_s)}{M}}\,\mathrm{e}^{-\frac{\eta}{\omega_d}\left(\phi + \frac{\pi}{2}\right)}\right], & a_s < \zeta \\[4mm] \dfrac{\Delta P}{d + \alpha_g}, & a_s \geqslant \zeta \end{cases} \tag{3-118}$$

$$\zeta = -d - M / \tau + 2\sqrt{(d + \alpha_g)M / \tau}$$

当系统参数满足 $d + \alpha_g > M / \tau$ 时

$$|\omega|_{\max} = \begin{cases} \dfrac{|\Delta P|}{d + \alpha_g}\left[1 + \sqrt{\dfrac{\tau(\alpha_g - a_s)}{M}}\,\mathrm{e}^{-\frac{\eta}{\omega_d}\left(\phi + \frac{\pi}{2}\right)}\right], & a_s < \zeta \\[4mm] \dfrac{\Delta P}{d + \alpha_g}\left[1 + \mathrm{e}^{-1 - \frac{\eta}{\eta - \gamma}}\dfrac{\eta - \gamma}{\eta}\right], & a_s = \zeta \\[4mm] \dfrac{\Delta P}{d + \alpha_g}\left[1 + \dfrac{1}{(\eta - \beta)}(\beta + \eta - \gamma)\mathrm{e}^{-(\eta + \beta)t_0}\right], & \zeta < a_s < \alpha_g \\[4mm] \dfrac{\Delta P}{d + \alpha_g}, & \alpha_s \geqslant \alpha_g \end{cases} \tag{3-119}$$

$$\zeta = -d - M / \tau + 2\sqrt{(d + \alpha_g)M / \tau}$$

从式（3-118）和式（3-119）可以看出，当系统自身一次调频的速度较慢时消除频率最低点所需的储能装置下垂强度，比系统自身一次调频的速度较快时消除频率最低点所需的储能装置下垂强度大。

在华中电网参数 $M=9.25$，$d=3.5$，$r=13$，$\tau=9.96$ 下，有 $d + a_g > M/\tau$，所以根据式（3-119）可以绘制系统阶跃扰动下的最大频率偏差随储能装置下垂强度 a_s 的变化曲线如图 3-32 所示。

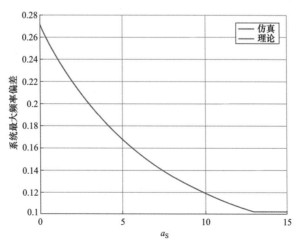

图 3-32　系统阶跃扰动下的最大频率偏差随储能装置下垂强度变化曲线

从图 3-32 中可以看到由式（3-119）计算得到的理论曲线与数值仿真得到的曲线基本重合，平均相对误差为 0.008487%，证明了理论结果的准确性。

进一步，分别画出了 $\varLambda$ 在几种典型阻尼情况下的系统阶跃扰动频率曲线，如图 3-33 所示。

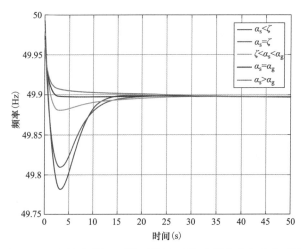

图 3-33　不同阻尼情况下的系统阶跃扰动频率响应曲线对比

从图 3-33 中，可以看到，当储能装置的下垂强度满足 $a_s < \zeta$ 时，系统是欠阻尼的，所以必然存在频率最低点；而储能装置的下垂强度满足 $\zeta \leqslant a_s < \alpha_g$ 时，尽管 $\varLambda$ 是临界阻尼或过阻尼的，但频率依然存在最低点，这与前文的分析保持一致；只有当储能装置的下垂强度满足 $a_s \geqslant \alpha_g$ 时，系统的频率响应才不会存在最低点。

3.2.3.3　储能参与调频过程的容量需求

在 3.2.3.1 的控制策略下，储能装置的能量消耗存在一个最大值，本小节主要分析储能装置在参与调频的过程中所需能量的最大值。由于虚拟惯量旨在故障发生时减小系统的最大频率变化率，作用时间非常短，其对一次调频过程中储能装置容量需求的影响非常有限，所以在分析过程中，近似认为 $m_v = 0$。

由式（3-84）可知，储能装置在系统频率响应过程中的能量动态频域表达式为

$$
\begin{aligned}
E(s) &= \frac{\tau \alpha_s}{\tau s + 1} \omega(s) \\
&= -\frac{\tau \alpha_s}{\tau s + 1} \frac{\Delta P}{s} \frac{\tau s + 1}{\tau (M + m_v) s^2 + (M + (d + \alpha_s)\tau) s + d + \alpha_g} \\
&= -\Delta P \frac{\tau \alpha_s}{d + \alpha_g} \left[\frac{1}{s} - \frac{s + \dfrac{d + \alpha_s - M/\tau}{M}}{s^2 + \left(\dfrac{1}{\tau} + \dfrac{d + \alpha_s}{M}\right) s + \dfrac{d + \alpha_g}{\tau M}} \right]
\end{aligned} \tag{3-120}
$$

本小节主要关注储能的最大能量偏差。下垂控制的储能接入电力系统后，系统可能不再是欠阻尼的，所以需要分情况进行讨论。

同样记 $\Lambda=s^2+(\tau^{-1}+(d+\alpha_s)/M)s+\tau^{-1}(d+\alpha_g)/M$ ，根据 Λ 的阻尼情况来进行分类讨论。

（1）Λ 欠阻尼。

Λ 欠阻尼，对应着 $a_s<-d-M/\tau+2\sqrt{(d+\alpha_g)M/\tau}$ 。定义

$$\eta=\frac{1}{2}\left(\frac{1}{\tau}+\frac{d+\alpha_s}{M}\right),\quad \omega_d=\sqrt{\frac{d+\alpha_g}{\tau M}-\eta^2} \tag{3-121}$$

则欠阻尼下 Λ 的极点为 $-\eta\pm j\omega_d$ 。定义 $\gamma'=(d+a_s-M/\tau)/M$ ，储能装置的能量动态可化简为

$$E(s)=-\Delta P\frac{\tau a_s}{d+\alpha_g}\left[\frac{1}{s}-\frac{s+\gamma'}{(s+\eta)^2+\omega_d^2}\right] \tag{3-122}$$

由拉普拉斯反变换可求得系统频率响应的时域表达式为

$$E(t)=-\Delta P\frac{\tau a_s}{d+\alpha_g}\left[1-e^{-\eta t}\left(\cos(\omega_d t)+\frac{\gamma'-\eta}{\omega_d}\sin(\omega_d t)\right)\right] \tag{3-123}$$

对式（3-123）求导可得

$$\dot{E}(t)=-\frac{\Delta P}{M}e^{-\eta t}\frac{a_s}{\omega_d}\sin(\omega_d t) \tag{3-124}$$

所以当 $t_0=\pi/\omega_d$ 时，储能装置的能量偏差达到最大。

所以储能装置在频率响应过程中的最大能量偏差 $|E|_{max}$ 为

$$|E|_{max}=\Delta P\frac{\tau a_s}{d+\alpha_g}(1+e^{-\eta\pi/\omega_d}) \tag{3-125}$$

（2）Λ 临界阻尼。

Λ 临界阻尼，对应着 $\alpha_s<-d-M/\tau+2\sqrt{(d+\alpha_g)/\tau}$ 。定义

$$\eta=\frac{1}{2}\left(\frac{1}{\tau}+\frac{d+a_s}{M}\right) \tag{3-126}$$

则临界阻尼下 Λ 有一个二重极点为 $-\eta$ 。定义 $\gamma'=(d+a_s-M/\tau)/M$ ，储能装置的能量动态可化简为

$$E(s)=-\Delta P\frac{\tau a_s}{d+\alpha_g}\left(\frac{1}{s}-\frac{s+\gamma'}{(s+\eta)^2}\right) \tag{3-127}$$

由拉普拉斯反变换可求得系统频率响应的时域表达式为

$$E(t)=-\Delta P\frac{\tau a_s}{d+\alpha_g}\left[1+e^{-\eta t}(-1-\eta t)\right] \tag{3-128}$$

对式（3-129）求导可得

$$\dot{E}(t)=-\Delta P\frac{\tau a_s}{d+\alpha_g}\eta^2 te^{-\eta t}<0 \tag{3-129}$$

所以储能装置在频率响应过程中的最大能量偏差 $|E|_{max}$ 为

$$|E|_{\max} = \Delta P \frac{\tau a_{\mathrm{S}}}{d + \alpha_{\mathrm{g}}} \tag{3-130}$$

（3）$\varLambda$ 过阻尼。

$\varLambda$ 过阻尼，对应着 $\alpha_{\mathrm{s}} > -d - M/\tau + 2\sqrt{(d+\alpha_{\mathrm{g}})M/\tau}$。定义

$$\eta = \frac{1}{2}\left(\frac{1}{\tau} + \frac{d + a_{\mathrm{S}}}{M}\right), \quad \beta = \sqrt{\eta^2 - \frac{d + \alpha_{\mathrm{g}}}{\tau M}} \tag{3-131}$$

则过阻尼下 $\varLambda$ 的一对极点为 $-\eta \pm \beta$。定义 $\gamma' = (d + \alpha_{\mathrm{s}} - M/\tau)/M$，储能装置的能量动态可化简为

$$E(s) = -\Delta P \frac{\tau a_{\mathrm{S}}}{d + \alpha_{\mathrm{g}}}\left[\frac{1}{s} - \frac{s + \gamma'}{(s + \eta + \beta)(s + \eta - \beta)}\right] \tag{3-132}$$

由拉普拉斯反变换可求得系统频率响应的时域表达式为

$$E(t) = -\Delta P \frac{\tau a_{\mathrm{S}}}{d + \alpha_{\mathrm{g}}}\left[1 - \frac{\beta - \eta}{2\beta}\mathrm{e}^{-(\eta+\beta)t} - \frac{\beta + \eta}{2\beta}\mathrm{e}^{-(\eta-\beta)t}\right] \tag{3-133}$$

对式（3-133）求导可得

$$\dot{E}(t) = -\Delta P \frac{\tau a_{\mathrm{S}}}{d + \alpha_{\mathrm{g}}}\left[\frac{-\dfrac{d + \alpha_{\mathrm{g}}}{\tau M}}{2\beta}\left(\mathrm{e}^{-(\eta+\beta)t} - \mathrm{e}^{-(\eta-\beta)t}\right)\right] < 0 \tag{3-134}$$

所以储能装置在频率响应过程中的最大能量偏差 $|E|_{\max}$ 为

$$|E|_{\max} = \Delta P \frac{\tau a_{\mathrm{S}}}{d + \alpha_{\mathrm{g}}}(1 + \mathrm{e}^{-\eta\pi/\omega_d}) \tag{3-135}$$

综上所述，储能装置在参与调频的过程中所需能量的最大值为

$$|E|_{\max} = \begin{cases} \Delta P \dfrac{\tau a_{\mathrm{S}}}{d + \alpha_{\mathrm{g}}}(1 + \mathrm{e}^{-\eta\pi/\omega_d}), & \alpha_{\mathrm{s}} < \zeta \\[4mm] \Delta P \dfrac{\tau a_{\mathrm{S}}}{d + \alpha_{\mathrm{g}}}, & \alpha_{\mathrm{s}} \geqslant \zeta \end{cases} \tag{3-136}$$

$$\zeta = -d - M/\tau + 2\sqrt{(d+\alpha_{\mathrm{g}})M/\tau}$$

在华中电网参数 $M=9.2530$，$d=3.5$，$r=13$，$\tau=9.957$ 下，可以绘制系统频率响应过程中，储能最大能量需求随储能装置下垂强度 a_{S} 的变化曲线如图 3-34 所示。

从图中可以看到由式（3-136）计算得到的理论曲线与数值仿真得到的曲线基本重合，平均相对误差为 0.008548%，证明了理论结果的准确性。同时可以看到，在该系统参数条件下，储能最大能量需求随储能装置下垂强度 a_{S} 近似成正比关系，给系统估计储能最大能量需求提供了非常便捷的工具。

进一步，分别画出了 $\varLambda$ 在几种典型阻尼情况下的能量水平变化曲线，如图 3-35 所示。

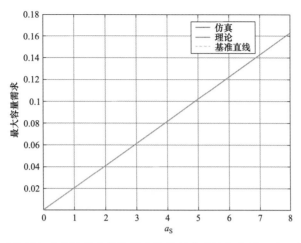

图 3-34　系统频率响应过程中储能最大能量需求随储能装置下垂强度变化曲线

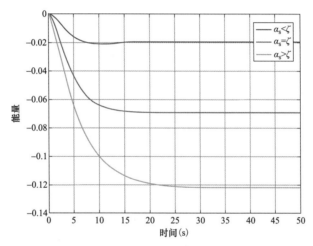

图 3-35　不同阻尼情况下的能量水平变化曲线对比

从图 3-35 中可以看到，当储能装置的下垂强度满足 $a_S < \zeta$ 时，储能装置能量变化曲线存在最低点；而储能装置的下垂强度满足 $a_S \geqslant \zeta$ 时，储能装置能量变化曲线不存在最低点，与前文的分析保持一致。

3.2.3.4　算例仿真与分析

本小节以华中电网简化分析模型为载体，验证 3.2 节提出的协调一、二次调频的储能多时间尺度控制技术在改善系统频率特性，降低储能装置的功率和容量需求上的有效性。

1.　能量反馈控制与下垂控制对比

本场景中考虑了二次调频的作用，进行不同控制策略下的储能装置仿真分析，对于不同控制策略下的储能装置，仿真系统启动达到稳态后，令系统总有功注入减少 3.3775%（河南节点处令一回直流闭锁）。有功功率的不平衡将导致系统频率波动，通过仿真得到系统频率的阶跃响应曲线、储能装置的有功输出曲线，储能装置的能量偏差变化曲线以及调速器出力变化曲线，分别如图 3-36～图 3-39 所示。

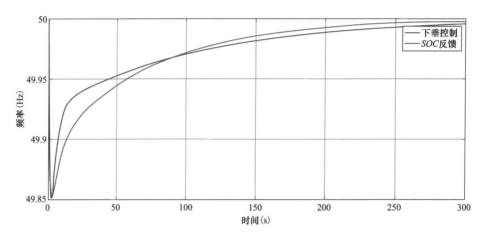

图 3-36　系统频率的阶跃响应曲线

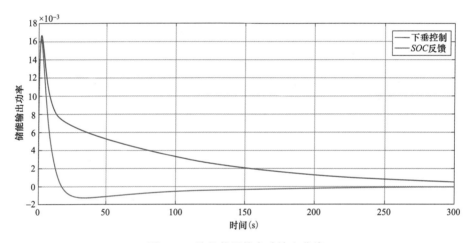

图 3-37　储能装置的有功输出曲线

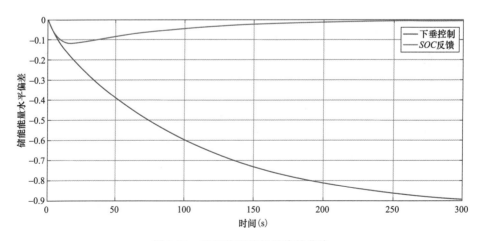

图 3-38　储能装置的能量偏差曲线

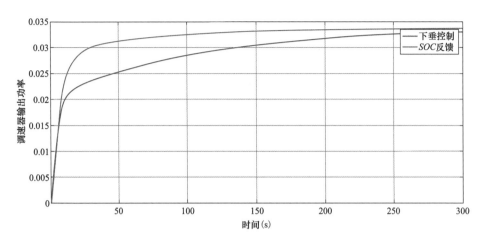

图 3-39　调速器出力变化曲线

调整储能装置的下垂强度，使得下垂控制的储能装置和能量反馈控制的储能装置能够得到相同的最大频率偏差。从图 3-36 中这一点也得到了验证。同时，也能看到系统在二次调频的过程中，采用能量反馈控制的储能装置能够使系统的频率恢复得更快。

从图 3-37 中可以看到采用能量反馈控制的储能装置的最大输出功率略小于采用下垂控制的储能装置的最大输出功率；以及采用能量反馈控制的储能装置只在一次调频的过程中输出有功功率，在二次调频过程中（频率恢复阶段）会缓慢注入有功功率，而采用下垂控制的储能装置在频率恢复到额定值之前，一直输出有功功率。

从图 3-38 中也可以看到采用能量反馈控制的储能装置对容量的需求远低于采用下垂控制的储能装置，并且采用能量反馈控制的储能装置能在频率恢复到额定值的同时，将其能量也恢复到参与调频之前的水平。

引入能量反馈后，合理调整储能装置的下垂强度，储能的输出功率降低了，输出的能量总量也减少了，但却得到了相同甚至更好效果的频率响应曲线，这一点，图 3-39 给出了一个很好的解释。可以看到，引入能量反馈控制策略的储能装置后，同步机调速器的输出功率在整个频率响应过程都高于引入传统下垂控制的储能装置，而且在一次调频过程与二次调频过程的交接点，两者的输出功率差距最大，这是由于引入能量反馈控制策略后，在该时间点，储能装置已经开始由输出功率向吸收功率转变，这就使得调速器必须提高功率输出，以维持系统的频率稳定。所以，本小节所提出的控制策略之所以会有大幅降低储能容量需求的效果，是因为它能充分发挥常规机组的调频能力，在频率响应过程中，起到了良好的协调储能电站群和常规机组群功率输出的效果。

综上所述，本小节提出的基于能量反馈的协调一、二次调频的储能多时间尺度控制技术，有助于促进储能电站群和常规机组群的协调控制，有效改善系统频率特性，并显著降低储能装置的容量需求。

2. 计及频率变化率的储能控制策略

从 3.2.3.2 和 3.2.3.3 的理论分析结果，因为虚拟惯量对系统频率最低点影响不大或作用时间段等特点，都忽略了虚拟惯量的影响。但实际运行中，在未来的高比例直流受电和新能源电力系统中，往往还需要储能装置提供虚拟惯量，以控制系统的频率变化率在安全范围内。在这里，选择当系统的频率变化率大于 0.125Hz/s 时，储能装置的虚拟惯量开始发挥作用；当系统的频率变化率小于 0.08Hz/s 时，储能装置的虚拟惯量停止作用。

本场景中只考虑一次调频过程。对于不同控制策略下的储能装置，仿真系统启动达到稳态后，令系统总有功注入减少 3.3775%（河南节点处令一回直流闭锁）。有功功率的不平衡将导致系统频率波动，通过仿真得到系统频率响应的最大偏差、储能装置能量水平的最大偏差，并与 3.2.3.2 和 3.2.3.3 的理论结果进行对比，最大频率偏差、储能最大能量需求随储能装置下垂强度变化曲线分别如图 3-40、图 3-41 所示。

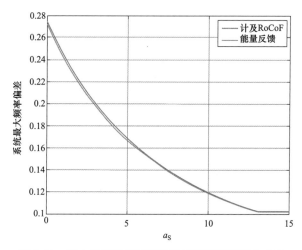

图 3-40　最大频率偏差随储能装置下垂强度变化曲线

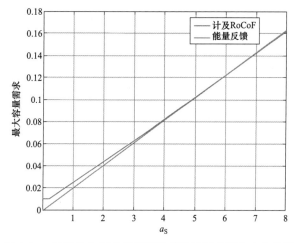

图 3-41　储能最大能量需求随储能装置下垂强度变化曲线

从图 3-40 中可以看到由计算得到的理论曲线与数值仿真得到的曲线存在较小的偏差，表现为计及频率变化率的能量反馈控制策略会使系统频率响应过程中的最大频率偏差略微增大。

从图 3-41 中可以看到由计算得到的理论曲线与数值仿真得到的曲线存在一定的偏差，表现为计及频率变化率的能量反馈控制策略会使储能装置的最大容量需求增大，并且偏差会随着储能下垂强度的增大而减小。

进一步，对比两种控制策略下的系统频率的响应曲线、储能装置的有功输出曲线，储能装置的能量偏差变化曲线，分别如图 3-42～图 3-44 所示。

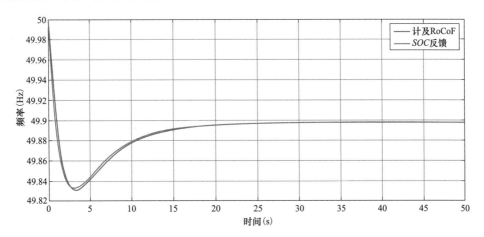

图 3-42　系统频率的阶跃响应曲线

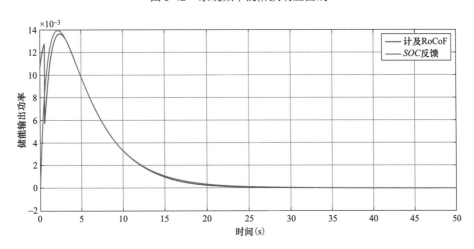

图 3-43　储能装置的有功输出曲线

从图 3-42～图 3-44 中，可以看到在控制策略考虑虚拟惯量的作用后，系统的最大频率变化率确实有所改善，但会使系统的频率最低点略有下降；另外在控制策略考虑虚拟惯量的作用，会使储能输出功率有一个跃变，这是由于虚拟惯量仅在一定的 RoCoF 范围内才会起作用；最后在控制策略考虑虚拟惯量的作用，会使系统的最大容量需求增大。

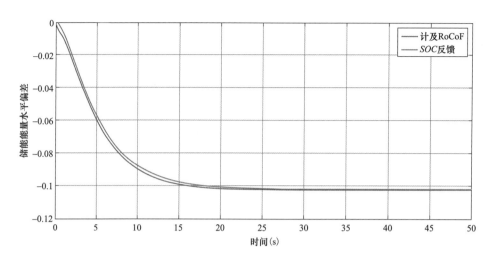

图 3-44　储能装置的能量偏差曲线

3.3　电化学储能电站群参与电网电压控制技术

本节首先根据电化学储能电站的技术特征，分析储能电站有功/无功的响应特性及其对电网电压的调节机理；其次，研究储能电站联合调相机、OLTC、SVG 等调压方式参与电网调压、平抑电压波动等应用模式下的运行控制策略；再次，研究储能电站和柔性清洁能源耦合系统的无功—电压调节特性，最后，将储能电站纳入省调—地调两级电网 AVC 调度控制系统，开展储能电站与柔性清洁能源协调仿真控制试验。

3.3.1　储能电站有功/无功协调电压控制方法

本小节根据不同应用场景，分析储能电站的有功/无功调节对电网电压产生的影响，明确有功/无功协调控制策略；基于电化学储能电站特点，建立适用于不同时间、空间尺度的储能电站数学模型，并选取 IEEE 36 节点标准测试系统，以验证数学模型的合理性及控制策略的实际电压调节效果。

3.3.1.1　储能电站群对电网电压的影响分析

储能电站群可以提升特高压交直流混联受端电网电压水平。随着特高压直流通道输送容量的提升，直流馈入受端电网呈现出"直流受电占比增大，系统转动惯量降低"的特性，电网调节能力下降。直流闭锁等永久性故障带来大功率缺额将引发受端电网电压稳定问题，直接制约着交直流输电工程的稳态最大输电能力，影响新能源发电的外送能力。基于调度实际运行数据分析可知当前已建成或待建的特高压交直流输电工程的输电能力情况见表 3-18，交直流混联线路的稳态输送容量远小于输电线额定输送容量之和，最高通道利用率较低。

表 3-18   我国交直流混联系统输电能力情况表

交直流混联系统	送端	受端	输电等级 （kV）	额定输送容量 （万 kW）	混联系统稳态输送容量 （万 kW）
天中直流 特高压长南线	新疆 山西	河南 河南	±800 1000	800 500	610
祈韶直流 鄂湘交流断面	甘肃 湖北	湖南 湖南	±800 500	800 270	320

电网发生大功率缺额时的传统调节手段，如直流调制、电力系统三道防线与无功补偿等均只能保障现有网架结构与电源构成下的系统稳定，对提升系统电压稳定水平帮助不大。因而，亟须寻求新的调节手段，在分钟级时间尺度内提供大功率支撑以平衡电网的有功功率缺额。安装地点选择灵活、能量时移和秒级全功率响应的大规模电池储能系统，配置在受端电网，在特高压直流闭锁等故障后为受端电网提供快速功率支撑，提升系统电压水平，以提升通道的稳态运行输送能力。

3.3.1.2 电化学储能系统调压数学模型

储能电站系统一般由蓄电池、双向 DC-DC 变换器、DC-AC 变流器和滤波电路组成。若如将电池储能系统接入电网，一般还需要基频变压器。电池储能系统的电路模型如图 3-45 所示。

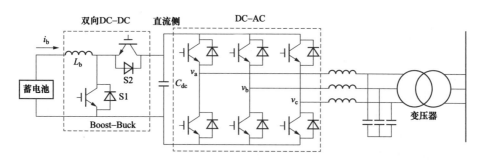

图 3-45　电池储能系统的电路模型

逆变器的控制方式多种多样，目前应用较为广泛的就是逆变器双环控制。在双环控制系统中，外环控制器主要用于体现不同的控制目的，同时产生内环参考信号，一般动态响应较慢；内环控制器主要进行精细的调节，用于提高逆变器输出的电能质量，一般动态响应较快。在储能系统中，三相电压型逆变器应用较为广泛。

1. 电池模型

电池电压会受其荷电状态影响，典型的电池 V-SOC 外特性曲线如图 3-46 所示。为了维持电池的安全运行，运行过程中电池 SOC 应保持在合适的上下限区间范围内。在电磁和机电暂态仿真模型中，仿真时间一般为几十秒，通常不足以引起 SOC 的变化，因此在机电暂态时间尺度内，对储能电池进行建模时，忽略充放电过程中储能元件的动态响应过程，将储能电池外特性近似等值为一条直线，只将其 SOC 作为限制环节的因素，作为是否进行充放电的判定条件。但在中长期仿真中，应将电池储能系统 SOC 作为主要的考虑因素。

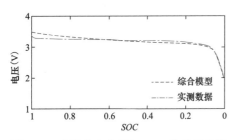

图 3-46 电池充电电压与 SOC 的关系曲线

2. 变流器模型

对电池储能系统的控制主要是通过对 DC-AC 变流器的控制来实现的，是电池储能系统变流器 DC-AC 部分的 PQ 控制框图如图 3-47 所示，基于功率外环和电流内环的双闭环控制策略,本质是基于电流的控制。因此，PQ 控制方式下，电池储能系统可实现对无功的控制。

整个控制流程如下：

（1）滤波后的三相电压 v_a、v_b、v_c 经过 PLL 锁相环得到 A 相初相角 theta。

（2）将三相电压 v_a、v_b、v_c 和三相电流 i_a、i_b、i_c 分别经过 abc/dq0 坐标转换模块得到 u_{sd}、u_{sq} 以及 i_d、i_q。

（3）有功功率 P 与有功功率指令值 P_{ref} 作差再经过 PI 调节器得到有功电流分量指令值 $i_d{}^*$，无功功率 Q 与无功功率指令值 Q_{ref} 作差再经过 PI 调节器得到无功电流分量指令值 $i_q{}^*$。

（4）$i_d{}^*$ 与 i_d 作差再经过 PI 调节器得到 $u_d{}^*$，$i_q{}^*$ 与 i_q 作差再经过 PI 调节器得到 $u_q{}^*$。

（5）计算得到 u_d、u_q。

（6）将 u_d、u_q 经过 dq0/abc 坐标转换模块得到 u_a、u_b、u_c。

（7）将 u_a、u_b、u_c 输入到 PWM，输出 g_1、g_2、g_3、g_4、g_5、g_6 作为主电路 DC-AC 变流器的驱动信号。

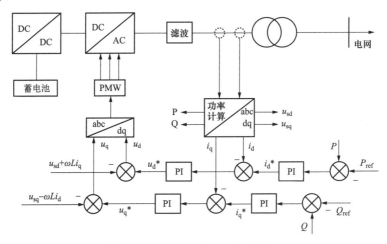

图 3-47 DC-AC 的 PQ 控制电路

3.3.1.3 算例仿真与分析

为了验证 3.3.1.2 储能模型的有效性，基于 PSASP 电力系统仿真平台，选取 IEEE 36 节点标准测试系统进行仿真分析。设置了不同的故障形式，分析储能模型出力情况，验证储能模型的有效性；同时为了验证储能系统集中式、分布式接入方式下调频、调压效果，设置了不同的工况进行分析。

考虑到让储能系统发挥快速功率支撑的作用，利用 PSASP 的潮流计算功能先对网络进行潮流计算，选取潮流最大的 3 处节点添加储能机组，储能系统布点如图 3-48 所示，控制参数设置见表 3-19。

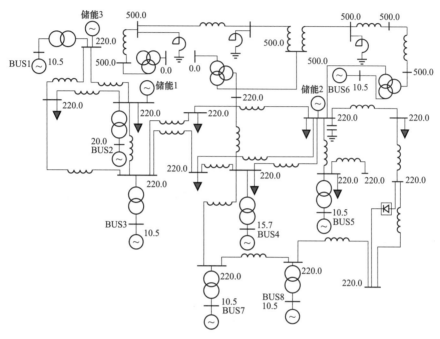

图 3-48　储能系统布点图

将单个储能容量设为 100MVA，3 处储能系统总容量设为 300MVA，约为电网总容量的 10%。为了验证储能系统集中式、分布式接入方式下储能系统的控制效果，设置了不同的工况进行验证。

为了对比集中式储能系统和分布式储能系统在总容量相同的情况下二者的调控效果，设置如下工况：

（1）工况 1。当储能系统 1 单独接入电网时，储能系统 2 和储能系统 3 不接入电网，储能系统 1 作为集中式储能系统容量设置为 300MVA。

（2）工况 2。当储能系统 1、储能系统 2、储能系统 3 一起接入电网，作为分布式储能系统时，3 处的储能系统容量各为 100MVA，总容量为 300MVA。

表 3-19　　　　　　　　　　　　　参 数 设 置

参　　数	数　　值
电网总容量 S_N（MVA）	2810
储能系统总容量 S_B（MVA）	300

电化学储能电站群调控关键技术与工程应用

参　数	数　值
储能额定持续放电时间（h）	1
荷电状态上限	0.8
荷电状态下限	0.2
增益倍数 K_f	60
测量时间常数（T_p、T_f、T_v、T_{qb}、K）（s）	0.02
死区范围（Hz）	±0.2
比例积分系数 K_1、K_3	0.1
比例积分系数 K_2、K_4	0.5

　　选取有功控制方式，分别设置不同故障，在 PSASP 上进行 2 种工况下的仿真计算。

　　选取无功控制方式，选择工况 1 和 2 进行对比分析。2s 时切除发电机 BUS2。监视发电机母线电压和 3 处储能母线电压，集中储能和分布储能调压对比如图 3-49 所示。当电网电压降低时，本小节提出的储能无功/电压控制模型能够控制储能系统发出无功，将电压调节至 V_0−0.02p.u.范围内，储能模型有效。

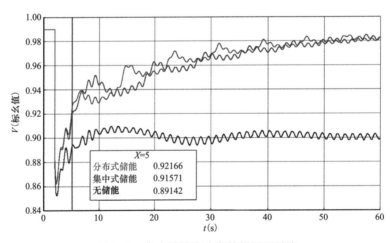

图 3-49　集中储能和分布储能调压对比

3.3.2　储能电站协同电力设备的优化配置及控制策略

　　本小节首先根据调相机、OLTC、SVG 等电力设备调压方式的特点，分析典型运行场景下储能电站协同调相机、OLTC、SVG 等调压运行的容量配置方案和实际应用效果，建立以储能电站为主要研究对象的多方式联合调压系统模型；其次，研究多方式联合调压系统在支持区域电压调节、平抑电压波动、紧急无功支撑等应用模式下的储能电站就地控制方法；最后，根据河南电网省储能电站、调相机、SVG 等的布置情况，测试多方式联合调压的实际效果。

3.3.2.1　传统电力设备调压方式

目前，电力系统的电压和无功功率的调整方式可分为分散调整和集中调整两种。分散调整是系统中各中枢点电压由各有关发电厂或变电所各自加以控制和调整，使之不越出给定的电压曲线范围；而集中调整是系统内中枢点电压，由一个发电厂或变电所作为中心进行调整和控制，以保证系统各中枢点电压在允许范围之内。

1. 变压器调压

变压器调压主要是通过改变变压器分接绕组的抽头位置，即改变电压比来实现调压的。通常采用分接开关连接和切换变压器分接抽头。

2. 调相机和电力电容器调压

电力系统中无功功率可以用调相机和电力电容器来调整。调节调相机的励磁就可以改变调相机所产生或消耗的无功功率。当电网负荷处于高峰时，调相机过励磁运行时即成为无功发电机，将无功功率输入电网，起"升压"作用；当电网负荷处于低谷时，调相机欠励磁运行，从电网吸收无功功率，起"降压"作用。电力电容器的作用相当于过励磁运行调相机，只能用于升高电网电压。因此，可用投切电力电容器组的方法来改善电网电压。当电网负荷处于高峰时，投入电力电容器组，其发出无功功率输入电网，达到"升压"目的；当电网负荷处于低谷时，切除电力电容器组，减少电网无功功率，达到"降压"目的。

3. 静止无功发生器（SVG）

静止无功发生器（SVG），是属于柔性交流输电系统的重要装置，是继电容器补偿、磁控电抗器 MCR 型 SVC，TCR 型 SVC 之后的第三代动态无功补偿技术。SVG 并联在电网中，相当于可变的无功电流源，其无功电流可以灵活控制，自动补偿系统所需要的无功功率。一方面有效地解决了谐波干扰投切并联电容器装置的问题，另外，可根据用户实际要求抑制或治理谐波，改善电能质量。SVG 在响应速度、稳定电网电压、降低系统损耗、增加传输能力、提高瞬变电压极限、降低谐波和减少占地面积等多方面具有更加优越的性能。

SVG 以三相大功率电压源型逆变器为核心，其输出电压经过电抗器或者变压器接入系统，通过调节逆变器交流侧输出电压的幅值和相位，迅速吸收或者发出所需要的无功功率，实现快速动态调节无功的目的。作为有源型补偿装置，不仅可以跟踪补偿冲击型负载的冲击电流，而且也可以对谐波电流进行跟踪补偿。

3.3.2.2　多方式联合调压协调配置

以储能电站为主要研究对象的多方式联合调压系统模型，具体内容包括如下几个方面：

1. 多方式联合调压

无功补偿是直接关系到电网安全运行的重要辅助服务，为了保证系统的安全性和可靠性，电力系统应该具备足够的无功储备，并且应该向提供这一服务的单位支付一定的费用。然而，无功相对于有功来说具有无法远距离输送的特性，无功电压辅助服务无法通过外部市场进行自由交易。因此在当前环境下无功辅助服务多作为发电商的义务，发电机应在一定范围内按照系统调度指令提供无功功率。由于缺乏良好的无功服务交易机制与交易环境，电网中的调压资源无法得到充分利用，大量分布式电源的无功服务能力也无法得到激发。本小节基于多方式联合调压模式下各组成装置的配置容量、响应速度、调控成本等因素，结合典型应用场景需求，对调压过程中各装置的无功功率输出进行优化。

通过引入一种基于运营效益的无功调节成本评估方法，计算不同调压组合方式下的无功总成本，完成对发电机、调相机、SVC、SVG、分布式电源等无功电源的信息聚合并制定综合出力计划，最终通过多目标函数协同优化完成全局无功出力配置。充分实现对全网无功资源的能力评估与优化利用，提高联合调压方式电网的经济效益。

2. 无功调节成本

评估无功调节成本一般分为两个方面，显性成本和机会成本。

（1）显性成本。

显性成本是设备提供无功服务时因生产（或消耗）无功功率产生的成本，包括直接生产成本以及投资折算成本。由于无功的生产不涉及能源的直接消耗，其直接运行费用较小，该部分成本可以忽略不计。故无功发电的显性成本主要为容量投资成本。

容量投资成本一般按照视在功率进行计算，同时包括了有功及无功成本，因此需要按照额定功率因数对其进行折算，即

$$\pi_Q = \pi_S \sin[\cos^{-1}(PF)] \tag{3-137}$$

式中：π_S 为设备总容量投资成本；π_Q 为设备无功投资成本；PF 为功率因数。

在考虑实际运行的显示成本时需要按设备计划使用年限折算为单位时间（1h）成本，即

$$\rho_Q = \frac{\pi_Q}{x \times 365 \times 24 \times \eta} \tag{3-138}$$

式中：ρ_Q 为设备投资折算成本；x 为设备预计使用年限；η 为设备平均使用率。

（2）机会成本。

无功服务的机会成本表示发电商因提供无功服务而在有功发电上损失的部分成本。由于各类设备在实际运行时存在相应的功率约束，无功发电量达到一定程度时势必会影响到有功发电收益，损失的该部分成本需由无功服务购买方承担。

一般来说，无功服务的机会成本可以表示为

$$C_Q = \rho_P \times P_{\text{Lost}} \times t \tag{3-139}$$

式中：C_Q 表示无功服务机会成本；ρ_P 表示有功电价；P_{Lost} 表示因无功服务损失的有功功率。

分布式发电商需要根据其无功成本制定明确合理的报价以参与设备无功辅助服务的交易。当其无功出力不影响有功发电时，机会成本为 0，此时仅考虑无功服务的固定成本；当无功出力影响到有功发电时，则需额外考虑其机会成本。因此，分布式发电商须按所发无功

大小和种类（容性或感性）形成分段报价。

3. 多方式联合调压模型

首先建立目标函数。

（1）系统调压无功成本。

系统调压总投资成本主要与系统总无功容量、各设备调压成本以及占比等因素有关，具体为

$$\min f_1 = \sum_{i=1}^{N_C} (\rho_{Qi} + C_{Qi}) \qquad (3\text{-}140)$$

式中：N_C 为系统内无功调节设备总数；ρ_{Qi} 为第 i 个无功调节设备的显性成本；C_{Qi} 为第 i 个无功调节设备的机会成本。

（2）响应时间裕度。

当无功功率过剩时，各调压方式从系统吸收无功；当无功功率不足时，各调压方式向系统发出无功。然而每种调压方式吸收或发出无功的响应时间不同，对系统不同场景的调压起到了不同作用。在某种响应时间的调压方式紧缺时，其价格则会上涨，富裕时则会下跌，导致总体价格变化。此种供求关系可用调压方式剩余容量表示，具体为

$$\min f_2 = \sum_{i=1}^{N_Q} \eta_i \left(\frac{Q_{i,\max} - Q_{i,R}}{Q_{i,\max}} \right) \qquad (3\text{-}141)$$

式中：N_Q 为系统内无功调节设备种类总数；$Q_{i,\max}$ 为第 i 种无功调节设备的最大无功输出能力；$Q_{i,R}$ 为第 i 种无功调节设备的实际无功输出；η_i 为第 i 种无功调节设备的稀缺系数。

（3）电压调节效果。

在不同场景下，不同调压方式的效果具有较大不同，会对电网运行稳定产生重大影响，直接决定了其实际价值。电压调节效益可以用电压的实际偏移程度表示，即

$$\min f_3 = \sum_{i=1}^{N_b} (U_i - U_\Delta)^2 \qquad (3\text{-}142)$$

式中：U_i 为节点 i 的实际电压；U_Δ 为系统的参考电压。

另外，约束条件参照本节前述内容，系统正常运行需要满足潮流约束及系统频率的上下限、节点电压上下限、无功输出范围、发电机有功、线路功率传输极限等条件。

4. 算法设计

首先应用免疫遗传算法求解模型的 Pareto 最优解集，将每种调压方式出力水平分为 $2n+1$ 个等级（包含不输出无功情况），即额定无功容量分为 $2n$ 份（发出无功为正，吸收无功为负）；每个抗体表示一种出力方案，抗体长度为系统中调压方式数量，抗体选择为 $2n$ 进制。抗体表示方式见表 3-20。

表 3-20 抗 体 表 示 方 式

指标	值	指标	值
0	吸收最大值无功	$n+1$	输出额定容量 $1/n$ 无功
1	吸收额定容量 $1/n$ 无功	$n+2$	输出额定容量 $2/n$ 无功
2	吸收额定容量 $2/n$ 无功	⋯	⋯
⋯	⋯	$2n-1$	输出额定容量无功
n	输出/吸收无功为 0		

每个根据各抗体计算目标函数值，方案求解流程如图 3-50 所示。

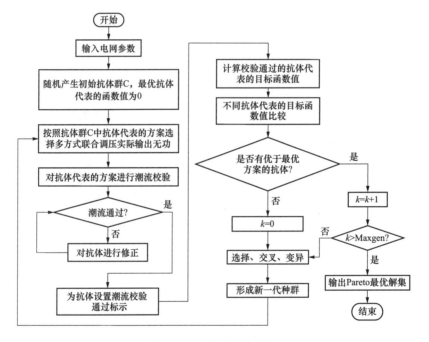

图 3-50 方案求解流程图

本小节在获取 Pareto 最优解集之后，结合模糊反熵权法确定各目标函数的权重，并采用基于灰色关联模型的多属性决策方法进行 Pareto 最优解集排序，确定最优无功输出方案。

3.3.2.3 算例测试与分析

选取河南洛阳地区电网实际系统为算例，对无功输出配置方案进行优化。系统中主要包含发电机、调相机、储能电站、SVC、SVG 等设备，功率因数取为 0.9。针对稳态方式下 20MW 负荷投切进行验证，主要无功设备成本参数、无功调节稀缺系数分别见表 3-21、表 3-22。

表 3-21   主要无功设备成本参数

设备	总容量	容量成本（亿元）	无功成本（亿元）	响应速度
发电机	4×600MW	17.69	1.30	1～3min
储能电站	100MW/200MWh	3.59	0.33	200ms
调相机	300Mvar	4.32	0.21	300ms
SVC	90Mvar	0.09	0.01	30ms
SVG	20Mvar	0.13	0.01	20～30ms

表 3-22   无 功 调 节 稀 缺 系 数

指 标	η	指 标	η
发电机	0.13	SVC	0.85
调相机	0.76	SVG	0.79
储能电站	0.27	—	—

选取 3 位专家对目标函数的重要性进行评价。专家评价，即模糊隶属度函数见表 3-23（H：高级，M：中级，L：低级）。

表 3-23   模 糊 隶 属 度 函 数

TABLE Ⅰ. 指标	TABLE Ⅱ. 专家 A	TABLE Ⅲ. 专家 B	TABLE Ⅳ. 专家 C
TABLE Ⅴ. f_1	TABLE Ⅵ. H	TABLE Ⅶ. M	TABLE Ⅷ. M
TABLE Ⅸ. f_2	TABLE Ⅹ. M	TABLE Ⅺ. L	TABLE Ⅻ. H
TABLE ⅩⅢ. f_3	TABLE ⅩⅣ. H	TABLE ⅩⅤ. H	TABLE ⅩⅥ. M

利用免疫算法对方案进行优化求解多目标优化问题的 Pareto 最优解集，目标函数的 Pareto 最优解集分布如图 3-51 所示。

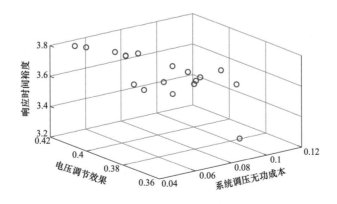

图 3-51   目标函数的 Pareto 最优解集分布

对 Pareto 解集进行了筛选，排名前三的最优结果见表 3-24。

方案	发电机	调相机	储能电站	SVC	SVG	成本
1	0	0.29	0.04	1.08	0.82	0.07 万元
2	0	0.36	0.07	0.9	0.9	0.08 万元
3	0	0.32	0.08	1.02	0.81	0.08 万元

表 3-24 　　　　　　　　　　最 优 方 案 排 序　　　　　　　　　单位：Mvar

根据建模、优化和决策的过程，最终针对 20MW、功率因数 0.9 的负荷投切，最优方案投资 0.07 万元。从以上结果可以看出，发电机、储能电站、调相机设备在调压过程中投资相对昂贵，并不适合小容量频繁调节，应将此范围调节任务交由 SVC 和 SVG 完成。同时考虑到调压响应速度，稳态情况下 SVC 和 SVG 的优势也比较大。综上所述，在调节小容量负荷变化的稳态电压时，应优先采用 SVC 和 SVG 设备；只有当需调节容量较高时，再由调相机、储能电站和发电机输出无功功率。

3.3.3 储能电站与柔性清洁能源的协调电压控制技术

3.3.3.1 交直流混合电网的多时间尺度模型

图 3-52 所示为接入交直流混联电网的储能电站与柔性清洁能源场站的主电路系统。可见，交直流混联电网由特高压直流受端和交流电网组成，储能电站（电化学储能系统）和新能源场站（风电/光伏系统）并联接入交直流混联电网。通过协调储能电站与柔性清洁能源场站之间的无功的分配和电压的控制方法来控制和稳定并网点电压。

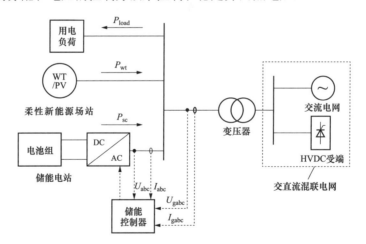

图 3-52　储能电站与柔性清洁能源场站接入交直流混联电网

本小节所研究的储能方式是以锂电池为主的化学储能，柔性清洁能源通过电力电子变换器并网，柔性可控、响应快速，通常包括风力发电、光伏发电等新能源。储能电站与柔性清洁能源协调无功-电压控制系统从多时间尺度上划分可以分为电流控制时间尺度（100Hz 级）、无功功率控制时间尺度（10Hz 级）、无功指令调度控制时间尺度（1Hz 级），如图 3-53 所示。

从无功—电压控制角度上，将系统分为三个时间尺度，电流控制时间尺度，无功控制时间尺度，以及无功指令调度控制时间尺度。其中，电流控制时间尺度和无功控制时间尺度属于电磁时间尺度范畴，无功指令调度控制时间尺度属于机电时间尺度范畴。

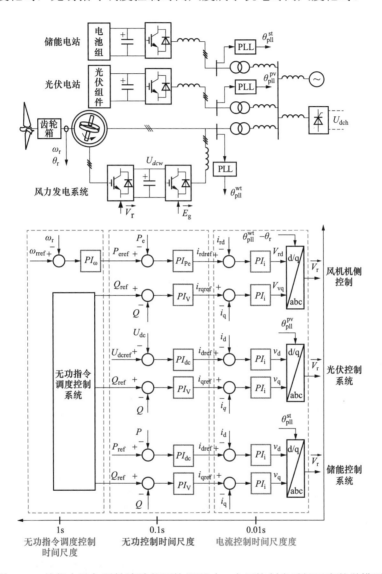

图 3-53　储能电站与柔性清洁能源协调无功—电压控制多时间尺度数学模型

　　电流控制时间尺度最快，为 100Hz 级，响应速度在 0.01s 左右，主要包括了风机机侧变流器 d/q 电流控制、光伏变流器 d/q 电流控制、储能电站并网变流器 d/q 电流控制。

　　无功控制时间尺度较快，为 10Hz 级，响应速度为 0.1s 左右，主要包括了风机无功/有功功率控制、光伏系统直流电压控制、光伏系统无功功率控制、储能系统无功/有功功率控制、以及锁相控制。

　　无功指令调度控制时间尺度最慢，为 1Hz 级，响应速度为 1s 左右，主要包括风机的转速控制、风机的无功指令调度控制、光伏系统的无功指令调度控制、储能电站的无功指令调度控制。

基于以上三个时间尺度，对储能电站与柔性清洁能源场站接入交直流混合电网进行建模。

（1）电流控制时间尺度模型。储能系统电流控制时间尺度数学模型为四阶模型，主要包括：有功电流控制、无功电流控制、锁相环。柔性清洁能源系统同样为四阶模型，包括：有功电流控制、无功电流控制、锁相环。将储能电站和柔性清洁能源场站并联接入交直流耦合网络形成电流时间尺度数学模型，如图3-54所示。该模型分为三个部分：储能系统、柔性清洁能源系统、交直流耦合网络。设备和电网分开，同时子系统的电流控制动态通过交直流电网耦合在一起。

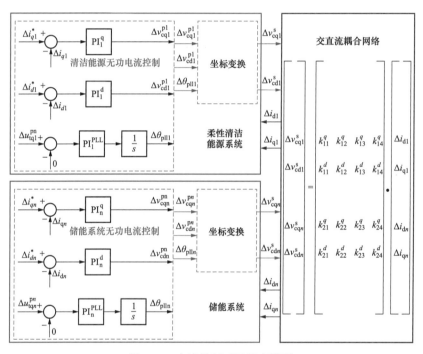

图3-54　电流控制时间尺度模型

（2）无功控制时间尺度模型。储能系统无功控制时间尺度数学模型为三阶模型，主要包括：有功功率控制、无功功率控制、锁相环。柔性清洁能源无功控制时间尺度数学模型为三阶模型，主要包括：直流电压控制、无功功率控制、锁相环。将储能电站和柔性清洁能源场站并联形成电压无功协调控制系统，得到数学模型如图3-55所示。该模型分为三个部分：储能系统、柔性清洁能源系统、交直流耦合网络。设备和电网分开，同时子系统无功功率控制的动态通过交直流电网耦合在一起。

（3）无功指令调度控制时间尺度模型。无功指令调度控制时间尺度数学模型如图3-56所示，主要包括三个模块：无功功率需求整定模块、无功功率一级分配模块、清洁能源场站各机组无功功率分配模块。

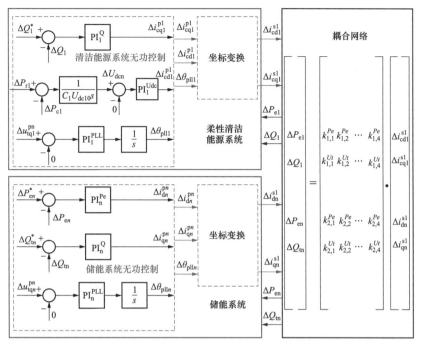

图 3-55　无功控制时间尺度模型

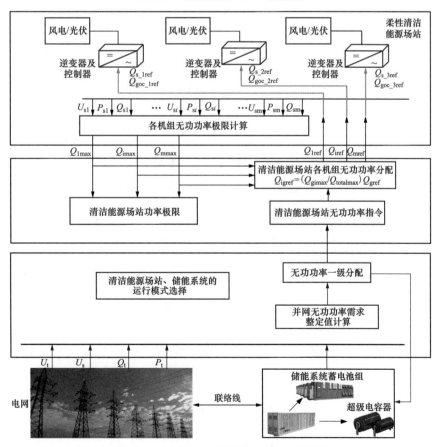

图 3-56　无功指令调度控制时间尺度模型

1）无功功率需求整定模块。电网调度系统根据电网结构，清洁能源场站规模和并网电网的实施运行状态，确定储能系统和清洁能源系统的工作模式，并对各子系统的无功功率指令值进行整定计算。

2）无功功率一级分配模块。电网调度系统综合分析储能系统的无功调节容量和清洁能源场站的实时无功调节能力，确定电网无功功率需求，在储能系统和清洁能源场站之间进行无功功率指令分配。

3）清洁能源场站各机组无功功率分配模块。清洁能源场站监测系统根据清洁能源机组每台的无功功率调节能力，完成清洁能源场站无功功率指令在各机组间的分配。按照 $Q_{igref}=(Q_{gima}/Q_{totalmax})Q_{gref}$ 进行分配，其中 Q_{igref} 表示清洁能源场站中第 i 台机组的无功指令，Q_{gimax} 表示第 i 台机组的无功极限，$Q_{totalmax}$ 表示清洁能源场站的总无功极限，Q_{gref} 表示清洁能源场站的无功指令。

3.3.3.2 交直流混联电网的无功—电压及耦合特性

本小节主要分析储能电站和柔性清洁能源集中接入受端交直流混联电网的无功—电压特性及其交互耦合特性，主要包括储能和风电/光伏电站的无功—电压控制策略、耦合特性等。

1. 储能电站和柔性清洁能源接入交直流混联电网的无功—电压特性分析

（1）储能系统的无功—电压控制及特性分析。

储能变流器通过交直流转换模块实现交流侧与直流侧的双向互通，相当于变流器既能实现整流功能也能实现逆变功能，也就是说能够实现对电池组的充电和放电功能。考虑到储能装置交流接入方式，储能装置通过 DC/AC 逆变器与交流母线相连。本小节选择电压型桥式逆变电路作为 DC/AC 逆变电路。它有以下的特点：直流端是电压源或并联一个大电容，所以直流端没有什么改变，使得直流端阻抗表现得很低；因为直流端的电压源的起到钳位的功能，导致交流端输出电压是矩形波，与负载的阻抗没多少关系，负载影响的只是交流侧输出电流；当交流侧为阻感负载时需提供无功功率，直流侧电容器缓冲无功作用。储能系统逆变电路拓扑结构如图 3-57 所示。

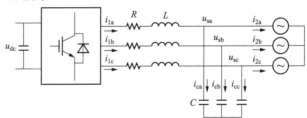

图 3-57 储能系统逆变电路拓扑结构

在 dq 坐标系下，储能系统注入电网的有功 P 和无功功率 Q 为

$$\begin{cases} P=\dfrac{3}{2}(u_{sq}i_{2q}+u_{sd}i_{2d}) \\ Q=\dfrac{3}{2}(u_{sq}i_{2q}-u_{sd}i_{2q}) \end{cases} \tag{3-143}$$

若忽略电容电流，并在 abc-dq 变换中取 q 轴超前 d 轴 $90°$ 且采用 d 轴定向（即 $u_{sd}=u_s$，u_s 表示电网电压幅值），则储能系统注入电网的有功和无功功率为

$$\begin{cases} P = \dfrac{3}{2}(u_{sq}i_{lq} + u_{sd}i_{ld}) = \dfrac{3}{2}u_{sd}i_{ld} \\ Q = \dfrac{3}{2}(u_{sq}i_{lq} - u_{sd}i_{ld}) = -\dfrac{3}{2}u_{sd}i_{lq} \end{cases} \tag{3-144}$$

式（3-144）表明，储能系统注入电网的有功功率 P 和无功功率 Q 受电感有功电流 i_{ld} 和无功电流 i_{lq} 控制。

据此引入 PI 控制器，可得

$$\begin{cases} i_{ld}^* = \left(k_{qp} + \dfrac{k_{qi}}{s}\right)(P^* - P) \\ i_{lq}^* = \left(k_{dp} + \dfrac{k_{di}}{s}\right)(Q - Q^*) \end{cases} \tag{3-145}$$

分析式（3-145）可知，当并网有功功率 P 低于设定参考值 P^* 时，将增加有功电流 i_{ld} 从而增加并网有功输出，当并网有功功率 P 高于设定参考值 P^* 时，将减小有功电流 i_{ld} 从而降低并网有功输出；当无功功率 Q 高于参考值 Q^* 时，无功电流 i_{lq} 增加，输出无功功率 Q 将减小，反之亦然。综上所述，按照式（3-145）设计控制器，可以实现控制并网有功功率和无功功率输出跟踪参考值。

储能系统的控制策略如图 3-58 所示。有功功率和无功功率分开控制，其中无功功率控制支路为级联型包含三个时间尺度，内环为无功电流控制环（100Hz 级），外环为无功功率控制环（10Hz 级），最外环为给定无功功率指令的调度控制系统（1Hz 级）。储能系统可利用自身无功控制功能为柔性清洁能源系统提供电压支撑，可调无功范围与储能系统容量关系为

$$Q_{max}^{ES} = \pm\sqrt{(S^{ES})^2 - (P^{ES})^2} \tag{3-146}$$

式中：Q_{max}^{ES} 为储能系统最大无功输出容量；P^{ES} 为储能系统有功出力；S^{ES} 为储能系统容量，约为额定有功容量的 $1.0\sim1.1$ 倍。

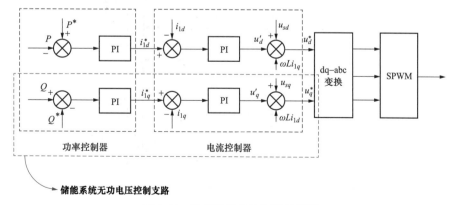

图 3-58 储能系统的控制结构框图

储能系统 P—Q 容量调节范围曲线如图 3-59 所示，其中，A 点为储能系统有功额定功率

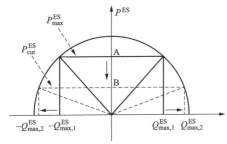

图 3-59　储能系统 P—Q 容量曲线图

P_{max}^{ES}，对应无功调节范围 $\left[-Q_{max,1}^{ES},\ Q_{max,1}^{ES}\right]$，$S^{ES}$ 为 1.1 倍额定有功时，最大无功约为额定有功容量的 46%；B 点对应无功调节范围 $\left[-Q_{max,2}^{ES},\ Q_{max,2}^{ES}\right]$；储能系统无功可在 $\left[-Q_{max}^{ES},\ Q_{max}^{ES}\right]$，$\left[Q_{max,1}^{ES},\ Q_{max,2}^{ES}\right]$ 间动态变化，调节潜力可观。

（2）柔性清洁能源的无功—电压控制与特性分析。

目前风电市场大部分机型为双馈风机，本小节对风电的研究主要在于双馈型风电场的无功电压控制。

双馈型风力发电系统基本控制框图如图 3-60 所示，其定子侧经变压器直接并网，转子侧经由转子侧变换器和网侧变换器接入电网。其中，P_m 为风电系统输入机械功率，由捕获风能大小决定；P_s 和 Q_s 分别为定子的注入有功和无功功率；P_g 和 Q_g 分别为风力发电系统注入电网的有功和无功功率；P_r、Q_r 为转子侧变换器注入转子的有功和无功；P_c、Q_c 为网侧变换器从电网输入的有功和无功。通常风速处于中低风速区间，风力发电系统有功输出低于额定

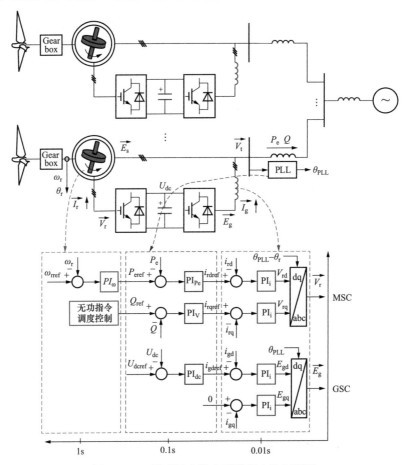

图 3-60　双馈型风力发电系统基本控制框图

值，定子侧具有较大无功出力空间。

双馈风力发电系统的无功—电压控制主要集中于转子变换器控制系统，包含了三个时间尺度：电流控制时间尺度（100Hz），无功控制时间尺度（10Hz），无功指令调度控制时间尺度（1Hz）。忽略定转子电阻，转子侧最大电流约束下，定子侧无功调节范围为

$$\begin{cases} Q_{s,max1} = -\dfrac{3U_s^2}{2\omega_1 L_s} + \sqrt{\left(\dfrac{3L_m}{2L_s}U_s I_{r,max}\right)^2 - \left(\dfrac{P_m}{1-s}\right)^2} \\ Q_{s,min1} = -\dfrac{3U_s^2}{2\omega_1 L_s} - \sqrt{\left(\dfrac{3L_m}{2L_s}U_s I_{r,max}\right)^2 - \left(\dfrac{P_m}{1-s}\right)^2} \end{cases} \tag{3-147}$$

式中：L_s、L_m 分别为定子电感和激磁电感；I_r 为定转子电流有效值；s 为转差率，$s=(\omega_1-\omega_r)/\omega_1$，$\omega_1$、$\omega_r$ 分别为同步旋转角速度和转子旋转角速度；U_s 为定子电压有效值。

考虑定子侧最大电流 $I_{s,max}$ 限制，定子侧无功调节范围为

$$\begin{cases} Q_{s,max1} = \sqrt{\left(U_s I_{s,max}\right)^2 - \left(\dfrac{P_m}{1-s}\right)^2} \\ Q_{s,max2} = \sqrt{\left(U_s I_{s,max}\right)^2 - \left(\dfrac{P_m}{1-s}\right)^2} \end{cases} \tag{3-148}$$

综合上述两种情况，DFIG 定子侧无功调节范围为

$$\begin{cases} Q_{s,max} = \min\left\{Q_{s,max1}, Q_{s,max2}\right\} \\ Q_{s,min} = \max\left\{Q_{s,min1}, Q_{s,min2}\right\} \end{cases} \tag{3-149}$$

网侧换流器无功调节能力主要受限于换流器容量 $S_{c,max}$，即

$$P_c^2 + Q_c^2 \leqslant S_{c,max}^2 \tag{3-150}$$

则网侧换流器无功极限为

$$\begin{cases} Q_{c,max} = \sqrt{S_{c,max}^2 - \left(\dfrac{sP_m}{1-s}\right)^2} \\ Q_{c,min} = \sqrt{S_{c,max}^2 - \left(\dfrac{sP_m}{1-s}\right)^2} \end{cases} \tag{3-151}$$

综合定子侧和网侧换流器无功调节能力，风力发电机组无功调节极限见式（3-152），不同有功输出下的风力发电系统无功调节范围如图 3-61 所示。

$$\begin{cases} Q_{max} = \min\left\{Q_{s,max}, Q_{s,max}\right\} \\ Q_{min} = \max\left\{Q_{s,min}, Q_{s,min}\right\} \end{cases} \tag{3-152}$$

2. 储能电站和柔性清洁能源接入交直流混联电网的交互耦合分析

在柔性清洁能源控制系统中，其并网变换器的动态与储能变换器是耦合的，从而影响整个系统的电压无功控制的动态特性。以储能系统和光伏系统接入交直流混联电网为例，分析

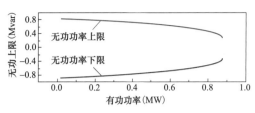

图 3-61 风力发电系统无功调节范围

子系统的无功控制交互耦合特性。在图 3-62 的储能电站与柔性清洁能源场站接入交直流混合电网无功控制时间尺度模型的基础上进一步转化，可以得到如图 3-62 所示的两机交互耦合特性分析模型。由图 3-62 可见，$G_{11}(s)$表示储能系统的无功电流对自身无功动态的耦合影响，$G_{12}(s)$表示

储能系统的无功电流对新能源系统无功动态的耦合影响，$G_{21}(s)$表示新能源系统无功电流对储能系统无功动态的耦合影响，$G_{22}(s)$表示新能源系统无功电流对自身无功动态的耦合影响。其中，$G_{11}(s)$和$G_{22}(s)$表示无功控制自影响因子，可以研究自身的影响；$G_{21}(s)$和$G_{12}(s)$表示无功控制互影响因子，可以研究系统之间的交互耦合作用。通过研究这四个影响因子的特性，可以分析储能电站与柔性清洁能源场站无功控制的交互耦合特性。

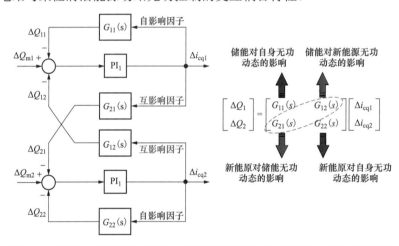

图 3-62 储能系统和光伏系统接入交直流混联电网的交互耦合特性分析模型

通过改变储能系统和光伏系统之间的线路阻抗（Z_{line}）的大小，可以改变两者之间的电气距离。储能系统和光伏系统不同电气距离下 $G_{12}(s)$，$G_{22}(s)$，$G_{pv}(s)$和$G_{st}(s)$的伯德图如图 3-63 所示。由图 3-63 可见，$G_{12}(s)$的幅值增益和相位滞后随着电气距离的增加在降低，表明储能系统对清洁能源系统的无功控制的影响在减弱。$G_{22}(s)$的幅值增益和相位滞后在 $Z_{line}=0.42$p.u. 和 $Z_{line}=0.71$p.u.时变化不明显，然而在 $Z_{line}=0.84$p.u.时突然减小，影响系统的电压稳定。可以表明随着电气距离的增加，两子系统之间的交互耦合作用在减弱，储能系统对光伏系统的无功控制作用效果在减小，从而减弱了系统的电压稳定裕度。在清洁能源系统的不同工作点下 $G_{12}(s)$，$G_{22}(s)$，$G_{pv}(s)$和$G_{st}(s)$的伯德图如图 3-64 所示。可见，随着清洁能源系统有功功率的增加，清洁能源和储能之间无功动态的交互耦合作用增强。在储能系统的不同锁相环带宽下 $G_{12}(s)$，$G_{22}(s)$，$G_{pv}(s)$和$G_{st}(s)$的伯德图如图 3-65 所示。由图 3-65 可见，两个子系统在它们的锁相环带宽接近时，相互作用最强，锁相环带宽远离时，交互耦合作用变弱。因此，两设备之间的锁相环带宽接近时，无功动态耦合作用较强。

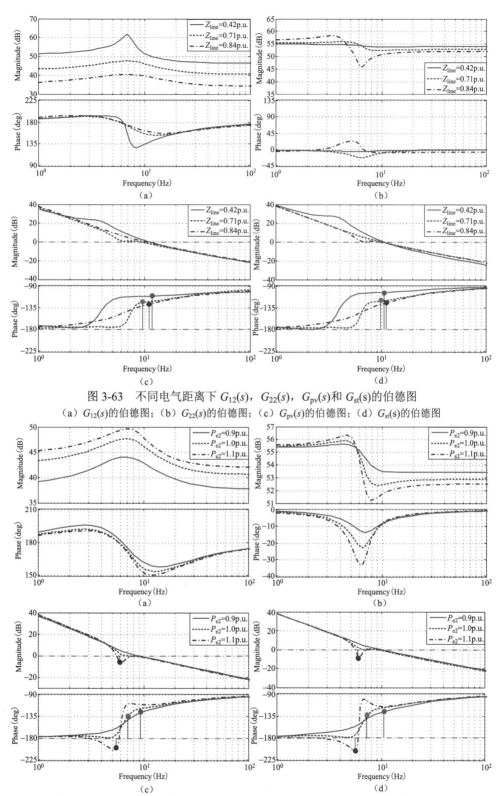

图 3-63　不同电气距离下 $G_{12}(s)$，$G_{22}(s)$，$G_{pv}(s)$ 和 $G_{st}(s)$ 的伯德图

（a）$G_{12}(s)$ 的伯德图；（b）$G_{22}(s)$ 的伯德图；（c）$G_{pv}(s)$ 的伯德图；（d）$G_{st}(s)$ 的伯德图

图 3-64　光伏系统在不同的工作点下 $G_{12}(s)$，$G_{22}(s)$，$G_{pv}(s)$ 和 $G_{st}(s)$ 的伯德图

（a）$G_{12}(s)$ 的伯德图；（b）$G_{22}(s)$ 的伯德图；（c）$G_{pv}(s)$ 的伯德图；（d）$G_{st}(s)$ 的伯德图

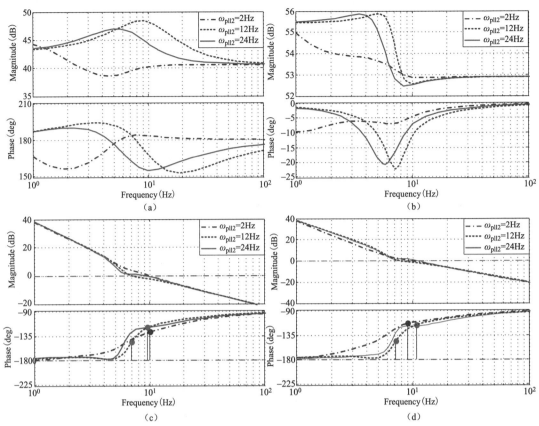

图 3-65　储能系统在不同的锁相环参数下 $G_{12}(s)$，$G_{22}(s)$，$G_{pv}(s)$ 和 $G_{st}(s)$ 的伯德图

（a）$G_{12}(s)$ 的伯德图；（b）$G_{22}(s)$ 的伯德图；（c）$G_{pv}(s)$ 的伯德图；（d）$G_{st}(s)$ 的伯德图

3.3.3.3　储能电站和柔性清洁能源无功电压协调控制策略

本小节通过建立储能电站—柔性清洁能源系统模型，统计储能电站和新能源电站无功—电压调控能力的实测数据，并研究不同运行场景下增强电网稳定性的储能电站与柔性清洁能源协调电压控制技术，包括典型运行方式、故障运行方式等，进而利用储能电站提升柔性清洁能源电站的电压支撑能力。

1.　储能电站和柔性清洁能源无功电压协调控制的整体方案

将储能电站接入光伏电站并网点，其特点是储能电站可以实现无功补偿功能，替代原有的光伏电站无功补偿装置，减少光伏电站的硬件设备。同时，储能电站可以实现四象限运行，可根据需要快速灵活地进行双向无功、有功功率的交换。在电网调度的无功电压控制中，光伏电站和储能电站可以参与系统的无功电压控制，抑制无功功率波动和电压振荡，提高系统运行的稳定性。

接入交直流混联电网的储能电站与柔性清洁能源的无功电压协调控制系统如图 3-66 所示。交直流混联电网由特高压直流受端和交流电网组成，储能电站和光伏电站并联接入交直流混联电网。通过协调储能电站与柔性清洁能源之间的无功—电压来控制和稳定系统并网点交流电压。下面具体介绍储能电站和柔性清洁能源无功电压协调控制的整体方案。

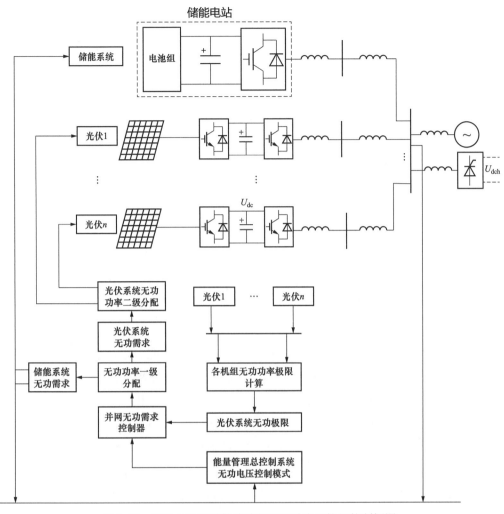

图 3-66 储能电站和柔性清洁能源无功电压协调控制框图

首先，检测光伏电站并网点电压与参考值的差值，通过能量管理总控制系统对差值进行计算，从而求得并网点的无功需求量 Q_1（Q_1 为正表示电压跌落，Q_1 为负表示电压上升），然后将 Q_1 传输给并网无功需求控制器。Q_1 为

$$Q_1 = \frac{(U_{ref} - U) \times U}{X} + Q_{load} \tag{3-153}$$

式中：U_{ref} 为并网点电压额定值；U 为并网点电压实时采样值；X 为线路阻抗；Q_{load} 为负荷消耗的无功功率。

然后计算光伏电站所能发出的无功功率上限值 Q_2。其流程图如图 3-67 所示，通过对光伏电站中每台光伏的有功功率的检测，可以计算出光伏所能发出的无功功率。比如设某台光伏的有功为 P_{w1}，则所能发出的无功理论值为 $Q_{w1} = \sqrt{S_{w1}^2 - P_{w1}^2}$，$S_{w1}$ 为视在功率。但是光伏系统不能发出过大的无功，因为那样会使系统的稳定性降低，且会出现较大的谐波。于是设置光伏发出的无功功率上限值为 Q_{wmax}。以第一台风机为例，将 Q_{w1} 与 Q_{wmax} 进行比较，如果 Q_{w1}

小于等于 Q_{wmax}，则输出信号为 Q_{w1}，如果 Q_{w1} 大于 Q_{wmax} 则输出信号为 Q_{wmax}，将此输出信号记为 Q'_{w1}。每台光伏以此计算，可得到 Q'_{wn}，然后将它们求和，从而计算出光伏电站所能发出的无功功率上限 Q_2，把 Q_2 传输给并网无功需求控制器。

并网无功需求控制器通过对 Q_1、Q_2 的比较发出正确的无功分配信号。当 $Q_1 \leqslant Q_2$ 时，光伏电站本身能够维持并网点电压的稳定，不需要储能系统进行无功补偿，光伏 n 的无功指令值设为 $Q^*_{wn} = (Q^*_{wn} Q_1)/Q_2$，这里采用了一种按比例分配的算法，即无功能力大的光伏发出无功多一点，无功能力小的发出无功少一点。当 $Q_1 > Q_2$ 时，则需要储能提供无功补偿，对于光伏电站需要光伏输出其能够发出的最大无功，所以光伏 n 的无功指令值为 $Q^*_{wn} = Q'_{wn}$。

对于储能电站而言，令 $\Delta Q = Q_1 - Q_2$，将 ΔQ 传输给储能电站无功电压控制系统，储能电站无功电压控制流程图如图 3-68 所示。设储能电站的无功上限值为 Q_3，当 $\Delta Q < Q_3$ 时，储能有足够的无功能力，检测储

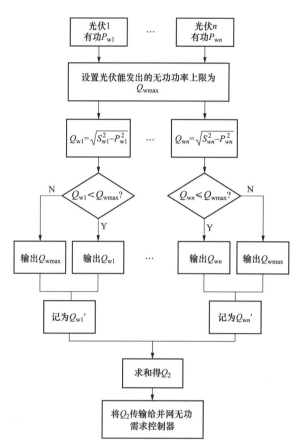

图 3-67 清洁能源场站无功功率上限计算流程图

能的 SOC：如果 SOC 大于 20%，储能电站无功指令值为 $Q^*_b = \Delta Q$，同时启动 V/P 下垂控制；如果 SOC 小于 20%，储能电站指令值为 $Q^*_b = \Delta Q$，同时有功控制在充电模式（设置有功指令值为负）。当 $\Delta Q > Q_3$ 时，检测储能电站的 SOC：如果 SOC 大于 20%，储能无功指令值为 $Q^*_b = Q_3$，不发有功；如果 SOC 小于 20%，则此时储能电量不足，需要对无功指令值进行修正，为 $Q^*_b = Q'_3$，同时储能电站有功控制在充电模式。

2. 储能电站和柔性清洁能源无功电压协调控制的动态过程分析

建立清洁能源系统和储能电站接入交直流混合电网的电磁暂态仿真模型。假设清洁能源系统有 2 台装机容量为 400kW 的光伏，储能电站的容量为 400kW，且混连电网容量 200MW。

仿真条件为：设置光伏的无功上限 Q_{wmax} 为 300kvar，储能的无功上限 Q_3 为 400kvar。一开始该系统并网点接入一个 1000kW 的负荷，在 1s 的时候又接入一个 1000kW 功率因数为 0.929 的负荷（即会消耗 400kvar 无功）。在仿真中设置有功的基准值为 400kW，无功的基准值为 400kavr。

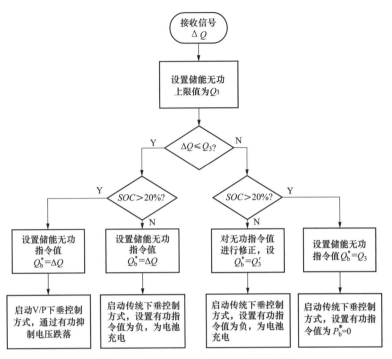

图 3-68 储能电站无功电压控制流程图

并网点电压波形如图 3-69 所示。在没有该无功电压协调控制方法为并网点提供无功支撑时，并网点电压 U_{pcc} 的情况如图 3-69（a）所示。从图 3-69（a）中可以看出，在 1s 之前，该系统基本能够满足电压质量要求，但在 1s 时接入 1000kW 功率因数为 0.929 的负荷后，并网点电压 U_{pcc} 出现大幅跌落，跌落深度达到 8%左右，而电网通常要求电压波动不超过额定电压的±5%，所以没有无功支撑时并网点电压已经不满足电网对于电压质量的要求了。加入无功电压控制后的波形如图 3-69（b）所示，可以看出，在 1s 之前并网点电压比没有无功支撑时更加趋近于 1。在 1s 之后，虽然电压也有跌落，但是跌落深度仅 0.5%左右，满足电网对电压质量的要求。这里出现这种跌落的主要原因是采用的并网点无功缺额的计算方法中进行了简化，没有考虑有功功率对无功缺额的影响。

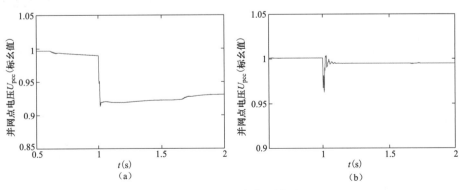

图 3-69 并网点电压波形

（a）没有无功支撑时并网点电压波形；（b）有无功电压控制时并网点电压波形

下面对加入无功电压协调控制的储能电站和清洁能源系统接入混连电网系统的仿真进行具体分析。并网点无功缺额波形图如图 3-70 所示,光伏 1 有功与无功波形如图 3-71 所示,可以看出,在 1s 之前,由于并网点电压大于 1,所以光伏系统吸收一定的无功来稳定并网点电压。另外,光伏 1 始终能够提供足够的无功支撑,没有到达其无功上限值 0.75。光伏 2 在 1s 之前跟光伏 1 一样吸收无功来稳定并网点电压,在 1s 时由于大负荷的接入,此时有一个较大的无功需求,可发现光伏 2 在发出无功到 0.75 的上限值时就没有继续增加了。另外,我们发现在 1~1.5s 这一时间段内,光伏 2 的无功能力是要远大于光伏 1 的,所以在设计上希望让光伏 1 发出的无功比光伏 2 多,光伏 2 有功与无功波形图如图 3-72 所示,光伏 2 发出无功为 0.7(pu),光伏 1 为 0.58(pu)。

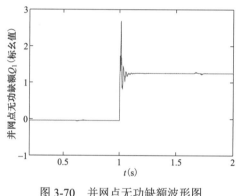

图 3-70　并网点无功缺额波形图

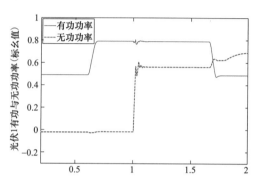

图 3-71　光伏 1 有功与无功波形图

　　储能系统的有功与无功波形如图 3-73 所示。由图 3-73 可知,储能系统不仅起到协调无功的作用,同样也有协调有功的作用。在工程上希望光伏储能系统能够向电网输出一个稳定的功率从而减小对电网的冲击,所以在本仿真中实现了光伏储能系统向电网稳定发出 2(p.u.)的有功功率。另外,当光伏系统不足以提供无功支撑且储能系统此时有足够的无功能力时,储能也会发出为并网点提供无功支撑。

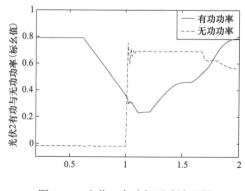

图 3-72　光伏 2 有功与无功波形图

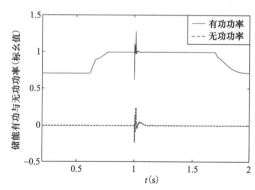

图 3-73　储能系统的有功与无功波形图

　　储能电站和清洁能源系统的电压频谱图分别如图 3-74、图 3-75 所示。由图 3-74、图 3-75 可知,清洁能源系统和储能电站接入交直流混合电网时,储能电站和清洁能源系统输出电压基波幅值为 20kV，谐波总畸变率为 0.07%，符合并网标准。

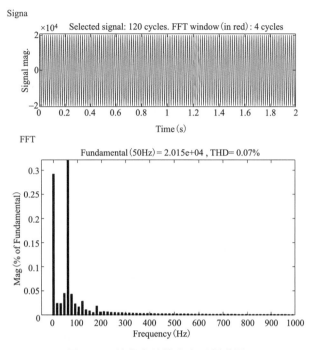

图 3-74 储能电站输出电压频谱图

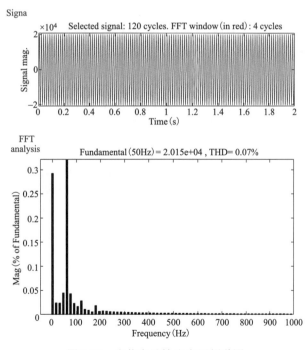

图 3-75 光伏电站输出电压频谱图

3. 储能电站和柔性清洁能源无功电压协调控制的小干扰特性分析

（1）不同无功负荷接入下的无功电压特性。

不同无功负荷接入下光伏 1、光伏 2 输出的有功无功分别如图 3-76、图 3-77 所示，在 1s 时投入无功负荷后，光伏 1、光伏 2 与储能系统能够进行很好的无功分配来维持并网点电压的稳定。在 0～0.5s，1.8～2.5s 时间段，光伏 1 的无功能力都是比光伏 2 要大的，所以光伏 1 输出的无功比光伏 2 多。在加入 800kvar 的负荷时，两台光伏在 1～1.7s 都达到发出无功的极限，需要储能来补偿多余的无功。不同无功负荷接入下的并网点电压与储能输出无功如图 3-78 所示，从图 3-78（a）可知，投入无功负荷越小，电压波动越小，恢复稳定所需时间越小。

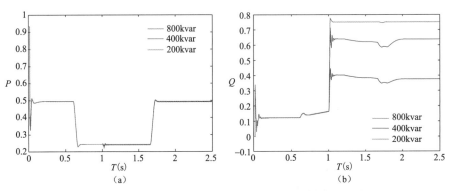

图 3-76　不同无功负荷接入下的光伏 1 输出的有功无功

（a）光伏 1 输出有功功率；（b）光伏 1 输出无功功率

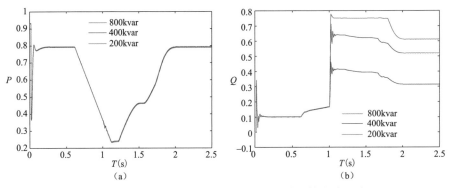

图 3-77　不同无功负荷接入下的光伏 2 输出的有功无功

（a）光伏 2 输出有功功率；（b）光伏 2 输出无功功率

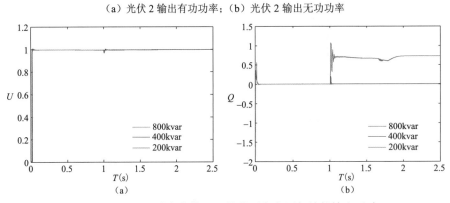

图 3-78　不同无功负荷接入下的并网点电压与储能输出无功

（a）并网点电压；（b）储能电站输出无功功率

（2）不同控制参数下的无功电压特性。

1）储能电站不同无功控制参数下的无功电压特性。储能电站不同控制参数下，光伏 1、光伏 2 输出的有功无功及并网点电压与储能输出无功分别如图 3-79～图 3-81 所示，储能系统无功控制参数 K_p 的增大对于光伏系统的输出功率影响不大，说明本无功电压协调控制方法光伏系统与储能系统之间的耦合不强。但是它加快了储能系统的响应速度，同时降低了系统的稳定性。

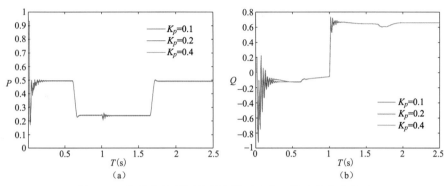

图 3-79 储能电站不同控制参数下光伏 1 输出的有功无功

（a）光伏 1 输出有功功率；（b）光伏 1 输出无功功率

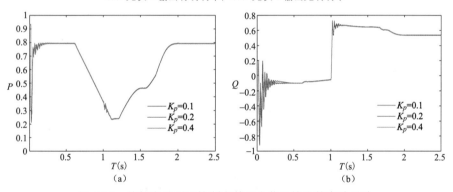

图 3-80 储能电站不同控制参数下光伏 2 输出的有功无功

（a）光伏 2 输出有功功率；（b）光伏 2 输出无功功率

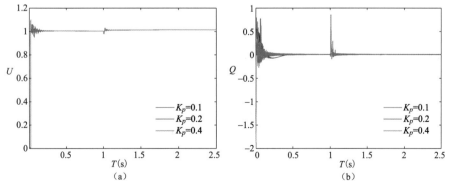

图 3-81 储能电站不同控制参数下的并网点电压与储能输出无功

（a）并网点电压；（b）储能电站输出无功功率

2）柔性清洁能源不同无功控制参数下的无功电压特性。柔性清洁能源不同无功控制参数下，光伏 1、光伏 2 输出的有功无功及并网点电压与储能输出无功如图 3-82～图 3-84 所示。增大柔性清洁能源无功控制参数可以提高清洁能源无功的响应速度，但不合理的控制参数会影响到系统本身的稳定性问题，由图 3-84 可知，增大 K_p 使得系统输出的无功功率出现振荡。

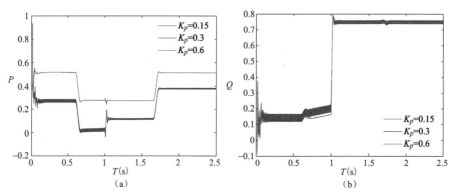

图 3-82　柔性清洁能源不同控制参数下光伏 1 输出的有功无功

（a）光伏 1 输出有功功率；（b）光伏 1 输出无功功率

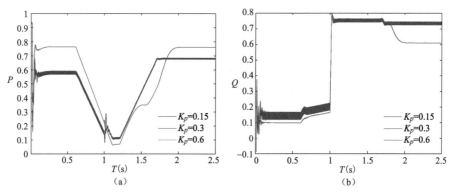

图 3-83　柔性清洁能源不同控制参数下光伏 2 输出的有功无功

（a）光伏 2 输出有功功率；（b）光伏 2 输出无功功率

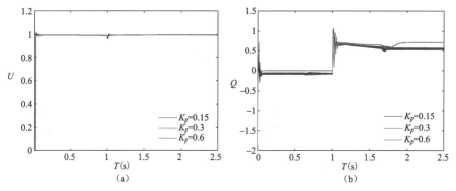

图 3-84　柔性清洁能源不同控制参数下并网点电压与储能输出无功

（a）并网点电压；（b）储能电站输出无功功率

4. 储能电站和柔性清洁能源无功电压协调控制的暂态特性分析

（1）单相接地故障下的无功电压特性。

本节设置的仿真条件为 1.2～1.3s 发生单相接地故障，故障时间为 0.1s。单相接地故障下，光伏 1、光伏 2 输出的有功无功及并网点电压与储能输出无功分别如图 3-85～图 3-87 所示，由图 3-85～图 3-87 可知，光伏 1、光伏 2、储能系统都能在 0.4s 之内恢复稳定，其中并网点电压由于在故障时期仍然有设备为其提供无功支撑，其恢复稳定的时间最短，不到 0.1s。

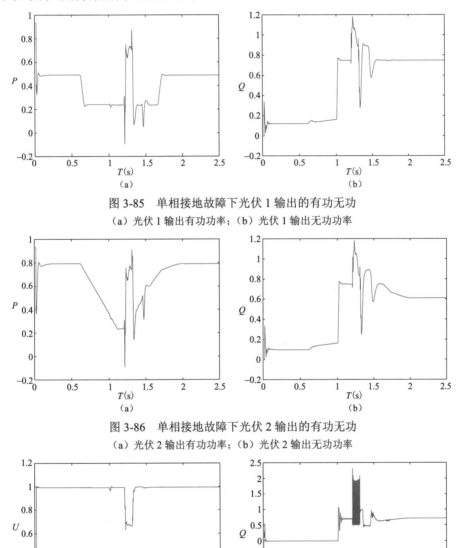

图 3-85　单相接地故障下光伏 1 输出的有功无功
（a）光伏 1 输出有功功率；（b）光伏 1 输出无功功率

图 3-86　单相接地故障下光伏 2 输出的有功无功
（a）光伏 2 输出有功功率；（b）光伏 2 输出无功功率

图 3-87　单相接地故障下并网点电压与储能输出无功
（a）并网点电压；（b）储能电站输出无功功率

（2）两相接地故障下的无功电压特性。

此处设置的仿真条件仍为 1.2～1.3s 发生两相接地故障，故障时间为 0.1s。两相接地故障下，光伏 1、光伏 2 输出的有功无功及并网点电压与储能输出无功分别如图 3-88～图 3-90 所示。由图 3-88～图 3-90 可知，两相接地故障下光伏系统与储能系统输出功率的波动都较大，但最终他们都能在 0.6s 之内恢复稳定。另外，在故障恢复后，拥有无功支撑的并网点电压恢复得特别快。

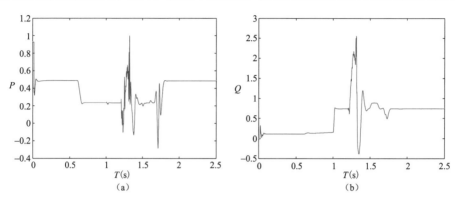

图 3-88　两相接地故障下光伏 1 输出的有功无功

（a）光伏 1 输出有功功率；（b）光伏 1 输出无功功率

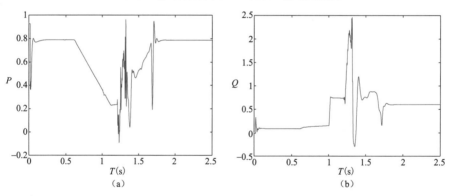

图 3-89　两相接地故障下光伏 2 输出的有功无功

（a）光伏 2 输出有功功率；（b）光伏 2 输出无功功率

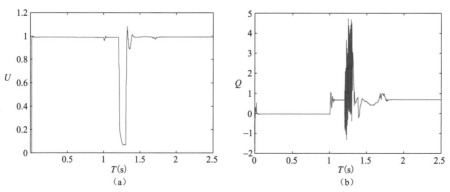

图 3-90　两相接地故障下并网点电压与储能输出无功

（a）并网点电压；（b）储能电站输出无功功率

（3）两相短路故障的无功电压特性。

此处设置的仿真条件仍为 1.2～1.3s 发生两相接地故障，故障时间为 0.1s。两相短路故障下光伏 1、光伏 2 输出的有功无功及并网点电压与储能输出无功如图 3-91～图 3-93 所示，由 3-91～图 3-93 可知，在该系统中两相相间短路比两相接地短路严重，在短路时，光伏系统向电网吸收了大量无功，但是在故障恢复后，该系统还是能在 0.5s 之内稳定，并网点电压恢复的时间则为 0.2s。

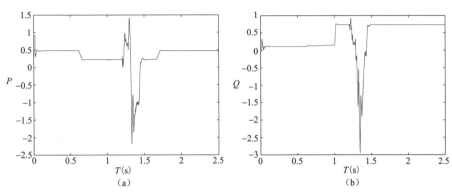

图 3-91　两相短路故障下光伏 1 输出的有功无功
（a）光伏 1 输出有功功率；（b）光伏 1 输出无功功率

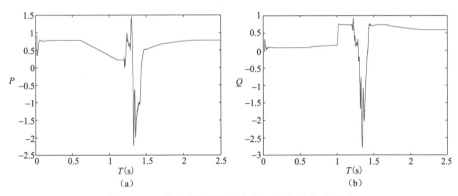

图 3-92　两相短路故障下光伏 2 输出的有功无功
（a）光伏 2 输出有功功率；（b）光伏 2 输出无功功率

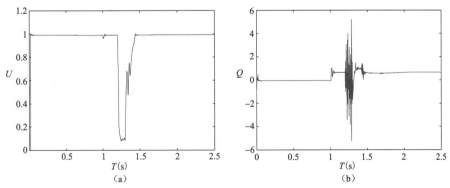

图 3-93　两相短路故障下并网点电压与储能输出无功
（a）并网点电压；（b）储能电站输出无功功率

3.3.3.4 省—地两级 AVC 控制系统测试与仿真

本小节搭建含有储能电站的省—地两级电网电压无功控制系统（简称 AVC 系统）模型，通过仿真电网局部负荷变化造成的区域电压波动，分析不同节点、不同电压等级的储能电站区域电压调节、平抑电压波动的能力，验证储能电站有功/无功协调电压控制方案的有效性。

1. 省—地两级 AVC 系统的控制方案

采用分级控制的思想对地级主站进行电压控制。省—地两级协调的分布式协调控制架构如图 3-94 所示。控制结构分为两级，一级控制为省调 AVC 控制，由省调电网完成。二级控制为地级 AVC 控制，由地级主站协调控制储能电站子站与风电场子站完成。地级主站接受上级电压控制指令，上级控制设在省电网调度中心，省电网调度中心每隔数小时进行一次全网无功优化计算，下发每个区域关口的电压参考值和无功参考值。

地级主站作为储能电站与风电场无功电压控制的决策层，接受省电网调度中心下发的地级区域关口控制目标，根据地级区域实时运行数据，进行无功电压优化，向控制子站下发控制指令。

控制子站是无功电压控制的执行层，包括储能电站子站和风电场子站。控制子站从控制主站获取控制指令，对场站内的无功设备进行调整，使母线电压和无功功率达到控制要求。储能电站子站可用于电压调整的无功设备有电容器、有载调压变压器，风电场子站可用于电压调整的无功设备有电容器、有载调压变压器、风电机组。

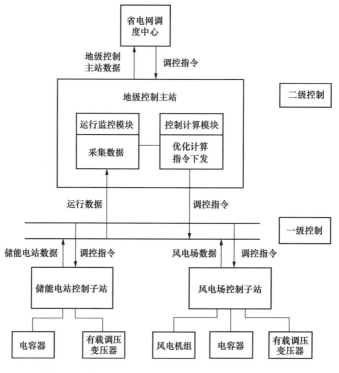

图 3-94 省—地两级协调的分布式协调控制架构

根据并网点的电压值大小，可将并网点的电压运行范围划分为两个运行区间：

（1）正常运行区。$V_{i-\min} \leqslant V_i \leqslant V_{i-\max}$。

（2）异常运行区。$V_i < V_{i-\min} > V_{i-\max}$。

其中，$V_{i-\max}$ 是并网点的电压实际值，$V_{i-\min}$ 和 $V_{i-\max}$ 分别是设定的并网点电压允许下限值和上限值。$V_{i-\min}$ 和 $V_{i-\max}$ 可根据电网公司对风电场的电压考核目标设定。

根据 GB/T 12325—2008《电能质量供电电压偏差、电压波动与闪变》中规定的电压偏差与电压波动限值，本小节采用基于并网点电压幅值的改进型 Q（U）无功功率控制策略，其表达式为

$$Q = \begin{cases} Q_{\max}, U < U_1 \\ \dfrac{Q_{\max}}{U_1 - U_2}(U - U_1) + Q_{\max}, U_1 \leqslant U \leqslant U_2 \\ 0, U_2 < U \leqslant U_3 \\ \dfrac{Q_{\max}}{U_3 - U_4}(U - U_3), U_3 < U \leqslant U_4 \\ -Q_{\max}, U > U_4 \end{cases} \tag{3-154}$$

式（3-154）中，$Q_{\max}$ 为风电场与储能电站发出无功之和最大值，U_1、U_2、U_3、U_4 表示的电压值分别为 0.95、0.985、1.015、1.05（p.u.）。当 $U > 1.015$p.u.或 $U \leqslant 0.985$p.u.时，风电场与储能电站开始吸收或发出无功功率。当 $U > 1.05$p.u.或 $U \leqslant 0.95$p.u.时，风电场与储能电站应根据自身无功支撑容量最大限度地吸收或发出无功功率以维持电压在要求的范围内。

地级主站无功控制的关键在于，风电场与储能电站之间协调控制、各风力发电机之间协调控制。本小节通过两层无功控制策略将 Q^* 分配给各无功源：

（1）第一层，为减小风电场内部集电线路无功传输，降低功率损耗，提高逆变器运行的可靠性。无功控制中优先考虑储能电站，通过储能电站吸收或发出无功进行集中补偿，当 $Q_{s.\min} \leqslant Q^* \leqslant Q_{s.\max}$ 时，Q^* 完全由储能电站承担。

（2）第二层，当储能电站满发时，将剩余无功功率分配给各风机。其无功分配采用基于加权系数的灵敏度方法为各风机分配无功功率。

灵敏度分析方法是一种用于分析电力系统稳态运行的常用算法，主要用于研究电力系统可控变量与被控变量之间的相互关系，对于任意给定变化量的控制变量，可通过对应的灵敏度求得各被控变量的变化量，从而阐明系统对于控制变量的既定变化量所做出的响应。对于风电场灵敏度的分析，就要求出并网点电压对各子站无功出力的灵敏度系数。

电力系统稳态运行的潮流方程为

$$P_i = |U_i| \sum_{j=1}^{n} |U_j| |Y_{ij}| \cos(\theta_{ij} - \delta_i + \delta_j) \tag{3-155}$$

$$Q_i = -|U_i| \sum_{j=1}^{n} |U_j| |Y_{ij}| \sin(\theta_{ij} - \delta_i + \delta_j) \tag{3-156}$$

利用牛顿-拉夫逊法进行潮流计算，即

$$\begin{vmatrix} \Delta P \\ \Delta Q \end{vmatrix} = \begin{vmatrix} \dfrac{\partial P}{\partial \delta} & \dfrac{\partial P}{\partial V} \\ \dfrac{\partial Q}{\partial \delta} & \dfrac{\partial Q}{\partial V} \end{vmatrix} \cdot \begin{vmatrix} \Delta \delta \\ \Delta V \end{vmatrix} \tag{3-157}$$

其中

$$\Delta V_{pcc} = S_{VPi} \cdot \Delta P_i + S_{VQi} \cdot \Delta Q_i \tag{3-158}$$

式中：S_{VQi} 表示第 i 个子站无功输出对并网点电压的灵敏度，S_{VQi} 越大证明该节点对并网点电压的影响也越大。

由各节点无功输出对电压灵敏度确定其单元无功给定值，其中各单元无功给定值加权系数为

$$\lambda_i = \frac{S_{VQi}}{\sum\limits_{i=1}^{m+n} S_{VQi}} \tag{3-159}$$

据加权系数确定无功给定值为

$$Q^*_{DFIGi} = \lambda_i Q_{DFIG} \tag{3-160}$$

2. 省—地两级 AVC 系统的实时仿真测试

本小节建立的储能电站与柔性清洁能源 AVC 系统模型包含风电场模型、储能电站模型、集电线路模型、升压变压器模型等，其中，电网容量设置为 2500MVA，风电场 1 的额定有功功率为 30MW，风电场 2 的额定有功功率为 20MW，每个风电场所配置的储能电站容量为 8MW。设置在 20s、30s 和 35s 切入 10Mvar，15Mvar 和 20Mvar 无功负荷，25s、35s 和 55s 切出 10Mvar，15Mvar 和 20Mvar 无功负荷。当投切无功负荷导致并网点电压发生偏离时，并网点的节点电压与无功功率的变化波形、风机和储能装置输出无功功率波形分别如图 3-95～图 3-97 所示。图 3-95 中蓝线代表并网点电压，红线代表流经并网点有功功率，蓝线代表流经并网点无功功率；图 3-96 中蓝线代表储能电站 1 输出的无功功率，红线代表代表储能电站 2 输出的无功功率；图 3-97 中蓝线代表风电场 1 输出的无功功率，红线代表代表风电场 2 输出的无功功率。

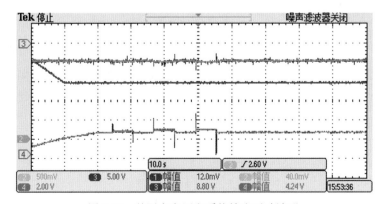

图 3-95　并网点电压和系统输出无功波形

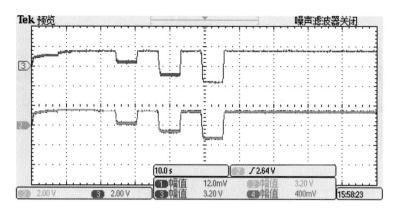

图 3-96　储能电站输出无功波形

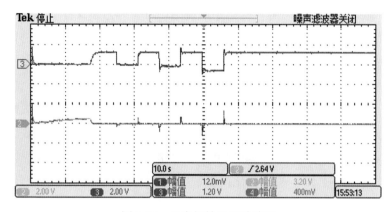

图 3-97　风电场输出无功波形

根据图 3-95～图 3-97 所示的波形，并网点电压变化值以及风电场和储能电站输出无功功率变化即无功电压模拟控制结果见表 3-25。

表 3-25　　　　　　　　　　无功电压模拟控制系统控制结果

T	V（并网点电压）（p.u.）	P（并网点有功）（MW）	Q（并网点无功）（Mvar）	Q_1（储能1无功）（Mvar）	Q_2（风电1无功）（Mvar）	Q_3（储能2无功）（Mvar）	Q_4（风电2无功）（Mvar）
0～20s	1.007	−40	11.3	4.5	0.1	8	3.1
20～25s	1.001	−41	12.1	1	0.1	2.7	0.1
25～30s	1.007	−42	11.5	4.6	0.1	8	3.1
30～35s	0.997	−42	12.6	−2	0.1	−5.6	0.1
35～40s	1.008	−42	11.5	4.6	0.1	8	3.1
40～45s	0.994	−42	13	−3.8	0.1	−8	−1.6
45～50s	1.008	−42	11.5	4.6	0.1	8	3.1

从表 3-25 可以看出当电网因无功需求发生变化而导致电压发生偏移时，本节所提出的无功电压控制策略能合理进行分配，使电压保持稳定。

4 电化学储能电站群暂态紧急支撑技术

在对电化学储能群参与特高压交直流混联受端电网暂态紧急支撑技术研究中，特高压直流输电系统换相失败机理分析和多馈入直流系统连续或同时发生换相失败的主要影响因素分析，是开展基于直流换相失败风险下电化学储能电站群暂态紧急支撑的重要理论研究依据，同时，直流换相失败恢复过程受端暂态无功特性研究以及对紧急控制策略进行优化的研究，并根据受端电网的实际情况以及故障的严重程度，提出相应的紧急支撑控制策略，是电化学储能电站在电网紧急状态下提供紧急支撑的工程实践指导。

从目前研究来看，对于特高压交直流混联受端电网中多馈入直流换相失败问题，影响因素较多且解决方法有限，本章分析了电网故障造成多馈入直流同时换相失败的风险和连续换相失败的影响因素及抑制措施，在此基础上，研究储能电站群与同步调相机协调的电网故障后电压功率摆动的控制技术，并提出优化换流站电压恢复的储能有功无功综合协调控制策略。

4.1 多馈入直流系统换相失败影响因素及抑制措施

本节首先分析直流多馈入交直流混联系统中各直流和交直流之间的耦合特性及其对换相失败的影响，随后解析特高压交直流混联受端电网故障引发多馈入系统同时换相失败的机理，提出多馈入直流系统同时发生换相失败的抑制及协调耦控制，最后，分析多馈入直流发生连续换相失败的机理，提出直流受端系统故障导致多馈入直流发生连续换相失败的抑制及协调恢复。

4.1.1 多馈入直流系统耦合特性及其对换相失败的影响

多馈入直流系统中直流逆变侧不同层阀组间以及不同直流间均存在电气耦合，系统暂态特性更为复杂，因而多馈入直流系统中除了故障端阀组的首次、连续换相失败问题外，还增加了非故障端阀组的并发换相失败问题。

交流母线换相电压的耦合影响是造成多馈入直流系统并发换相失败的主要原因。当某一直流受端电网发生故障时，换相电压的故障分量会通过交流侧电气耦合传递到非故障直流受端，从而恶化其换相条件，造成非故障直流同时或相继换相失败。为了量化电压耦合强度的大小，国际大电网会议工作组提出了多馈入交互作用因子（Multi-infeed Interaction Factor，MIIF）指标，其定义如式（4-1）所示。

$$M_{IIF} = \frac{\Delta U_j}{1\% U_i} \tag{4-1}$$

式中：U_i 为换流母线 i 初始线电压；ΔU_j 为换流母线 j 的电压幅值偏差。M_{IIF} 越大，表示电压耦合强度越强，系统发生并发换相失败的风险越高。

有文献从多馈入直流系统的拓扑结构特点出发，分析了耦合导纳对电压耦合作用的影响并基于网络参数给出了耦合导纳的解析表达式，揭示了网络结构对多馈入直流同时换相失败的影响规律。与 M_{IIF} 相比，该方法具有更好的工程实用性。

此外，故障直流的某些控制特性也会通过电气耦合影响到非故障直流。有文献指出换相失败预防控制（Commutation Failure Prevention，CFPREV）在减小触发角改善自身直流故障后换相失败条件的同时，也会影响临近直流受端的换相电压幅值而可能造成非故障直流的同时换相失败，并由此提出了协调控制策略以抑制同时换相失败。与之作用机制类似的，故障侧直流阀组控制回路的 PI 参数也会影响其触发角暂态响应特性，从而对非故障直流受端母线电压造成一定影响。因此控制参数选取不当也可能会引发多馈入直流系统的并发换相失败。

谐波传递也是造成多馈入直流系统并发换相失败的重要原因。但是谐波因素所产生的影响往往很难准确预知和分析，由此也给工程中的换相失败分析和预防控制带来了较大挑战。现阶段有少部分研究分析了多馈入直流系统中的谐波耦合规律。有文献指出，由于谐波分量的影响，多馈入直流系统中存在异常换相失败的现象，即远端直流发生同时换相失败的可能性曲线会随故障程度增加先增加、后减少、再增加，但文献没有进一步分析故障程度不同引起谐波分量变化的具体机理。有文献指出，滤波器的投切作业可能会引起谐波不稳定问题，且由于多馈入直流系统的运行方式较多，滤波器的投切动作组合也较多，在某些工况下会使得谐波分量振荡放大导致多馈入直流发生同时换相失败。但同样的，文中并没有给出引发谐波不稳定问题的定量分析。有文献通过傅里叶分解对暂态过程中换相电压的谐波分量进行了定量分析，指出低次谐波是造成多馈入直流系统连续换相失败的重要原因，给出了谐波因素的理论分析思路，但方法所依赖的傅里叶分析在工程中缺乏实用性。为增强傅里叶分析在工程中的实用性，有文献提出了滑动窗口傅里叶分析方法，为工程中的谐波分析提供了极具参考价值的解决思路。在现阶段多馈入直流系统换相失败研究中，谐波因素的工程实用化分析方法仍是研究中的重点与难点问题。

此外，在多馈入直流系统中存在分层以及多端单层的特殊结构，其换相失败的耦合作用机制也更为复杂。分层及多端单层结构中直流逆变侧不同层阀组分别设置了独立的阀组级控制系统，由于其馈入端交流系统故障暂态特性不同，其控制响应也不尽相同，在某些情况下控制响应的差异会引起非故障层发生同时换相失败，如由于非故障层 CFPREV 不启动但受直流电流增大影响，可能导致其发生同时换相失败。除此之外，分层和多端单层结构中逆变侧阀组为串联结构，流过高低端阀组的直流电流是相同的，当某端交流侧发生故障引起故障层阀组换相失败后，会使直流电流增大并引入谐波分量。当直流电流或谐波分量的大小达到一定程度后可能会引发非故障层阀组发生同时换相失败。目前鲜有研究从此角度对多馈入直流换相失败进行分析，该思路的合理性有待进一步验证。

4.1.2 多馈入直流系统换相失败抑制及协调控制

随着多馈入直流格局的形成，系统安全稳定控制难度也随之增大，发生严重交直流故障时，存在多直流同时换相失败使系统失去稳定的风险，因此，本小节分析了换相失败预防控制对特高压直流多馈入系统的影响，设计了特高压直流多馈入系统换相失败预防协调控制器，控制器可以根据其他直流系统关断角下降量自适应地调节 CFPREV 的输出，防止其过量提前触发而导致其他直流同时发生换相失败，并通过仿真算例验证了协调控制器的有效性，协调控制器在交流系统故障后正确动作，提升了其他直流系统的换相失败抑制效果。

4.1.2.1 换相失败预防控制对多馈入直流的影响

为深入解析换相失败预防控制对特高压直流多馈入系统的影响，本小节分别针对多换相失败预防控制对本地及其他逆变阀组换相的影响开展分析。

1. 换相失败预防控制对本地逆变阀组换相的影响

换相失败预防控制的基本结构如图 4-2 所示，图中：U_a、U_b、U_c 为阀组接入的换流母线的交流电压瞬时值；DIFF_LEVEL 和 ABZ_LEVEL 分别为不对称故障检测与对称故障检测的阈值；CFPREVk 为换相失败预防控制输出与故障严重程度的比例系数；AMIN_CFPREV 为换相失败预防控制的输出，该输出可以确定逆变阀组触发角相移大小；CFPREV 的基本原理是检测换流母线交流电压的跌落情况，若交流系统故障严重程度大于其阈值，CFPREV 即向触发控制环节发出触发延迟角提前信号，触发延迟角提前量由交流系统的故障严重程度决定。

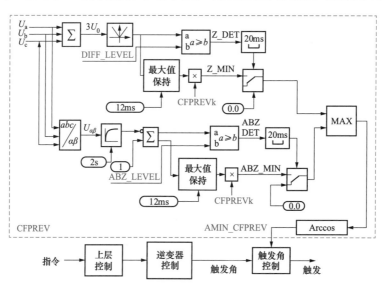

图 4-1　换相失败预防控制的基本结构图

CFPREV 对直流系统换相失败的抑制作用主要是通过使逆变阀组提前触发实现的，但是不同大小的提前触发量，CFPREV 对直流系统换相失败的抑制效果也会不同。前面已经分析

了 CFPREVk 在取 0.1 时的输出会比其取 0.05 时要大很多。为了说明 CFPREV 输出大小对换

相失败的影响，在距离直流系统 1 换流母线一定电气距离的位置设置 A 相接地故障，故障持续时间为 0.1s。为了模拟不同故障位置，将故障接地电抗分布在 0～0.36H；为了考虑故障时刻对换相失败的影响，将故障开始时间设置在 1～1.006s。图 4-2 为 CFPREVk 取不同系数时逆变阀组抑制换相失败的效果对比。

图 4-2 中白色方框表示在该故障情景下 CFPREVk 为 0.1 与 0.05 对换相失败的抑制效果一致；蓝色方框表示 CFPREVk 为 0.1 比其为 0.05 时对换相失败的抑制效果更优；红色方框表示 CFPREVk 为 0.1

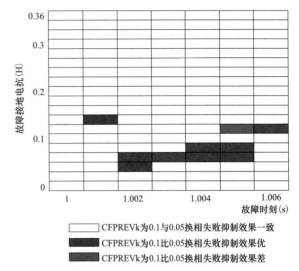

图 4-2　CFPREV 输出不同大小下换相失败抑制效果对比

比其为 0.05 时对换相失败的抑制效果更差。分析可知 CFPREV 输出量较大时对本地直流系统的换相失败有较优的抑制效果。

2. 换相失败预防控制对其他逆变阀组换相的影响

交流系统提供的无功功率为如式（4-2）所示

$$Q = 3EI\sin\varphi = 3EI\sqrt{1 - \left(\frac{\cos\alpha + \cos\delta}{2}\right)^2} \tag{4-2}$$

由于逆变阀组触发角提前量对交流电压以及交流电流的有效值影响较小，可以认为交流电压与交流电流近似不变，因此逆变阀组触发角提前量对逆变侧交流系统的影响主要是通过改变逆变侧触发角来影响的。逆变阀组提前触发会导致逆变阀组触发角减小，考虑到逆变阀组的触发角范围为[90°，180°]，逆变阀组触发角的减小将导致逆变侧交流系统功率因数值下降，从而导致逆变侧交流系统吸收更多的无功功率，最终导致逆变侧换流母线的交流电压幅值下降。

针对如 4.1.3 的河南特高压多馈入直流系统，为了验证逆变阀组提前触发对特高压多馈入系统其他逆变阀组的影响，分别在直流系统 1 设置两组 CFPREVk，它们的数值分别为 0.1 与 0.05，然后在距直流系统 1 换流母线电气距离 0.18H 处设置三相接地故障，故障开始时间为 1s，故障持续时间为 0.1s。

图 4-3（a）为直流系统 1 的 CFPREVk 分别取 0.05 与 0.1 的情况下，CFPREV 输出的触发延迟角提前量的对比图。图 4-3（b）为逆变阀组吸收无功功率量的对比。图 4-3（c）为直流系统 1 换流母线的电压有效值对比。

由图 4-3 可知，CFPREV 输出的触发延迟角提前量越大，交流系统需要提供的无功功率

也就越高，交流系统的交流电压幅值相应地就会降低。当 CFPREVk 由 0.05 提高至 0.1，逆变阀组的 CFPREV 输出的触发延迟角提前量提升较大，对逆变侧交流系统提出了更高的无功功率需求，最终导致逆变侧交流系统交流电压有效值的下降。

逆变侧交流电压的降低是逆变阀组发生换相失败的重要原因，直流系统 1 较大的提前触发量导致的交流电压跌落会造成特高压直流多馈入系统中逆变阀组 2 与逆变阀组 3 也发生换相失败。

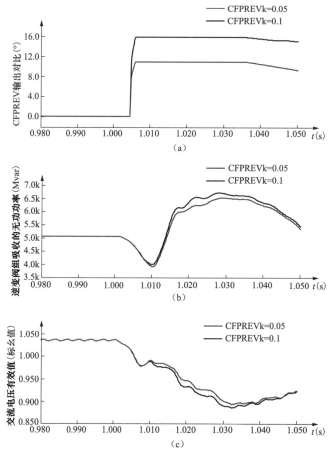

图 4-3   CFPREVk 分别取 0.1 与 0.05 时直流系统 1 的相关量的对比
（a）CFPREVk 分别取 0.1 与 0.05 时 CFPREV 的输出对比；（b）CFPREVk 分别取 0.1 与 0.05 时逆变阀组吸收无功功率对比；（c）CFPREVk 分别取 0.1 与 0.05 时直流系统 1 交流电压对比

图 4-4 为直流系统 1 的 CFPREVk 分别取 0.1 与 0.05 时，逆变阀组 2 与逆变阀组 3 的最小关断角情况。工程中的直流系统换流阀熄弧角大于 15°就能保证换流器正常换相，而换流阀中大功率可控硅元件的去离子恢复时间约 400μs（约 7°电角度），考虑到串联元件的误差，一个可控硅阀的恢复时间折算成点角度约为 $\gamma_{\min} \approx 10°$，即认为当换流阀熄弧角低于 10°就认为发生换相失败。由图 4-4（a）可知，当 CFPREVk 为 0.05 时，由于逆变阀组提前触发量较小，交流系统电压跌落情况较轻微，逆变阀组 2 的最小关断角减小至 9°；但是当 CFPREVk

为 0.1 时由于逆变阀组提前触发量较大，交流系统电压跌落情况较严重，逆变阀组 2 连续两次最小关断角跌落至零，即逆变阀组 2 均发生两次换相失败。图 4-4（b）为逆变阀组 3 的关断角在 CFPREVk 为 0.05 时最小关断角减小至 8°；但是当 CFPREVk 为 0.1 时逆变阀组 3 发生两次连续换相失败。

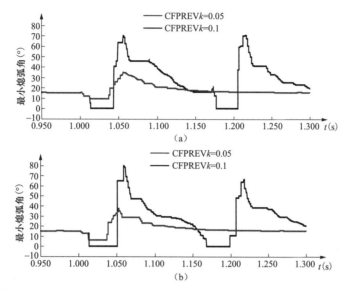

图 4-4　CFPREVk 分别为 0.05 与 0.1 时逆变阀组 2、3 的最小关断角
（a）逆变阀组 2 在 CFPREVk 取 0.05 与 0.1 时关断角的对比；
（b）逆变阀组 3 在 CFPREVk 取 0.05 与 0.1 时关断角的对比

接下来分析在 CFPREVk 为 0.1 时逆变阀组 2 与 3 发生换相失败的原因。表 4-1 为逆变阀组 2、3 的第一次换相失败相关数据的对比。逆变阀组 2 中所关注的是 V_{11} 向 V_7 的换相过程，逆变阀组 3 中关注的也是 V_{11} 向 V_7 的换相过程。

表 4-1　　　　　　　　　逆变阀组 2、3 的第一次换相失败相关数据对比

换相	CFPREVk	换相开始时间 （s）	换相前直流电流 （kA）	换相电压时间积分 （kVs）
逆变阀组 2 换相过程	0.05	1.0103	5.24	0.891
	0.1	1.0103	5.24	0.879
逆变阀组 3 换相过程	0.05	1.0104	5.24	0.835
	0.1	1.0104	5.24	0.823

表 4-1 中换相开始的时间即为待导通阀组开始触发的时间，换相前直流电流为换相开始前被换相阀组的直流电流，换相电压时间积分面积为换相过程中换相电压对时间的积分，换相前直流电流的大小直接决定换相成功所需的最小换相电压时间积分面积，若换相电压时间积分面积大于该需求，则换相成功；否则，换相失败。由表 4-1 可知，当 CFPREVk 取 0.1 时，逆变阀组 2、3 第一次换相失败的时间分别为 1.0103s 与 1.0104s，直流系统 1CFPREV 启动时

间为 1.004s，逆变阀组 2、3 的换相失败发生在直流系统 1CFPREV 启动之后。对比 CFPREVk 为 0.05 与 0.01 时，换相前直流电流基本保持不变，仅换相电压时间积分下降，说明换流母线的电压跌落导致了逆变阀组 2、3 的换相失败。

因此 CFPREV 对特高压直流多馈入系统其他逆变阀组换相的影响为：CFPREV 使逆变侧提前触发，触发延迟角的减小将导致逆变侧交流系统需要提供更多的无功功率，因此逆变侧交流电压跌落；逆变侧交流电压的跌落对多馈入系统中其他逆变阀组换相产生影响，严重情况下将导致多馈入系统中其他逆变阀组也发生换相失败。

综上所述，CFPREV 的输出量较大可能导致多馈入系统中其他直流发生换相失败，但同时 CFPREV 的较大输出量也会有益于自身直流系统的换相失败抑制。故为了使特高压直流多馈入系统所有直流均有较好的换相失败防御效果，仅通过寻找 CFPREV 最优的控制系数并不能解决，需要设计特高压直流多馈入系统换相失败预防协调控制，使其既能有效抑制自身直流系统的换相失败，同时可以防止多馈入系统其他直流发生换相失败。

4.1.2.2 特高压多馈入直流系统换相失败预防协调控制

特高压直流多馈入系统换相失败预防协调控制需要同时满足以下两个条件：

（1）多馈入系统较其他直流具有充足的换相裕度（关断角与临界关断角之差）时，控制器使逆变阀组的触发延迟角提前量较大以保证自身直流系统有较优的换相失败抑制效果。

（2）多馈入系统其他直流换相裕度明显下降后，控制器使逆变阀组的触发角提前量较小以使其他逆变阀组不因控制器的提前触发而发生换相失败。

为了满足以上两点需求，设计了换相失败预防控制的输出可以自适应调节的特高压直流多馈入系统换相失败预防协调控制。控制器的基本控制框图如图 4-5 所示，自适应 CFPREVk 控制环节（A-CFPREVk）可以实现自动调节 CFPREVk 系数的功能，从而实现控制器自适应调节其输出的功能。在所有直流系统关断角下降量达到切换裕度值以上的时候，A-CFPREVk 切换至较小系数值；其他情况下，A-CFPREVk 维持较大的系数。

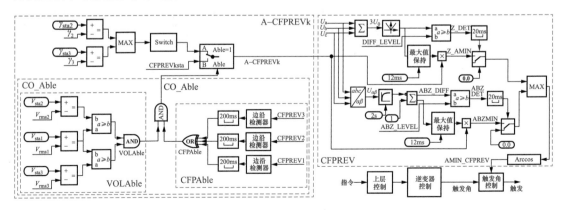

图 4-5　控制器的基本控制相图

图 4-5 中 γ_{sta2}、γ_{sta3} 分别为逆变阀组 2、3 稳定运行时的关断角；γ_2、γ_3 分别为逆变阀组 2、

3 的关断角实时测量值；$\Delta\gamma_2$、$\Delta\gamma_3$ 分别为逆变阀组 2、3 的关断角下降值；$\Delta\gamma_{\max}$ 为逆变阀组 2、3 关断角下降值的最大量；A-CFPREVk 为自适应 CFPREVk 系数；CFPREVksta 为稳定运行的时候 CFPREVk 的系数。A-CFPREVk 模块中还包含两个独立功能的模块 Switch 与 CO_Able，其功能在下面进行详细的介绍。

模块 Switch 主要实现根据 $\Delta\gamma_{\max}$ 的数值自适应地输出 A-CFPREVk，如果 $\Delta\gamma_{\max}$ 满足 $\Delta\gamma_{\max} \leqslant 2.5$，则 A-CFPREVk 为 0.1；如果 $\Delta\gamma_{\max}$ 满足：$2.5 \leqslant \Delta\gamma_{\max} \leqslant 5$，则 A-CFPREVk 为 0.65；如果 $\Delta\gamma_{\max}$ 满足：$\Delta\gamma_{\max} \geqslant 5$，则 A-CFPREVk 为 0.05。

模块 CO_Able 是 A-CFPREVk 的使能单元，主要分为两个子单元电压使能子单元 VOLAble 与换相失败预防控制使能子单元 CFPAble，如图 4-6 所示。电压使能子单元中 $V_{\text{sta}1}$、$V_{\text{sta}2}$、$V_{\text{sta}3}$ 分别为稳定运行时直流系统 1 与逆变阀组 2、3 逆变侧交流母线的电压有效值；$V_{\text{rms}1}$、$V_{\text{rms}2}$、$V_{\text{rms}3}$ 分别直流系统 1 与逆变阀组 2、3 逆变侧交流母线的电压有效值实测值；比较环节为 a 端输入大于或等于 b 端口输入，则输出的 VOLAble 为 1。换相失败预防控制使能单元中 CFPREV1、CFPREV2、CFPREV3 分别为直流系统 1 与逆变阀组 2、3 换相失败预防控制的输出值；保持单元的功能为检测到信号后单稳态触发 200ms，若三个保持单元的输出存在至少一个 1 则换相失败预防控制使能输出为 1。在电压使能与换相失败预防控制使能均为 1 的时候协调控制使能才为 1。

电压使能单元主要实现的功能是判断自身逆变侧交流系统的电压跌落情况是否最严重。以直流系统 1 的控制器为例进行说明，若直流系统 1 换流母线的电压跌落情况比逆变阀组 2、3 的换流母线电压大，则输出 VOLAble 为 1。

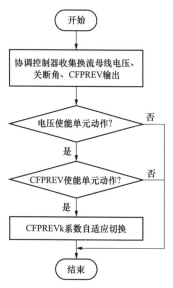

图 4-6　多馈入系统换相失败预防协调控制流程图

图 4-6 为设计的特高压直流多馈入系统换相失败预防协调控制方法的流程图。协调控制器首先收集换流母线电压、关断角以及 CFPREV 输出型号，通过电压使能单元是否动作判断自身逆变侧交流系统的电压跌落情况是否为最严重，并通过 CFPREV 使能单元是否动作来判断是否至少有一条线路的 CFPREV 控制器启动。若两个条件均得到满足，则启动 CFPREVk 系数自适应切换；否则不启动 CFPREVk 系数自适应切换。

4.1.2.3　算例仿真与分析

本小节中采用的多馈入系统如表 4-2 所示，直流系统 1、逆变阀组 2 以及逆变阀组 3 的 CFPREV 基本参数如表 4-2 所示。为了验证协调控制器防御多馈入直流系统换相失败的效果，在距离逆变侧换流母线电气距离为 0.18M 的点处设置三相接地故障，故障开始的时间为 1s，故障持续时间 0.1s，在该故障情景下对比有无协调控制器时直流系统抵御换相失败的能力。

表 4-2 　　　　　　　　　　　　直流系统 1、逆变阀组 2、3 的 CFPREV 主要参数

DIFF_LEVEL1	ABZ_LEVEL1	CFPREVksta1
0.05	0.15	0.1
DIFF_LEVEL2/3	ABZ_LEVEL2/3	CFPREVksta2/3
0.1405	0.15	0.1

1. 未引入协调控制器

首先展示未采用协调控制器的时候特高压直流多馈入系统中直流系统的情况，分别展示直流系统 1 与逆变阀组 2、3 的关断角与其传输的直流功率。直流系统 1 的关断角如图 4-7（a）所示，由图 4-7（a）可知，直流系统 1 在 1.00375s 时关断角下降至 0，说明直流系统 1 发生了换相失败。直流系统 1 传输的有功功率如图 4-7（b）所示，由图可知，直流系统 1 在换相失败期间传输的直流功率迅速下降，直流功率的最低值下降至 0。

图 4-8（a）为逆变阀组 2、3 的关断角，图 4-8（b）为青海—河南特高压直流传输的直流功率。由图 4-8（a）可知，逆变阀组 2 在 1.0135s 时关断角降至零，发生了第一次换相失败；逆变阀组 2 换相失败一次后于 1.177s 时关断角再次降至零，发生了第二次换相失败。逆变阀组 3 也在 1.0135s 时关断角降至零，发生了第一次换相失败；但是其第二次换相失败的时间稍早于逆变阀组 3，在 1.167s 时关断角再次降低为零，发生第二次换相失败。青海—河南特高压直流在两次换相失败过程中，其传输的直流功率大幅度跌落过两次，第一次跌落发生在逆变阀组 2、3 发生第一次换相失败时，其直流功率最低跌落至 0，第二次跌落发生在逆变阀组 2、3 发生第二次换相失败时，其直流功率最低跌落至 1300MW。

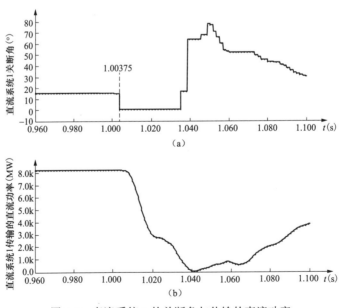

图 4-7 　直流系统 1 的关断角与传输的直流功率
（a）直流系统 1 的关断角；（b）直流系统 1 传输的有功功率

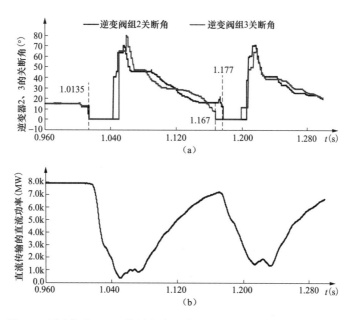

图 4-8　逆变阀组 2、3 的关断角与青海—河南直流传输的直流功率

（a）逆变阀组 2、3 的关断角；（b）青海—河南直流传输的直流功率

2. 引入协调控制器

协调控制器的正确动作主要包括：①协调控制器的使能单元选择正确的直流系统；②被选择的直流系统按照设计要求，根据其他直流系统关断角下降值而自适应地切换 CFPREVk 系数。图 4-9（a）为协调控制器作用下 CFPREVk 系数的切换过程；图 4-9（b）为有无协调控制下 CFPREVk 的输出对比。

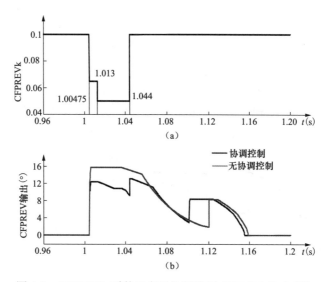

图 4-9　CFPREVk 系数及有无协调控制 CFPREV 输出对比

（a）CFPREVk 系数切换；（b）有无协调控制 CFPREV 输出对比

由图 4-10（a）可知，CFPREVk 系数在 1.00475s 时由 0.1 切换至 0.65，在 1.0135s 时由

0.65 切换至 0.05，在 1.044s 时由 0.05 切换回 0.1。协调控制器可以根据逆变阀组 2、3 的关断角最大值自适应地调节 CFPREVk 的系数以改变 CFPREV 的输出。

由图 4-10（b）可知，在无协调控制器的情况下，直流系统 1 的 CFPREV 输出的最大值达到了 16°，在有协调控制器的情况下，直流系统 1 的 CFPREV 输出的最大值达到了 12°，控制器有效降低了 CFPREV 的输出。

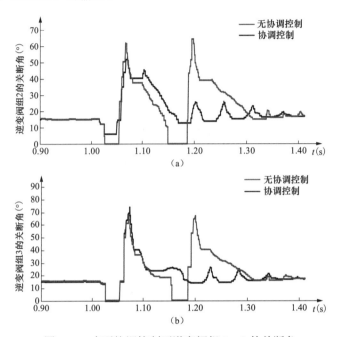

图 4-10　有无协调控制下逆变阀组 2、3 的关断角
（a）有无协调控制下逆变阀组 2 关断角对比；（b）有无协调控制下逆变阀组 3 关断角对比

协调控制器降低了直流系统 1 的 CFPREV 的输出，减小了直流系统 1 对逆变侧交流系统的无功需求，从而有益于青海—河南直流系统的换相。图 4-11 为有无协调控制器情况下逆变阀组 2、3 的关断角对比。由图 4-12（a）可知，协调控制器避免了阀组 2 的第二次换相失败，由图 4-12（b）可知，协调控制器同时避免了阀组 3 的第二次换相失败。

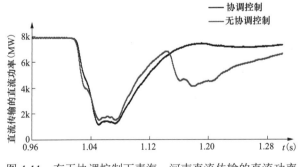

图 4-11　有无协调控制下青海—河南直流传输的直流功率

图 4-11 为有无协调控制下，青海—河南直流系统传输的直流功率。由图 4-11 可知，由于协调控制器避免的青海—河南直流系统的第二次换相失败，该直流系统传输的直流功率恢复速度明显改善，综合以上的分析，协调控制器有效地改善了青海—河南直流系统的换相失败抑制效果，避免了其第二次换相失败，也因此提升了该直流系统传输功率的恢复速度。

综合分析协调控制器对直流系统 1 与青海—河南直流两组逆变阀组换相失败的影响，协调控制器可以降低直流系统 1 的 CFPREV 的输出，从而降低了直流系统 1 对交流系统的无功需求，可以避免逆变阀组 2、3 的第二次换相失败。

4.1.3 多馈入直流系统连续换相失败抑制及协调恢复

本小节首先分析了 DC-VDCOL 与 AC-VDCOL 两种控制结构对直流控制系统控制性能影响，提出并设计了以关断角作为触发判据的 AC/DC-VDCOL 转换协调控制器，并通过不同启动方式的对比，实际算例验证了本转换法的优越性。

4.1.3.1 多馈入直流系统模型

本小节基于河南多馈入直流系统模型展开研究。河南电网包括天中直流、青海—河南直流两条±800kV 特高压直流输电线路，其中天中直流采用常规的特高压直流单端馈入结构，青海—河南直流采用特高压直流多端单层馈入结构。河南电网特高压直流多馈入系统的等效模型如图 4-12 所示，其中天中直流馈入中州换流站，青海—河南直流阀组 Ⅰ、Ⅱ、Ⅲ、Ⅳ 均为 12 脉波逆变阀组，其中高压阀组 Ⅰ、Ⅳ 馈入驻马店换流站，低压阀组 Ⅱ、Ⅲ 馈入驻马店 500kV 母线。为表述方便，图 4-12 中天中直流简称为直流系统 1，青海—河南直流的高压阀组为逆变阀组 2，低压阀组为逆变阀组 3。Z_1、Z_2、Z_3 为等效交流系统模型的系统阻抗，Z_{12}、Z_{13}、Z_{23} 为各直流馈入点之间的耦合阻抗。等效交流系统模型的系统阻抗和馈入点之间的联系阻抗参数如表 4-3 所示。

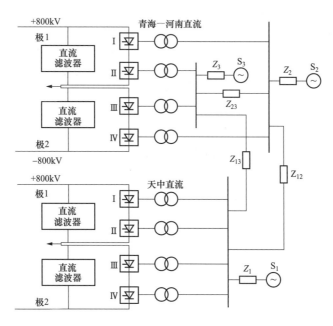

图 4-12　河南电网特高压直流多馈入结构

基于上述内容在 PSCAD/EMTDC 仿真软件中搭建起相应的仿真模型。其中青海—河南直流与天中直流均采用 CIGRE HVDC 标准测试模型的控制策略，其结构框图如图 4-13 所示。

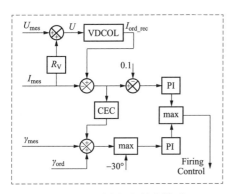

图 4-13　逆变阀组控制策略

其中 I_{mes}、U_{mes}、γ_{mes} 为取自阀组测量系统的直流电流测量值、直流电压测量值及关断角测量值；R_V 为补偿电阻；γ_{ord} 为关断角额定值。由图可见，逆变侧配置有定电流控制、定关断角控制，同时还配备了低压限流控制器（VDCOL）和电流偏差控制器（CEC）。系统正常运行时，逆变侧定电流控制与定关断角控制二者其中之一投入，并在暂态过程中通过电流偏差控制CEC实现平滑切换。稳态运行时天中直流与青海—河南直流均传输 8000MW 功率，逆变侧由定关断角控制维持关断角为额定值约 17°。

表 4-3　　　　　　　　　多馈入系统交流等效模型参数

Z1（Ω）	Z2（Ω）	Z3（Ω）
0.5992+j6.8484	0.7977+j9.1169	0.5864+j0.02133
Z12（Ω）	Z13（Ω）	Z23（Ω）
3.3994+j38.8554	3.86436+j44.1699	1.39404+j15.9340

4.1.3.2　VDCOL 对多馈入系统暂态特性影响

低压限流器（VDCOL）是指在某些故障情况下，当直流电压或交流电压低于某一值时，自动降低定电流控制的整定值，而在直流电压或交流电压恢复后，又自动恢复整定值的控制功能。CIGRE HVDC 标准测试模型中 VDCOL 的电压—电流（U-I）特性曲线如图 4-14 所示。其中，U 为 VDCOL 输入电压；I 为 VDCOL 输出的直流指令值。由此可得，VDCOL 的 U、I 间关系式 $I=f(U)$ 为

$$I = f(U) = \begin{cases} 0.55, & U \leqslant 0.4 \\ 0.9U + 0.19 & 0.4 < U \leqslant 0.9 \\ 1, & 0.9 < U \end{cases} \quad (4-3)$$

VDCOL 控制器根据输入信号的不同，可分为依赖交流电压的低压限流控制（AC-VDCOL）和依赖直流电压的低压限流控制（DC-VDCOL）。我国多数的直流输电工程采用常规的 DC-VDCOL 控制，该类型控制 I_{dc} 的指令值跟随 U_{dc} 动态变化；AC-VDCOL 控制较少使用在实际工程中，该控制是根据实际检测到的交流换相电压 U_L 的动态变化反应于 I_{dc} 的指令值中。

两种 VDCOL 控制方式都能够快速反应电压波动，进而调整直流系统运行特性，但是由于电压采样点的不同，对系统暂态特性恢复也有着

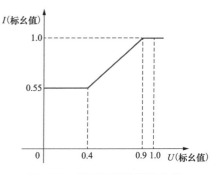

图 4-14　低压限流器特性曲线

显著差异。下面将分别从直流系统故障和交流系统故障两方面对 AC-VDCOL、DC-VDCOL 的控制特性进行分析。

1. 直流线路故障不同输入 VDCOL 控制特性分析

在图 4-15 所示的河南多馈入系统中，设置两组对照试验：方式一各回直流逆变侧阀控制均采用常规的 DC-VDCOL 控制；方式二为仅在直流系统 1 的逆变侧阀控制采用 AC-VDCOL 控制，逆变阀组 2、逆变阀组 3 仍采用常规的 DC-VDCOL 控制。

在直流系统 1 中设置逆变阀直流侧 1s 时正极发生极对地故障，金属性接地，接地电阻为 0，故障时长 0.2s。直流系统 1 正负极 U_{dc}、I_{dc} 及逆变阀组无功吸收特性如图 4-15 所示，逆变侧交流换相电压 U_L 和逆变侧母线电压变化特性如图 4-16 所示。

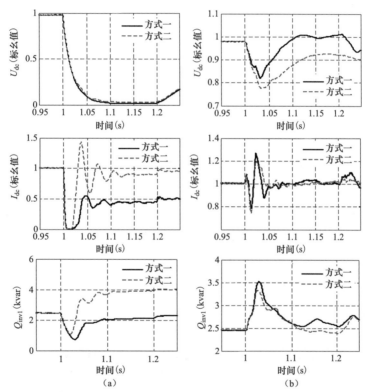

图 4-15 直流系统 1 正负极 U_{dc}、I_{dc}、逆变阀无功特性
(a) 直流系统 1 正极；(b) 直流系统 1 负极

图 4-15（a）极为故障直流，故障发生后 U_{dc} 出现大幅跌落，I_{dc} 瞬时跌落而后逐渐恢复并维持稳定水平。方式一中，U_{dc} 在故障期间维持在极低水平，受 DC-VDCOL 作用 I_{dc} 在瞬时冲击过后维持在 0.5p.u.上下；方式二中，虽然 U_{dc} 故障期间极低，但是由于交流系统支撑作用，U_L 维持在较高水平，如图 4-15 所示。在 AC-VDCOL 作用下，I_{dc} 瞬时冲击过后维持在 0.9p.u.以上，而过高的 I_{dc} 也使得正极逆变阀组从交流系统相对方式一吸收更多的无功。图 4-15（b）流负极为非故障直流，正极故障对负极造成了一定程度的冲击，U_{dc} 在小幅波动后都能够恢复至 0.9p.u.以上，受交流系统电压波动影响，方式二 U_{dc} 低于方式一中 U_{dc}。在

VDCOL 作用下，两种运行方式 I_{dc} 皆可恢复至额定水平。

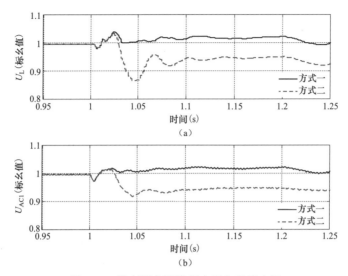

图 4-16　逆变侧交流换相电压和母线电压

（a）直流系统 1 逆变侧交流换相电压；（b）直流系统 1 逆变侧母线电压

采用 AC-VDCOL 控制的逆变阀组，在发生直流故障时，U_{dc} 大幅跌落，受交流系统支撑作用，交流换相电压 U_L 依然维持在较高运行状态，致使 I_{dc} 在 U_{dc} 恢复之前提升至较高水平，逆变阀组向系统吸收更多的无功，造成交流系统低压运行。而采用 DC-VDCOL 控制的逆变阀组可有效改善上述问题，暂态过程中 I_{dc} 受 U_{dc} 作用，在 U_{dc} 恢复之前限制 I_{dc} 抬升，降低逆变阀组吸收的无功，避免交流系统的电压跌落。

2. 交流系统故障不同输入 VDCOL 控制特性分析

在距离直流系统 1 换流母线电气距离 0.1m 处设置三相接地故障，1s 时发生，故障时长 0.1s。直流系统 1 换流阀关断角变化特性如图 4-17 所示。方式一运行方式下，直流系统 1 发生 3 次换相失败。方式二运行方式下，直流系统 1 发生 2 次换相失败。AC-VDCOL 控制相对 DC-VDCOL 控制，有效提升了系统的暂态恢复特性，降低了直流系统 1 连续换相失败次数。

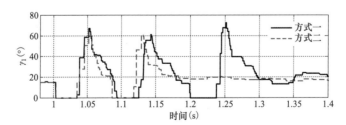

图 4-17　直流系统 1 换流阀关断角变化特性

图 4-18（a）、（b）中，方式二的直流电流、直流电压恢复时间明显短于方式一；对比直流电压 U_{dc} 与交流换相电压 U_L 曲线不难发现，U_L 振荡幅度小于 U_{dc} 振荡幅度，反应在 VDCOL 输出上，如图 4-18（c）所示，故障期间，方式二的 I_{ord} 大于同阶段方式一的 I_{ord}，反应在直

流电流响应曲线中，在 1.03s 后，方式二的直流电流较方式一有一定上升。由于直流电流的抬升，方式二的换流阀从系统吸收更多的无功，如图 4-18（d）所示，故障期间，方式二换流阀从系统吸收的无功明显多于方式一，更多的无功吸收也使得交流系统电压的降低，如图 4-18（c）所示，在 1.15s 内，方式二交流换相电压始终低于方式一。表 4-4 直流系统 1 第二次换相失败相关数据对比表为方式二第二次换相失败时，方式一同时刻换相数据对比。在

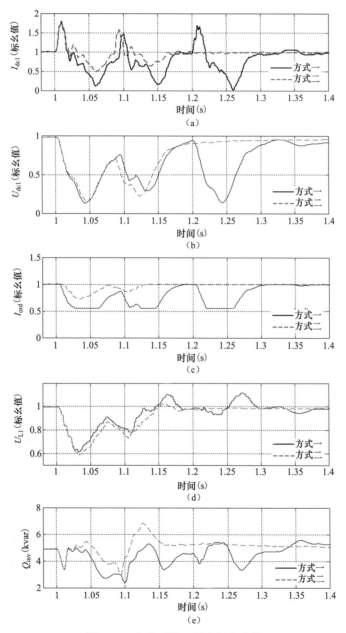

图 4-18　直流系统 1 暂态运行特性

（a）直流电流响应曲线；（b）直流电压响应曲线；（c）VDCOL 输出响应曲线；

（d）交流换相电压响应曲线；（e）逆变阀组无功吸收响应曲线

1.081s 时，方式一的直流电流比方式二降低了 21.54%，稳态运行时换相电压时间积分面积为 0.696kVs，方式一的换相电压时间积分面积比方式二降低了 10.59%，所以直流电流的快速抬升是造成 AC-VDCOL 控制后续换相失败早于 DC-VDCOL 的主要原因。

表 4-4   直流系统 1 第二次换相失败相关数据对比

VDCOL 输入方式	换相起始时间（s）	换相前直流电流（p.u.）	换相电压时间积分（kVs）
DC-VDCOL	1.0818	0.7216	0.5992
AC-VDCOL	1.0814	0.937	0.6729

式（4-3）中，当 U 小于下限值时，I 始终输出定值，对于 DC-VDCOL 与 AC-VDCOL 控制方式，在交流系统发生故障后，输入量 U_{dc} 与 U_L 都能通过电压波动很好的反应系统发生换相失败与换相成功的动态过程。但是，在换相失败后电压水平逐步抬升的过程中，由于 U_{dc} 跌落幅度较大，低于 VDCOL 输入 U 的下限值，使得 VDCOL 环节持续保持在 0.55p.u.，直到 U_{dc} 高于下限值 0.4p.u.，输出 I 才能动态反应 U 的变化；对于 U_L 而言，受交流系统支撑作用，U_L 在故障过程中维持在较高电压等级，U_L 的波动能更快地通过 VDCOL 控制传递到直流控制中，提高后续的换相成功率。

综上所述：当直流故障时，直流电压大幅跌落，受交流系统支撑作用，换流母线电压受故障影响较小，只有轻微抖动。DC-VDCOL 控制受直流电压作用，将直流电流限制在较低水平，逆变阀组向交流系统释放无功，交流电压小幅抬升；AC-VDCOL 控制受交流电压作用，直流电流维持在较高水平，未起到 VDCOL 应有的限流作用，逆变阀组向交流系统吸收无功，交流电压一定程度跌落。当交流系统故障时，交流系统电压、直流电压都出现大幅跌落，受交流系统支撑作用，换流母线电压跌落幅度小于直流电压跌落幅度。AC-VDCOL 相对 DC-VDCOL 控制对于换相失败后的系统恢复更为灵敏，表现为交流电压相比直流电压更快地抬升，并通过 VDCOL 控制环节作用于逆变阀组。但是 AC-VDCOL 控制对于直流电流的快速抬升，则可能导致后续换相失败提前。

4.1.3.3   AC/DC-VDCOL 转换控制器设计

通过 4.1.3.2 分析的 DC-VDCOL 及 AC-VDCOL 在不同故障情况下各自控制性能的优劣性，发挥 DC-VDCOL 在直流故障下的限流优势及 AC-VDCOL 在交流系统故障下的交流电压跟踪、快速恢复的优势，提出了基于关断角 γ 判别的 AC/DC-VDCOL 转换控制器。AC/DC-VDCOL 转换控制器如图 4-19 所示。

图 4-19 中，γ 为逆变阀组关断角实时测量值；γ_{min} 为晶闸管恢复阻断能力所需最小关断角；t_{ri} 为触发判据输出值。当 $\gamma < \gamma_{min}$ 时，认为换流阀发生了换相失败；相反，当 $\gamma > \gamma_{min}$ 时，则认为逆变阀组正常换相。由于交流电压波动，交流系统故障往往会导致逆变阀组发生换相失败，而直流系统故障通常不会触发逆变阀组发生换相失败，故换相失败判据可有效反应交

流系统故障，避免直流故障动作。将换相失败信号持续作用 100ms，并与正常换相信号共同作用作为 t_{ri} 的值，表示在该次换相失败恢复后，触发信号 t_{ri} 有效。另外，U_{dc}、U_{L} 分别为直流电压和交流换相电压；U_{dclow}、U_{Llow} 分别为直流电压、交流电压恢复下限值；k 为持续时间判据环节输出值。CO_Able 为 AC/DC 转换器输出信号。稳态时，各换流阀 VDCOL 工作在 DC-VDCOL 控制。当 U_{dc}、U_{L} 中任何一个处于低压状态时，即 $U_{\mathrm{dc}}<U_{\mathrm{dclow}}$ 或 $U_{\mathrm{L}}<U_{\mathrm{Llow}}$ 时，k 输出有效，且当 t_{ri} 输出同时有效时，AC/DC 转换器调至 AC-VDCOL 控制；当 U_{dc}、U_{L} 都恢复至下限值以上时，k 输出无效，AC/DC 转换器调回 DC-VDCOL 控制。采用直流电压、交流电压双重信号控制，避免了单一信号的抖动使控制器出现连续启停状态。

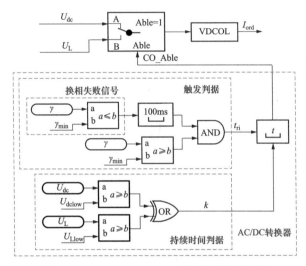

图 4-19　AC/DC-VDCOL 转换控制器结构图

4.1.3.4　算例仿真与分析

本小节为验证所提多馈入系统换相失败协调恢复控制策略的有效性及可行性，针对图 4-20 所示的河南多馈入直流系统模型，分别对以下 4 种控制方式在不同逆变侧交流系统故障案例下的响应进行仿真分析：

方式一：各直流换流阀采用常规的 DC-VDCOL 控制环节；

方式二：各直流换流阀采用控制方法 1，即：当交流系统电压低于阈值 U_{low} 的时间超过 t 时，则启动 AC-VDCOL 替代 DC-VDCOL，取 $U_{\mathrm{low}}=0.85\mathrm{p.u.}$，$t=0.1\mathrm{s}$；

方式三：与方式二控制方法相同，$U_{\mathrm{low}}=0.85\mathrm{p.u.}$，$t=0\mathrm{s}$，即满足低压条件立即切换控制；

方式四：各直流换流阀采用本小节所述 AC/DC-VDCOL 转换控制器。

利用方式一、方式二、方式三与本小节所述方法方式四进行对比，验证 AC/DC-VDCOL 转换协调控制器在多馈入系统换相失败恢复中的应用效果，及控制器启动时刻对控制效果的影响。控制器的控制参数如表 4-5 所示。所设置的案例为在距离直流系统 1 换流母线 1s 时发生三相接地故障，接地阻抗 $L_{\mathrm{f}}=0.14\mathrm{H}$，故障时长 0.1s。该故障条件下，AC/DC-VDCOL 切换时刻如表 4-6 所示，各直流逆变阀组关断角如图 4-20 所示。

表 4-5　　　　　　　　　　AC/DC-VDCOL 转换控制器参数

γ_{min}	U_{dcmin}	UL_{low}
7°	0.70p.u.	0.85p.u.

表 4-6　　　　　　　　　　AC/DC-VDCOL 切换时刻

方式	直流系统 1	逆变阀组 2	逆变阀组 3
二	1.134s	1.117s	1.125s
三	1.034s	1.0175s	1.025s
四	1.035s	1.037s	1.035s

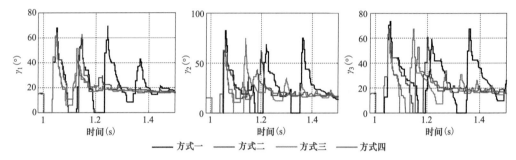

图 4-20　三相接地故障 L_f=0.14H 时各逆变阀组关断角运行特性

如图 4-20 所示，在直流系统 1 中，三种控制方式分别发生 3 次、2 次、2 次、1 次换相失败；逆变阀组 2 中，三种控制方式分别发生 3 次、2 次、2 次、1 次换相失败；逆变阀组 3 中，三种控制方式分别发生 3 次、2 次、2 次、2 次换相失败。方式二、方式三、方式四相对于方式一换相失败次数减少，换相失败恢复时间缩短。从单次换相失败来看，方式二、方式三 AC-VDCOL 信号接入后，逆变阀组第二次换相失败的时间提前，方式四避免了第二次换相失败。

为进一步验证本小节所提的 AC/DC-VDCOL 转换方法的适用性，通过大量仿真，比较分析在不同严重程度的逆变侧交流系统故障该方法对换相失败的恢复作用。对方式一和方式四两组控制方式，分别设置单相和三相不同严重程度的电感接地故障，故障时刻 1s，故障时长 0.1s。

根据电力系统运行要求，稳态时系统电压运行在±5%，当系统电压稳定在±5%以内时，认为系统已恢复稳定，从故障时刻至系统恢复稳定所需时间即为恢复时间 t_r

$$t_r = t_{sc} - t_{st} \tag{4-4}$$

式中：t_{sc} 为短路时刻，即为故障发生时刻；t_{st} 为电压恢复至±5%以内的时刻。

表 4-7、表 4-8 分别为三相故障和单相故障下，特高压直流连续换相失败次数与故障恢复时间统计情况，图 4-21 为不同故障情况下换相失败恢复时间对比曲线。其中换相失败次数"a-b-c"表示：直流系统 1、逆变阀组 2、逆变阀组 3 分别发生 a、b、c 次换相失败，恢复时

间取直流系统 1 换流母线电压进行观测。比较表 4-7、表 4-8 中常规方案和 AC/DC-VDCOL 转换法，可知：AC/DC-VDCOL 转换法以换相失败作为启动判据，若原控制策略不发生换相失败，则转换法不会启动；本方法只能实现系统换相失败的协调恢复，并不能起到换相失败预防的作用，故不会优化换相失败次数至 0；AC/DC-VDCOL 转换法对不同类型的故障都具有较强的适应性，可以有效提升特高压直流多馈入系统的换相失败协调恢复能力，降低换相失败次数。

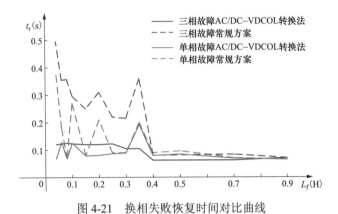

图 4-21　换相失败恢复时间对比曲线

表 4-7 　　　　　　　　　三相故障特高压直流连续换相失败次数及恢复时间

接地阻抗（H）	常规方案		AC/DC-VDCOL 转换法	
	换相失败	t_r（s）	换相失败	t_r（s）
0.04	5-6-5	0.493	2-1-2	0.134
0.06	4-4-2	0.359	2-1-2	0.133
0.08	3-2-1	0.363	1-2-2	0.143
0.1	3-2-1	0.291	1-2-2	0.137
0.15	2-3-3	0.257	1-1-1	0.129
0.2	2-3-3	0.323	1-1-1	0.127
0.25	2-2-3	0.239	2-1-1	0.142
0.3	2-2-3	0.23	1-1-1	0.109
0.35	2-3-4	0.366	1-2-1	0.106
0.4	1-1-1	0.08	1-1-1	0.066
0.45	1-1-1	0.081	1-1-1	0.064
0.5	1-1-1	0.084	1-1-1	0.065
0.7	1-1-1	0.0912	1-1-1	0.065
0.9	0-0-0	0.07	0-0-0	0.07

表 4-8 　　　　　　　　单相故障时特高压直流连续换相失败次数及恢复时间

接地阻抗（H）	常规方案		AC/DC-VDCOL 转换法	
	换相失败	t_r（s）	换相失败	t_r（s）
0.04	3-4-2	0.382	1-1-1	0.065
0.06	3-2-2	0.178	1-2-2	0.136
0.08	2-1-1	0.061	1-1-1	0.061
0.1	3-1-1	0.267	2-1-1	0.131
0.15	2-1-2	0.083	1-1-1	0.081
0.2	2-3-3	0.212	1-1-1	0.084
0.25	1-2-1	0.093	1-1-1	0.087
0.3	1-1-1	0.094	1-1-1	0.093
0.35	1-2-2	0.202	1-1-1	0.193
0.4	1-2-2	0.092	1-2-1	0.0843
0.45	1-2-1	0.094	1-1-2	0.084
0.5	1-2-1	0.097	1-1-2	0.086
0.7	1-0-0	0.068	1-0-0	0.068
0.9	0-0-0	0.065	0-0-0	0.065

4.2　储能与同步调相机协调的电网故障后无功/电压控制策略

本节首先介绍了储能电站模型与常规控制策略（定功率控制与定电压控制），随后分别对电化学储能电站和同步调相机的无功/电压调节特性进行研究，对比分析两者在对系统进行动态无功支撑时的特性差异，最后提出考虑电化学储能电站与同步调相机协调的、改善电网故障后暂态特性的无功/电压控制策略。

4.2.1　储能电站常规控制方法

本小节中所采用的储能电站模型如图 4-22 所示，模型主要包括锂电池阵列、Boost 升压电路以及并网逆变器。锂电池阵列的输出侧经 Boost 升压电路升高电压后连接到直流母线电容，随后通过逆变器将直流电能转化为交流电能，并通过变压器接至交流电网。其中，Boost电路的控制策略是：通过改变占空比 D 来调整锂电池阵列的充放电电流，从而维持直流母线电压的稳定。逆变器模块的控制回路为常规双环功率解耦控制，外环为功率输入，内环为电流输入。通过改变有功与无功的指令值，能够灵活调整储能模型与电网侧的功率交换。

$$\begin{cases} L\dfrac{di_L}{dt} = U_{batt} - (1-d)U_{dc} \\ i_{dc} = (1-d)i_L \end{cases} \tag{4-5}$$

$$\begin{cases} L_r \dfrac{di_{gd}}{dt} = -Ri_{gd} + \omega L_r i_{gq} + v_d - v_{gd} \\[3mm] L_r \dfrac{di_{gq}}{dt} = -Ri_{gq} - \omega L_r i_{gd} + v_q - v_{gq} \\[3mm] v_i = \dfrac{1}{2} U_{dc} D_i \quad (i = a, b, c) \end{cases} \tag{4-6}$$

在本节中，Boost 升压电路与逆变器均采用平均值模型建模，其数学模型分别如式（4-5）与式（4-6）所示。式（4-5）中，L 是 Boost 电路的升压电感，d 是二极管的占空比。式（4-6）中，L_r 是逆变侧的滤波电感，v_i 是逆变侧的单相交流电压，D_i 是单相调制比。

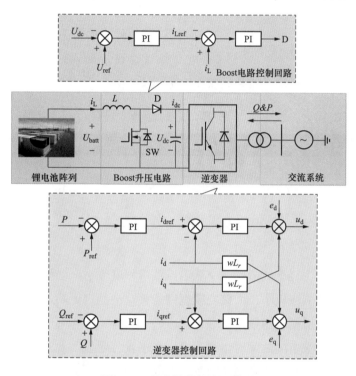

图 4-22　锂电池储能电站模型

储能电站的常规控制策略可分为定功率控制与定电压控制。在本小节中储能电站模型采用定功率控制策略，其功率指令值根据稳态控制和暂态控制的控制要求分别给定，控制框图如图 4-23 所示。首先根据交流母线电压的幅值范围，储能电站的工作模式划分为稳态工作模式与暂态工作模式。在稳态工作模式下，储能电站可结合调压或投切滤波器配合等需求进一步划分控制模式。在本小节中由于不关注储能电站在稳态下的应用，故稳态无功指令值设定为 0。在暂态工作模式下，常规的做法是当检测到交流电压显著跌落，令储能无功指令值设置为 1p.u.，以抬升交流电压，减小直流换相失败风险。这种储能电站无功控制策略与 STATCOM 在直流受端电网中的无功控制策略类似。定电压控制则是将定功率控制的外环输入改为交流母线电压及交流电压参考值。一般而言，定功率控制的优势在于响应速度较快，控制相对灵活；定电压控制的优势在于能实现与交流系统的闭环反馈控制，自动调节储能出力维持交流电压稳定。

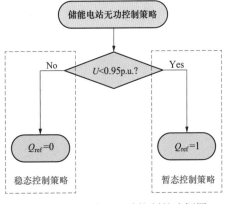

图 4-23　储能电站无功控制策略框图

4.2.2　储能电站与同步调相机暂态无功特性

为了使储能电站与调相机更好地进行协调配合，发挥最佳的控制效果，需要充分掌握其各自的暂态无功出力特性。为此，在河南多馈入直流系统中于天中直流受端交流母线分别接入额定容量均为 300Mvar 的储能和同步调相机，同步调相机采用电压闭环反馈控制，储能电站采用定功率控制，在故障期间以及故障后的暂态过程中均以最大无功容量输出。通过设置如表 4-9 所示的不同仿真工况对两者的暂态无功响应进行了对比，结果如图 4-24 所示。

表 4-9　仿 真 工 况 设 置

故障类型	故障时刻（s）	持续时间（s）	接地电感（H）	严重程度
三相接地	0.8	0.1	0.5	轻微
			0.1	中度
			0.02	严重

可以得到以下结论：

（1）当交流系统发生轻微故障时，交流电压跌落程度较小，受机端电压闭环控制方式的作用，调相机暂态无功响应较小，而储能模型则能够输出额定无功，提高故障后交流电压的最小值，并加快交流电压的暂态恢复过程。

（2）当交流系统发生中度故障时，交流电压跌落较为明显，此时调相机瞬时无功响应明显增大。此时储能的无功响应在故障期间虽然受限于元件的过流能力，但由于交流电压跌落程度不算特别严重，在故障期间储能输出无功仍然能够基本接近于额定值。在这种情况下，调相机与储能在故障期间的无功响应值基本持平。但在瞬时无功响应速度上，调相机在一定程度上要优于储能模型。在故障后的恢复期间，交流电压逐渐恢复，调相机的无功响应趋向于 0，而储能则由于交流电压的恢复能够更好地进行暂态无功响应。

（3）当交流系统发生严重故障时，交流电压显著跌落，此时调相机能够充分发挥瞬时无功爆发力的优势，在故障期间输出超过额定容量的大量无功。而储能模型受限于电力电子器件的过流能力，在电压处于较低值的故障期间只能输出较低无功，其故障期间无功支撑能力有限。另外，在严重故障情况下同步调相机的次暂态响应特性也使得其瞬时无功响应速度要明显优于储能模型。而在故障后的恢复期间，随着交流电压的逐渐回升，储能相比于调相机而言能够进行更灵活的暂态无功控制。

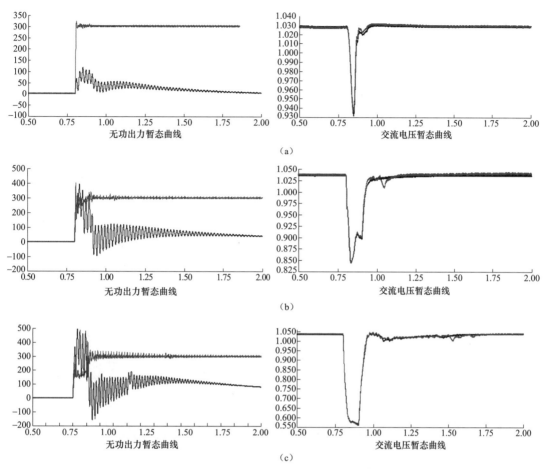

图 4-24　无功暂态响应仿真曲线（绿线代表储能，蓝线代表调相机）
（a）轻微故障；（b）中度故障；（c）严重故障

在轻微故障情况下，由于交流电压的跌落程度较小，直流不容易发生换相失败，此时同步调相机与储能的暂态无功响应的重要性并不突出。在中度故障情况下，直流在故障后面临着换相失败的风险，此时调相机与储能的暂态无功支撑能够改善交流电压暂态特性，在一定程度有利于降低直流换相失败风险。且由于瞬时响应速度的优势，同步调相机对直流首次换相失败的抑制能力要比储能更强一些。在严重故障情况下，由于交流电压严重跌落，受限于调相机和储能的容量因素，直流故障后的首次换相失败往往难以避免。但调相机与储能的无功响应可以改善交流电压的暂态特性，且在暂态恢复过程中储能相比于同步调相机而言控制更为灵活，能够结合直流暂态过程中连续换相失败发生机理进行较为灵活的控制，更好地降低直流连续换相失败风险。

总而言之，在针对特高压交直流系统中故障后瞬时电压支撑和首次换相失败问题上，调相机具有较为明显的综合优势，具体体现在：在额定容量相同的情况下，同步调相机在严重故障情况下具有更强的瞬时无功支撑能力；若考虑储能模型无功控制指令值的传输时延，调相机在响应速度上也具有一定的优势。而在针对直流故障后连续换相失败问题上，储能电站则比同步调相机更有优势。这是因为交流电压并非是导致直流连续换相失败的唯一影响因素，故储能电站可以充分发挥其控制灵活的优势，结合连续换相失败发生机理优化其暂态无功控制策略，更好地避免直流连续换相失败的发生。

4.2.3 储能电站与同步调相机无功协调控制策略

由 4.2.2 的分析可知，同步调相机在故障后的瞬时支撑能力和响应速度上较有优势，而储能则能够在暂态恢复过程中进行灵活控制。系统故障期间，交流电压大幅度下降，此时影响换相失败的主导因素为交流电压跌落，故此时应充分发挥调相机的瞬时无功爆发力以及储能的无功支撑能力，改善故障期间交流电压波动；在故障后的恢复期间，由于交流系统的支撑，交流电压恢复至较高水平，此时影响直流连续换相风险的主导因素为非电压因素，如直流控制特性以及直流间的耦合作用等，此时应该充分发挥储能控制灵活的优势，基于直流连续换相失败的机理分析以及暂态无功出力对直流控制特性的作用机制，合理制订暂态无功控制策略，改善直流的暂态控制特性，从而降低多馈入直流系统故障后连续换相失败或同时换相失败的风险，如图 4-25 所示。该协调控制思路后续还需进一步分析验证。

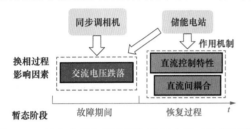

图 4-25 储能电站与同步调相机暂态无功协调思路

4.3 储能电站群抑制电网故障后功率摆动的控制技术

本节针对储能电站暂态无功在多馈入直流系统换相失败中应用的作用机制及影响因素进行了研究，提出了储能暂态无功优化控制策略，有效抑制直流功率暂态波动，并得到影响储能对直流换相失败控制效果的关键因素。

4.3.1 储能电站群暂态无功控制技术

4.3.1.1 储能暂态无功对直流连续换相失败的作用机制

由于交直流间耦合以及直流控制特性的影响，直流在恢复阶段存在连续换相失败风险。在 CIGRE 标准测试系统中设置直流逆变侧 1s 时经 0.6H 电感发生三相接地故障，故障持续时间为 0.4s，故障后直流逆变侧响应特性如图 4-26 所示。从图中可以看到，当直流从首次换相失败中恢复后，逆变侧处于定电流控制。当直流电流处于逆变侧电流指令值与整流侧电流指令值之间时，如橙色区间所示，电流偏差控制开始启动。由于电流偏差控制的作用，逆变侧控制输出触发角处于近似恒定或略微上升的状态，在关断角逐渐下降接近整定值的过程中触发角控制不能很好地进行响应，如 4-26 所示。另外，直流电流在此过程中逐渐增大，由换相电压—时间面积理论可知，此时换相需求面积随直流电流的增大而增大，换相供应面积随触发角的恒定或增大而不变或减小。因此直流在此恢复阶段存在发生连续换相失败的风险。

常规情况下，储能电站在交流故障导致母线电压明显下降后立刻以最大容量输出无功，从而抬升交流电压，抑制换相失败。但是，储能的无功出力在改善暂态交流电压的同时，也可能会在如图 4-26 所示的直流恢复阶段对逆变侧触发角控制造成影响，严重时甚至会对换相失败起到负面控制效果。

为了分析储能对直流换相失败的作用机制，将容量为 600Mvar 的储能接入天中直流逆变侧 500kV 交流母线，在 0.5s 时母线经 0.04H 电感发生三相接地故障，0.1s 后故障被切除，储能采取如图 4-27 储能电站无功控制策略框图所示的常规无功控制策略。仿真结果如图 4-27 所示。从图中可以看到，此时由于故障相对较轻，储能未接入情况下直流只发生了一次换相失败。储能接入后，按照 4.2 中定功率控制方式，当检测到故障导致交流电压跌落时，储能立刻以最大容量输出无功以抬升交流电压。但此时直流反而增加了两次连续换相

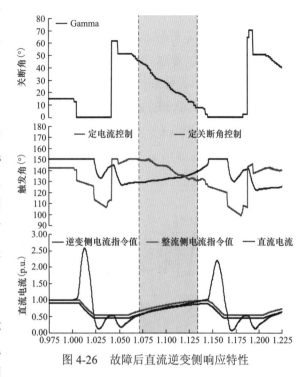

图 4-26　故障后直流逆变侧响应特性

失败。对比第一次连续换相失败发生时刻（0.5978s）前后的交流电压和触发角曲线可以看到，储能接入之后抬升了交流电压，改善了换相条件。但与此同时，由于在恢复阶段中换相条件有所改善，逆变侧关断角略微增大，从而使得直流控制输出的触发角有所增大，即提前量减

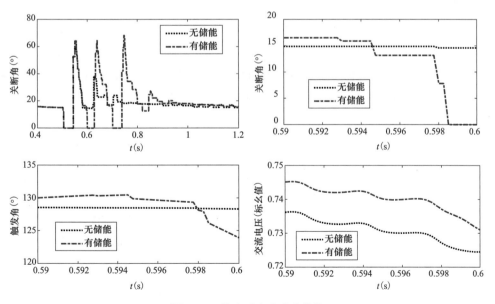

图 4-27　故障后直流响应特性

小。基于本节前述中的分析，此时由于直流电流逐渐增大，直流触发角控制能力变弱，储能对于触发角的影响增大了连续换相失败风险，造成了负面的控制效果。

下面通过仿真来验证直流恢复阶段触发角提前量的减小是造成直流连续换相失败的原因。由图 4-28 可以看到，储能接入使触发角在恢复阶段增大约 2°，因此，在未接入储能的情况下，仅在 0.59～0.597s 给与直流逆变侧触发角 2° 的增量，以模拟储能接入对触发角控制造成的影响。仿真结果如图 4-28 所示，可以看到，由于直流恢复期间触发角 2° 的增量，直流由原来发生一次换相失败变为发生三次连续换相失败，与储能接入时情况一致。由此可以说明，储能接入在直流恢复阶段使逆变侧触发角提前量减小，可能会导致负面的控制效果。

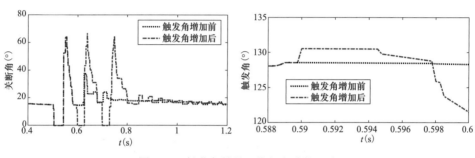

图 4-28　触发角差异对换相失败的影响

综上所述，储能暂态无功出力在改善交流电压的同时，在直流恢复期间也可能使得触发角控制输出提前量减小，二者存在一定的制约关系。在某些工况下，直流对换相失败恢复期间触发角的变化较为敏感，储能对触发角控制的影响可能会加剧直流连续换相失败风险。

4.3.1.2　储能暂态无功功率控制技术

基于以上分析，为了实现更好的控制效果，本小节提出了储能暂态无功控制策略，其基本思路为：当检测到故障导致交流电压显著跌落后，储能以最大容量输出无功，以提升交流电压；当直流处于首次换相失败恢复期间的特定阶段，令储能暂时退出，无功指令降为 0，持续一段时间后再恢复无功出力，从而避免储能在恢复期间对触发角造成不良影响。储能改进无功控制逻辑框图如图 4-29 所示，当直流恢复过程中关断角下降至 35° 时，储能无功指令降为 0，持续 40ms 后恢复无功输出。控制参数均为仿真经验值，选取原则为判定直流处于恢复期间连续换相失败风险较大的阶段。储能改进暂态无功控制策略时序图如图 4-30 所示。

4.3.1.3　算例仿真与分析

基于储能改进无功控制策略，对本节中的算例进行重新仿真。当接地电感为 0.4H 时，结果如图 4-31 所示。可以看到，当储能采用改进控制方式时，储能接入不会恶化直流连续换相失败情况，直流只发生了一次换相失败。第一次连续换相失败时刻前后的交流电压和触发角曲线如图 4-32 所示，可以看到，改进控制方式虽然对交流电压的抬升作用有所减弱，但是有效地改善了储能对于直流触发角的影响，从而避免储能起到负面的控制效果。储能暂态无功出力曲线如图 4-33 所示，可见改进控制方式与常规控制方式相比，储能通过在直流恢复期间无功暂时退出的方式减小对逆变侧触发角影响，同时又保持了一定电压支撑能力。

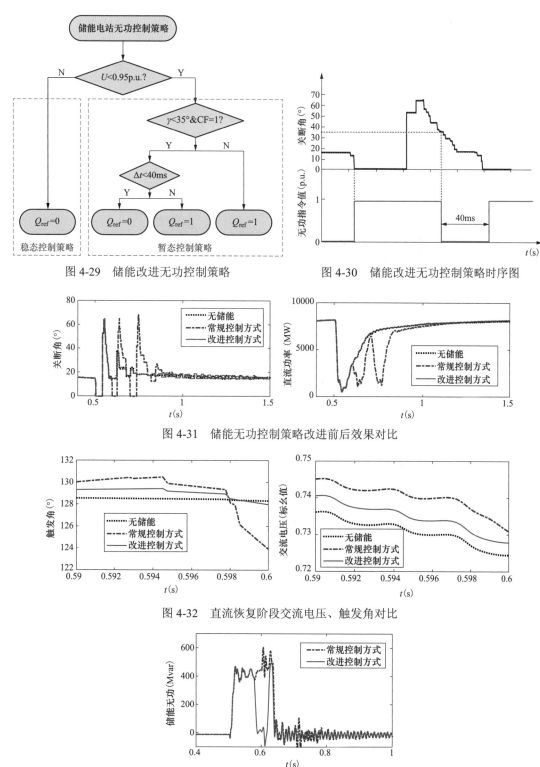

图 4-29　储能改进无功控制策略

图 4-30　储能改进无功控制策略时序图

图 4-31　储能无功控制策略改进前后效果对比

图 4-32　直流恢复阶段交流电压、触发角对比

图 4-33　储能暂态无功曲线

将接地电感改为 0.008H，结果如图 4-34 所示。此时故障较为严重，当储能未接入时，故障后直流发生了四次连续换相失败。而在储能接入后，不管是采用常规控制方式还是改进控制方式，储能都起到了良好的控制效果，直流只发生了一次换相失败。第一次连续换相失败发生时刻前后的交流电压和触发角暂态曲线对比如图 4-35 所示，可以看到，储能采用常规控制方式时对交流电压的抬升效果最明显，但同时在直流恢复阶段使得触发角有所增大，但在此工况下不至于影响直流换相成功。储能采用改进控制方式时对交流电压的抬升效果略有下降，但是同时也减小了对触发角的影响，直流同样能够避免发生连续换相失败，而且此时直流功率波动更小，储能控制效果更优。

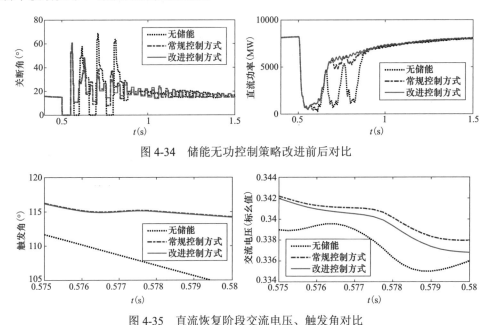

图 4-34   储能无功控制策略改进前后对比

图 4-35   直流恢复阶段交流电压、触发角对比

综上所述，本节中所提出的储能改进暂态无功控制策略，是权衡了储能无功出力对直流恢复期间交流电压和直流触发角控制综合影响的优化控制方案，既保留了储能一定的交流电压支撑能力，又尽可能减小储能在直流恢复期间对于触发角控制的不良影响。从本节的两个仿真算例中可以看到，所提储能改进无功控制策略比常规控制方式能够实现更佳的控制效果。

4.3.2 储能电站群暂态有功控制技术

4.3.2.1 储能暂态有功对直流连续换相失败的作用机制

为研究电化学储能电站有功出力对高压直流输电系统作用机理，本小节对储能接入系统后的暂态特性进行探索，并分析储能有功出力对直流系统作用机理。

1. 储能有功对受端系统扰动及暂态特性影响

首先探究扰动过程中储能的功率出力对高压直流输电系统的影响，设置仿真条件如下：1.0s 时储能经天中直流交流母线吸收有功，持续 0.2s，储能容量 1200MW；1.4s 时储能经天中直流交流母线释放有功，持续 0.2s，储能容量 1200MW，仿真结果如图 4-36 所示。可以看到：Ⅰ区域中，在有功扰动时的下降沿，对系统无功分布几乎没有影响；Ⅱ区域中，在有功扰动时的上升沿，会使无功分布出现小波动；Ⅲ区域中，上升沿发生瞬间，逆变侧吸收无功的会短暂的上升，而后下降；(b) 为 (a) 图中Ⅲ区域放大图，可以看到，当储能处于一个低状态时触发的上升沿带来的逆变侧无功上升量大于高状态时触发的上升沿带来的无功上升量。

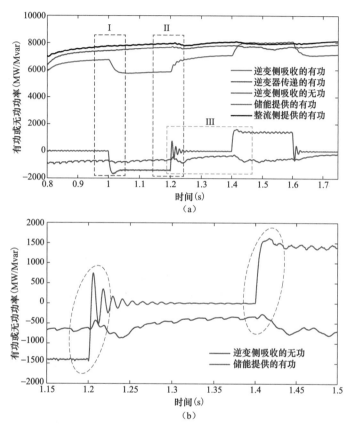

图 4-36 扰动下各功率变化

(a) 有功/无功功率全区域图；(b) 有功/无功Ⅲ区域放大图

在完成扰动特性分析后,进一步分析发生故障时储能有功的接入对系统暂态特性的影响。设置仿真条件如下：0.5s 时天中直流换流母线经 0.1H 电感三相接地，故障持续 0.15s。发现约在 0.6s 时，系统发生了后续换相失败。为更清楚地观察储能有功上升给系统带来的变化，直接设置储能电站在 0.5 秒时开始保持有功吸收，在 0.596s 时触发一个上升沿脉冲，储能容量 1200MW。从图 4-37 的粉色区域可以发现：在暂态过程时，触发的有功功率脉冲缩短了换相失败的时间，主要表现在直流电流短暂下降、受端交流电压短暂升高、触发角 α 短暂减小。

2. 储能有功出力对直流系统作用机理分析

从上一小节的仿真结果可以看到，储能有功出力可以在短时间尺度内改善换相条件。结合仿真分析结果可以得出储能有功出力对高压直流输电系统作用机理如图 4-38 所示。将储能有功出力后对高压直流输电系统的影响分为两个阶段：阶段 1——储能出力有功上升阶段，如图 4-38 粉色区域所示；阶段 2——上升完成后出力维持阶段，如图 4-38 蓝色区域所示。

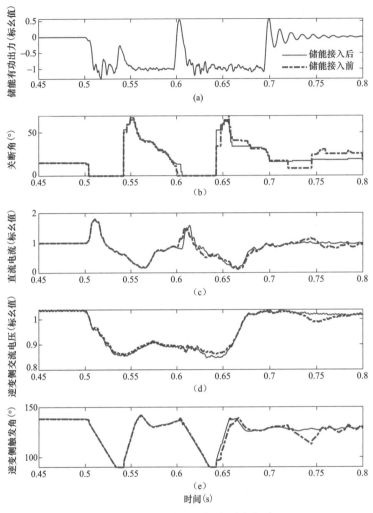

图 4-37　储能有功对暂态过程影响

（a）储能有功无功出力；（b）关断角；（c）直流电流；（d）逆变侧交流电压；（e）逆变侧触发角

在阶段 1，当储能有功出力上升时，受端交流母线流向电网的交流电流 I_{aci} 将升高；由于受端交流电网等效为等效阻抗加无穷大电源模型，电源电压 E_i 保持不变，根据式（4-7），交流母线电压 U_{aci} 升高；根据逆变器特性式（4-8），直流电压将升高（对应③），由此使得直流电流下降（对应④）。根据式（4-9），升高的交流母线电压与降低的直流电流共同作用使熄弧角增大，换相条件改善（对应⑤）。阶段 1 结束后，进入阶段 2，由于此时直流电流 I_{aci} 相较于未注入有功时更高（对应⑥），受端电网无功损耗增加，交流母线电压 U_{aci} 降低（对应⑦）；并联在交流母线上的交流滤波器提供的无功补偿随 U_{aci} 减小而降低，同时又反作用于交流母线电压，使 U_{aci} 进一步降低；同时直流电压随 U_{aci} 降低而降低（对应⑧），直流电流随直流电压降低而升高，熄弧角减小，恶化换相条件。因此，储能有功出力应避免长时间处于较高水平，应合理利用阶段 1，在关键时刻改善换相条件进而抑制换相失败的发生。

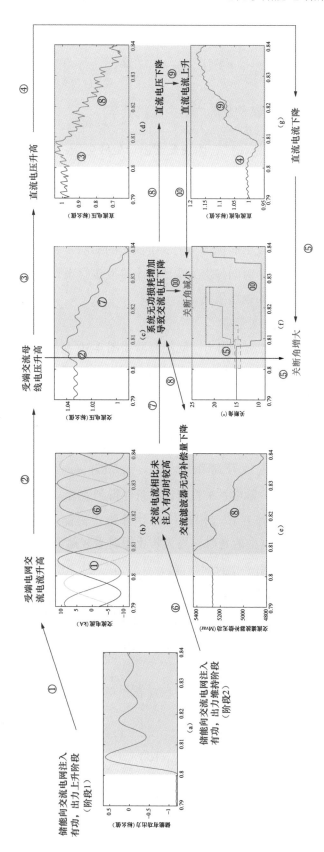

图 4-38 储能有功出力对换相失败作用机理

$$U_{aci} - I_{aci}Z_{equ} = E_i \tag{4-7}$$

$$U_{dci} = 1.35U_{aci}\cos\gamma - \frac{3\omega L_c}{\pi}I_{dc} \tag{4-8}$$

$$\gamma = \arccos\left(\frac{\sqrt{2}kI_{dc}X_c}{U_{aci}} + \cos\beta\right) \tag{4-9}$$

式中：U_{aci} 为逆变侧交流系统线电压；U'_{aci} 为逆变器出口处线电压；I_{aci} 为逆变侧交流系统线电流；L_C 为换相电感；U_{aci} 为逆变侧直流电压；I_{dc} 为逆变侧直流电流；X_C 为换相电抗；β 为逆变角；γ 为关断角。

4.3.2.2 储能暂态有功功率控制策略

根据以上机理分析，发挥阶段 1 的优势与削弱阶段 2 的影响是制订储能有功出力控制策略的基本原则。本小节从储能出力时间与出力幅值两个维度进行设计，兼顾储能有利的出力时机与出力大小，充分发挥储能的控制效果。

1. 储能电站有功出力时间控制策略

根据以上分析，设计储能电站有功出力时间控制器如图 4-39 绿色区域所示。通过采集直流电流来触发储能有功的投切时间，其中 Able 为选择器触发控制开关。当检测到直流电流 I_{dc} 大于阈值 $I_{d\_ref\_H}$ 时，判断为故障发生。此时控制器发出下降沿指令，使 $P_{t1}=1$，控制储能吸收高压直流输电系统逆变侧有功功率，使系统有功功率处于较低水平以减少作用机理中阶段 2 的影响。而后，直流电流在系统本身定电流控制的作用下，会先下降并小于 $I_{d\_ref\_H}$、$I_{d\_ref\_L}$ 而后继续上升，在检测到直流电流 I_{dc} 上升到阈值 $I_{d\_ref\_L}$，如 0.87p.u.时，触发上升沿，即触发阶段 1，此时 $P_{t1}=P_{t2}=0$，使高压直流输电系统受端换相条件得到改善。此外，图 4-39 中的下降沿触发中延时的作用为防止电流在零点附近误动并且防止储能在电流过零后的第一个 $I_{dc}=I_{d\_ref\_L}$ 处的触发；上升沿触发中的延时作用为防止短时重复触发；另考虑到通信延时，在实际操作时，可降低阈值，留出一定时间裕度。

2. 储能电站有功出力幅值控制策略

在前述研究中，未考虑储能容量的限制，其出力幅值设置较大。然而为降低电化学储能电站的投资成本以及运行成本，在实际工程中，储能电站容量往往会被限制，因此本节将分析储能出力幅值对换相失败的具体影响规律。

（1）储能出力幅值对换相失败影响规律。根据现有参考文献所提出的故障水平概念，本小节提出故障程度定义如下

$$F_L = \frac{10U_{aci}^2}{fP_{dc}U_{f0.1}} \times 100\% \tag{4-10}$$

式中：f 为交流系统额定频率；P_{dc} 为直流系统额定传输功率；$U_{f0.1}$ 为逆变侧交流母线故障发生后 0.1s 时所测得的交流母线电压有效值，可反应电压跌落深度。

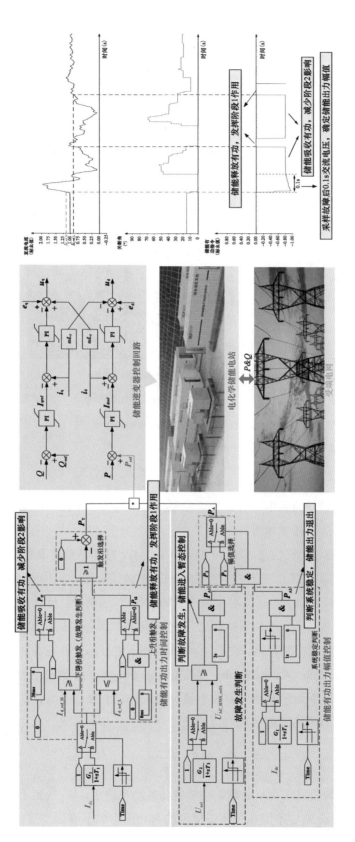

图 4-39　电化学储能有功出力协调控制器

设置仿真条件：0.5s 时天中直流交流母线分别经不同大小电感三相接地，并检测接地后 0.1s 时的交流母线电压有效值，代入式（4-10）计算出其不同故障程度，故障持续 0.15s。储能在有功出力时间控制策略下出力，储能电站容量为 1500MVA，对不同储能出力幅值下高压直流输电系统后换相失败抑制作用进行遍历仿真，且认为熄弧角小于 7°即发生换相失败，仿真结果如图 4-40 所示。

接地电感(H) [故障程度(%)]	不同储能出力幅值下连续换相失败次数（次）											
	50 MW	100 MW	200 MW	300 MW	400 MW	500 MW	600 MW	800 MW	1000 MW	1200 MW	1500 MW	0
0.00500（30%）	5	7	5	5	2	6	2	2	2 A 6		6	5
0.00625（25%）	7	5	5	8	6	8	5	2	8	6	4	7
0.00833（20%）	6	5	5	4	0	1	0	5	4	4	2	8
0.01250（16%）	4	4	6	6	1	3	3	3 B 1 C 3		5	5	4
0.01563（14%）	5	4	2	6	5	7	6	6	3	8	6	6
0.02080（12.5%）	6	4	4	2	8	4	6	4	4	4	3	6
0.02500（11.3%）	4	4	4	4	4	4	3	6	3	4	6	
0.03125（10%）	6	4	4	2	4	1	3	2	2	7	4	5
0.06250（8.4%）	3	2	1	3	2	3	2	3	3	2	1	2
0.12500（7.5%）	1	1	1	1	0	1	1	1	0	0	1	1

■ 该状态下换相失败次数多于未接入储能时，即加剧换相失败的发生

■ 该状态下换相失败次数等于未接入储能时，即没有换相失败抑制效果

■ 该状态下换相失败次数少于未接入储能时，即抑制换相失败的发生

■ 该状态下储能对换相失败抑制效果达到最佳

图 4-40　不同故障程度下不同储能出力幅值对换相失败影响

由仿真结果可以看到，储能电站达到最佳控制效果的出力大小在不同工况下是有所不同的。储能出力幅值作用的整体规律为：

1）当储能出力降低到较低状态，如 50MW 和 100MW 时，仍然能改善换相条件；

2）储能出力降至 500WM 以下时，对换相失败改善效果有限，极少出现最佳状态；

3）当储能出力大于 600MW 时，对于较高故障程度（＞16%），储能出力大小不宜设置过高；对于较低故障程度（≤16%），储能出力大小可随着故障程度的减少而增加。

（2）储能有功出力协调控制策略。在图 4-40 的基础上进行部分补充并取出每种故障程度下最佳储能容量，通过 Matlab-Curve Fitting 工具箱 smoothing spline 算法进行拟合，平滑参数 $p=0.85$，得到各故障程度下最佳储能出力大小拟合曲线与"倒数"函数特性相似。故设储能最佳出力大小为 C_{best}，其表达式如下

$$C_{best} = K_1 + \frac{K_2}{F_L} \tag{4-11}$$

其中 K_1、K_2 为常数，均由高压直流输电系统额定传输功率决定，K_1 决定不同系统所带储能的最低有功出力大小；K_2 决定不同系统所带储能的有功出力大小变化尺度；F_L 为故障程度，

由式（4-11）决定。

根据仿真分析与拟合结果，K_1 取 $7.5\%P_{dc}$，即储能基础有功出力为 $7.5\%P_{dc}$；K_2 取 $P_{dc}/$（200），即储能有功出力变化尺度为 $P_{dc}/$（200），并代入式（4-11）得到储能最佳出力幅值与故障程度的关系式（4-12）。

$$P_1 = 7.5\%P_{dc} + \frac{P_{dc}^2 f U_{f0.1}}{20 U_{aci}^2} \tag{4-12}$$

根据以上分析设计储能出力幅值控制策略与控制器如图 4-40 电化学储能有功出力协调控制器浅紫色区域所示。控制策略整个框架可分为三部分：故障发生判断、系统稳定判断、储能幅值选择。故障发生判断通过监测逆变侧交流系统电压有效值实现，当故障发生，电压跌落超过阈值时，可判断为故障发生，向故障发生判断部分的与门 P_{A1} 输出高电平；系统稳定判断通过监测逆变侧直流电流实现，当电流在一定时间内不再发生大的波动，即判断为系统稳定，系统不稳定时向选择部分的与门 P_{A2} 输出高电平。当储能幅值选择部分同时收到 P_{A1}、P_{A2} 传来的高电平时，切换到最佳出力幅值确定模块输出 P_1，否则，处于储能基础出力 P_2 状态。对于最佳出力幅值的确定，通过直流电流信号判断故障发生，延迟 0.1s 对交流母线电压进行采样，由此可确定出故障程度，并采样保持一定时长，该控制器设置为采样保持 1s，将采集到电压的代入式（4-12），确定最佳有功出力幅值 P_1。此外，在故障发生到 0.1s 采样保持前，P_1 跟随实时采样值变化，随故障电压跌落而减小，有利于抑制作用机理阶段 2 的影响。

将储能有功力出力时间控制模块的输出 P_T 与幅值控制模块的输出 P_A 进行协调配合，得到代数乘积 P_{ref}。由电化学储能有功出力协调控制器输出有功指令 P_{ref} 至储能电站逆变器控制回路，调节储能有功实际出力值。

4.3.2.3 算例仿真与分析

河南电网是全国较早投入特高压交直流混联运行的电网，随着近期国家发改委核准了青海—河南特高压直流项目，河南电网将形成多直流馈入。本小节主要针对储能有功出力时间控制策略及储能有功出力协调控制策略进行仿真分析。

1. 储能有功出力时间控制策略仿真

仿真条件如下：0.5s 时天中直流交流母线分别经 0.005H、0.0125H、0.03H、0.125H 电感三相接地，故障持续 0.15s，储能有功在有功时间控制器作用下出力，储能有功出力幅值设定为 1000MW。其结果如图 4-41 所示，左列为储能出力特性，右列为关断角特性。

对比储能出力特性与熄弧角特性，储能控制器能在设定的阈值触发有功出力，控制器正确性得到验证。由图 4-41 可得，不同故障程度下，储能有功接入后能对换相失败起到较为显著的抑制作用，提高了高压直流输电系统暂态支撑能力。

2. 储能有功出力协调控制策略仿真

为验证储能有功出力协调控制策略效果，分别在河南多馈入特高压直流输电模型以及

CIGRE-HVDC 标准测试模型中进行测试。

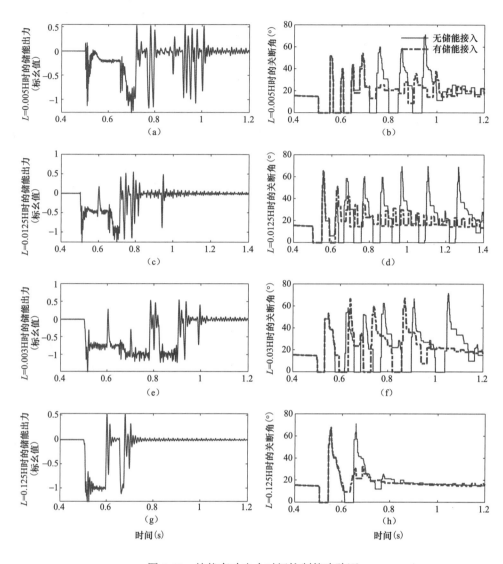

图 4-41　储能有功出力时间控制策略验证

　　仿真设置 1：分别在 0.5s、0.45s 时在河南直流模型（直流功率 8000MW）天中直流交流母线分别经不同电感三相接地，故障持续时间为 0.15s，储能容量为 1200MVA。结果如表 4-10 基于河南直流的储能有功出力协调控制策略效果所示。

表 4-10　　　　　　　　基于河南直流的储能有功出力协调控制策略效果

接地电感（H）	0.50s 发生故障，后续换相失败次数		0.45s 发生故障，后续换相失败次数	
	储能接入	无储能	储能接入	无储能
0.00500	2	5	3	4
0.00625	2	7	2	5

接地电感（H）	0.50s 发生故障，后续换相失败次数		0.45s 发生故障，后续换相失败次数	
	储能接入	无储能	储能接入	无储能
0.00833	2	8	4	5
0.01200	3	6	2	3
0.01500	4	7	3	5
0.02500	3	6	3	6
0.03000	1	3	2	4
0.06000	3	3	3	3
0.08000	1	1	0	1
0.10000	1	1	0	1

仿真设置 2：分别在 0.5s 和 0.55s 时在 CIGRE-HVDC 标准测试模型（直流功率 1000MW）逆变侧交流母线分别经不同电感三相接地，故障持续时间为 0.3s，储能容量为 200MVA。结果如表 4-11 所示。

表 4-11　　　　　　基于 CIGRE-HVDC 模型的储能有功出力协调控制策略效果

接地电感（H）	0.50s 故障，后续换相失败次数		0.55s 故障，后续换相失败次数	
	储能接入	无储能	储能接入	无储能
0.0100	1	1	1	1
0.0150	2	6	2	6
0.0175	3	5	2	6
0.0200	3	4	3	5
0.0300	2	3	3	3
0.0400	1	2	1	2
0.0500	0	1	1	1
0.0700	2	0	1	0
0.0900	1	2	1	1
0.1000	1	T1	1	1
0.1250	0	1	1	1
0.1500	0	1	0	2

4.4　储能电站群有功无功综合协调控制策略

本节首先分析储能布局及规模对其暂态控制的影响,结合储能在电压恢复过程中的有功、无功出力特性，提出换流站电压恢复的储能有功无功综合协调控制策略，并研究在不同控制策略下电化学储能电站对换流站电压恢复的动态支撑效果；最后提出能有效帮助换流站电压恢复的电化学储能电站有功无功综合协调优化控制策略。

4.4.1　储能布局及规模对其暂态控制的影响

储能电站的布局位置以及规模大小是影响其暂态控制效果的重要因素。在多馈入直流系统中，储能电站的接入位置主要有三种可能的情况：通过故障直流受端交流母线直接接入、通过故障直流受端低电压等级交流母线接入以及通过非故障直流受端交流母线接入。除布局位置之外，储能电站的容量大小也会直接影响其暂态控制效果。为了探究各因素对控制效果的具体影响规律，考虑储能电站通过不同布局位置以及不同容量大小接入河南多馈入直流系统，如图 4-42 所示。同时设置在天中直流受端母线上发生三相接地故障，通过改变接地电感大小以及故障发生时刻设置多组仿真工况进行了遍历仿真，故障持续时间均为 0.1s。

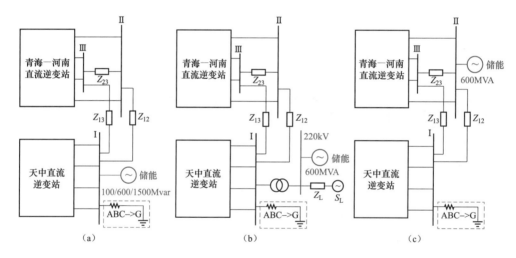

图 4-42　储能电站布局位置及容量情形图

（a）故障直流受端交流母线接入（不同容量下）；（b）故障直流受端低电压等级交流母线接入；

（c）非故障直流受端交流母线接入

4.4.1.1　储能容量配置对控制效果的影响规律

考虑储能电站通过天中直流受端母线直接接入，将其容量大小分别设置为 100、600、1500Mvar 进行遍历仿真，结果如图 4-43 所示。在故障较为严重的情况下，例如接地电感为 0.008H 和 0.015H 时，储能容量为 100Mvar 时对直流换相失败抑制能力有限，存在许多储能接入后无改善或是未能将换相失败次数降到最低的算例。当储能容量增大至 600Mvar 以及 1500Mvar 之后，储能对直流换相失败的抑制能力明显增强，在采用改进控制方式时，大部分情况下都能把直流换相失败次数减少为一次。而在某些工况下，例如接地电感和故障时刻分别为 0.008H、0.55s 和 0.02H、0.7s 时，储能容量只有增加至 1500Mvar 之后才能将直流换相失败次数降到最低。由此说明在交流系统发生严重故障时，储能容量越大，对故障后直流换相失败抑制能力也越强。以接地电感 0.008H，故障时刻 0.6s 工况为例，相关仿真曲线如图 4-44 所示。从图中可以看到，当储能容量为 100Mvar 时，由于储能对交流电压抬升作用较弱，直流连续换相失败无法改善。当容量增大到 600Mvar 时，储能采用常规控制方式接入后能够将换相失败次数减少为 2 次。进一步地，储能采用改进控制方式，直流故障后换相失败次数减少至 1 次。观察直流恢复过程中交流电压与触发角曲线可见，储能容量增大后，对交流电压的抬升能力明显变强，对直流换相失败的抑制能力也随之变强。另外，当储能采用改进控制方式时，虽然交流电压抬升有所减弱，但减小了对触发角提前量的影响，储能实现了最佳控制效果。

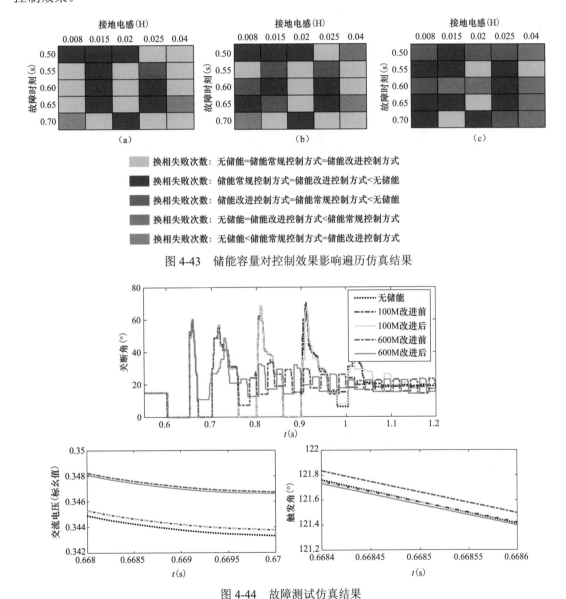

图 4-43 储能容量对控制效果影响遍历仿真结果

图 4-44 故障测试仿真结果

而在故障较为轻微的情况下，如接地电感为 0.04H 时，当储能容量逐渐增大，采用常规无功控制方式对储能控制效果的影响也越大。其原因在于储能容量越大，对恢复期间直流触发角控制的影响也越大。以接地电感 0.04H，故障时刻 0.6s 为例进行分析，相关仿真曲线如图 4-45 所示。从图中可以看到，当储能容量为 600Mvar 时，储能接入对触发角影响相对较小，直流换相失败次数不会增加。而当储能容量增大到 1500Mvar 时，采用常规控制方式情况下，储能虽然对于交流电压的抬升效果最好，但也使得触发角控制输出提前量明显减小。在此工况下触发角增大对换相过程的负面作用大于交流电压抬升的正面作用，故储能接入加剧了直流换相失败次数。当储能采用改进控制方式时，在保留储能一定电压支撑能力的同时又改善了直流恢复期间逆变侧触发角的控制特性，从而避免储能对直流换相失败起到负面的控制效果。

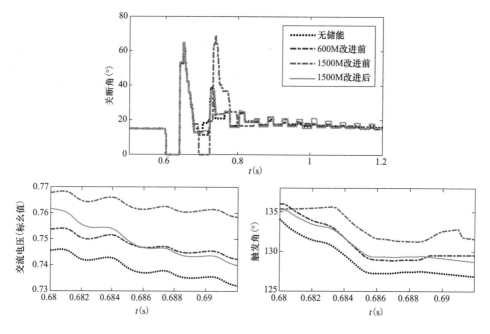

图 4-45　故障测试仿真结果

另外从图 4-45 中还可以看到，储能的容量越大时，红色标注的算例也越多。说明储能的容量越大，对直流恢复期间触发角控制的影响越大，储能的无功控制方式对于故障后直流换相失败抑制效果的影响也越明显。因此在储能电站容量较大时，更应该重视其无功控制策略的优化。

综上所述，储能容量越大，对交流电压的抬升作用越大，对直流换相失败的抑制能力也越大。但与此同时，储能容量越大对直流恢复期间触发角控制影响也越大，常规无功控制方式下，储能可能无法达到最佳的控制效果甚至在某些工况下加剧直流换相失败。此时储能改进无功控制方式就体现出明显优势。

4.4.1.2 储能布局位置对控制效果的影响规律

本小节中分析储能布局位置对控制效果的影响规律。如图 4-46 所示，考虑容量为 600Mvar 的储能电站分别通过故障直流受端 500kV 交流母线、故障直流受端 220kV 交流母线以及非故障直流受端交流母线接入电网，同样设置不同工况进行了遍历仿真，结果如图 4-46 所示。可以看到，在储能容量相同时，对比于储能直接通过故障直流受端 500kV 交流母线接入方式，当储能通过低电压等级的 220kV 母线接入时，由于无功功率难以跨电压等级传输，储能对交流母线电压的支撑作用显著减小，因此对故障后直流换相失败的抑制能力也明显削弱。此时储能改善直流换相失败的算例明显减少。同时储能接入电压等级对控制效果的影响比容量因素要更为明显。同时从图 4-46 中还可以看到，此时没有红色标注的工况，说明在储能控制能力大大减弱的情况下，储能无功控制策略对控制效果的影响也明显减弱了。

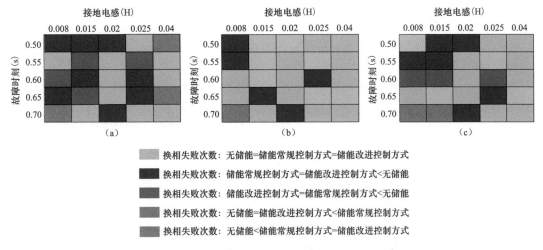

图 4-46 储能接入电压等级对控制效果影响遍历仿真结果

当储能通过非故障直流受端接入时，由于电气耦合，储能暂态无功对故障直流受端交流母线仍然有一定的电压支撑作用。当容量较大时，储能对故障直流换相失败仍然保持着较为可观的抑制效果。对比于储能跨电压等级接入方式，储能于同一电压等级的非故障直流受端接入时，对故障直流换相失败的抑制效果影响要小一些。但受限于无功功率无法远距离传输，储能对故障直流的控制效果仍然不可避免地有所减弱。

4.4.2 优化换流站电压恢复的储能综合协调控制策略

本小节根据现有提高换流站电压恢复的方法和不足，分析储能在电压恢复过程中的有功、无功出力特性，提出换流站电压恢复的储能有功无功综合协调控制策略。

将 4.3 节中的储能电站暂态无功控制策略中的固定退出时间 40ms 改为关断角下降为阈值 y_h 与 y_l 时退出，可一定程度避免"当设定时长大于恢复时长，将减小换相电压支撑能力；当设定时长小于恢复时长，触发角补偿时间不足"的缺点，其响应示意图如图 4-47 所示。而后与储能暂态有功控制策略经容量约束形成综合协调控制策略，储能有功无功综合协调控制策略如图 4-48 所示。

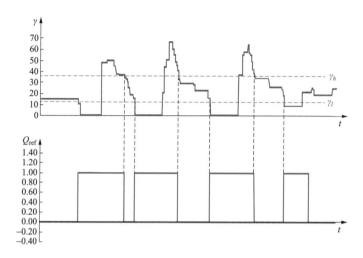

图 4-47　改进的无功控制策略响应示意图

由于暂态有功控制较暂态无功控制在抑制换相失败的仿真中表现更佳，考虑在优先满足有功出力大小后，储能剩余容量用于暂态无功控制。储能有功出力大小由（4-13）获取，无功出力指令大小为

$$Q_{\text{ref}} = \sqrt{S_{\text{BESS}}^2 - P_{\text{ref}}^2} \qquad (4\text{-}13)$$

式中：S_{BESS} 为储能容量；P_{ref} 为储能有功出力指令。

4.4.3　算例仿真与分析

本小节仿真设置：天中交流母线在 0.4s 时三相短路接地，接地电感为 0.002H，持续时间为 0.15s，储能容量为 1200MVA。分别研究储能在无出力、仅有功出力、仅无功出力、有功无功协调出力下对天中直流逆变站换相失败的影响，其关断角结果如图 4-49 所示。

图 4-49 中，换相失败次数分别为：无储能时 6 次，仅有功接入时 5 次，仅无功接入时 4 次，协调接入时 2 次。对图中 1 区域进行分析，区域 1 放大图如图 4-50 所示。

如图 4-50（b）所示，在换相失败即将发生的临界时间内，有功控制策略触发阶段 1，显著减小了直流电流；图 4-50（c）、（d）所示，储能无功的退出使得交流电压下降，降低了换相失败恢复程度，触发角小于无储能接入工况，提供了更大的换相裕度；有功/无功的协调控制发挥有功功率与无功功率的各自优势，成功抑制了本次换相失败。

对储能有功无功综合协调控制策略进行遍历仿真验证，仿真设置：天中交流母线分别在 0.5s 和 0.52s 时经不同电感三相短路接地，持续 0.15s，储能容量 1200MVA。储能在无出力、仅有功出力、仅无功出力、有功无功协调出力下，天中直流逆变站换相失败次数如表 4-12 所示。

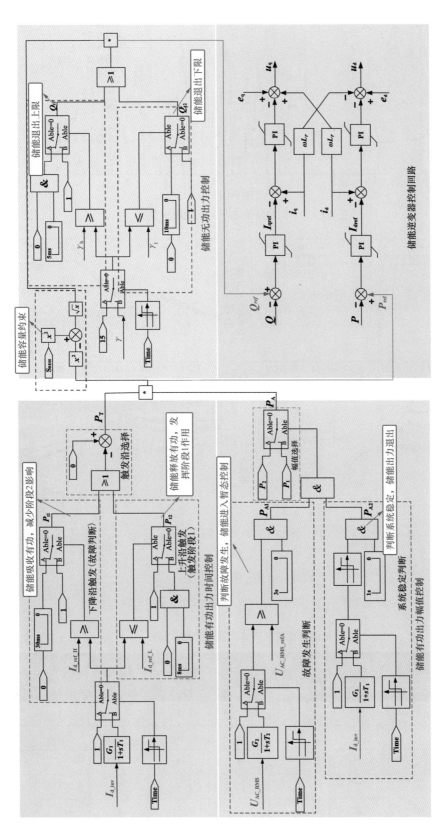

图 4-48　储能有功无功综合调控控制策略

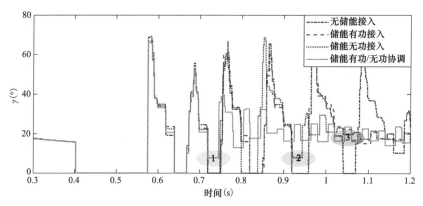

图 4-49　不同控制策略下关断角响应情况

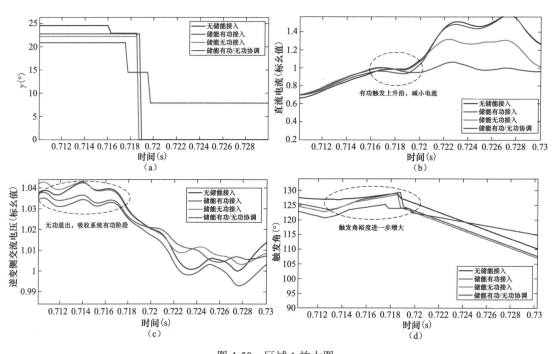

图 4-50　区域 1 放大图

（a）关断闸 γ；（b）直流电流；（c）逆变侧交流电压；（d）触发角

表 4-12　　　　　　　　　　不同储能控制方式下换相失败次数

接地电感（H）	0.5s 故障时，换相失败次数				0.52s 故障时，换相失败次数			
	无储能	协调控制	有功控制	无功控制	无储能	协调控制	有功控制	无功控制
0.002	3	1	4	3	5	3	1	3
0.004	3	2	2	5	4	3	3	4
0.008	4	2	4	4	4	1	3	4
0.012	4	3	4	3	4	3	4	5
0.016	4	2	2	5	5	4	1	5

续表

接地电感（H）	0.5s 故障时，换相失败次数				0.52s 故障时，换相失败次数			
	无储能	协调控制	有功控制	无功控制	无储能	协调控制	有功控制	无功控制
0.02	4	2	4	6	2	2	3	2
0.025	4	3	4	3	3	2	2	3
0.035	3	2	3	1	3	1	2	3
0.07	2	2	2	2	2	2	2	2
0.09	2	1	1	2	2	1	2	1
0.1	2	1	1	1	3	1	1	2

　　在不同故障程度、故障时间下，储能协调控制策略相较于仅有功控制或仅无功控制策略在抑制换相失败时有更好的表现。

5 电化学储能电站群调控技术与工程建设方案

本章基于储能电站群的应用面临的关键技术难题，从储能电站、储能机组及变流器等角度，研究涵括电网控制层、能量控制层、功率控制和电流控制层共四层架构的储能电站分层控制策略，结合储能电站的分层控制理论及电网调峰调压调频与事故紧急支撑等应用目标，研究特高压交直流混联受端电网中多点布局储能电站的同层源—储—荷协同、跨层储—储及源—储—荷协同调度方法，并为实现对储能电站参与调峰调频的备用功率分配管理，提出储能电站群功率分配策略。最后，根据项目对储能电站参与电网调峰、调频、调压及事故备用的研究结论，给出合理有效的特高压交直流混联受端电网规模化储能电站应用工程示范建设方案。

5.1 电化学储能电站群分层控制技术

本节首先对储能系统的分层控制技术要求进行分析，然后对根据分层控制的结构、任务、原理及目标，提出包括电网控制层、能量控制层、功率控制层和电流控制层的四层架构的储能系统分层控制策略。

5.1.1 储能系统的分层控制技术要求

本小节关于电化学储能系统的分层控制技术要求主要包括两个方面，一是储能系统接入电网的技术要求；二是针对储能系统配置的技术要求。

1. 储能系统接入受端电网的技术要求

为了规范储能系统科学、有序地接入受端电网，充分发挥储能系统在受端电网中平抑可再生能源电压波动的等作用。国家电网公司对储能系统的运行提出了规范。主要包括基本要求、功率控制与电压调节要求和电能质量要求。具体内容如下：

（1）基本要求。储能系统接入受端电网时不应对电网的安全稳定运行产生任何不良影响，同时不应改变现有电网的主保护设置。

（2）功率控制与电压调节要求。

1）有功功率控制。储能系统应具备就地充放电控制功能以及远方控制功能，储能控制系统应遵循分级控制、统一调度的原则，根据电网调度部门指令，控制其充放电功率。同时，储能系统的动态响应速度应满足电网运行的要求，并且储能系统的切除或充放电的切换引起的公共连接点功率变化率应在电网调度部门规定的限值内。

2）电压/无功调节。储能系统以调节其无功功率的方式参与电网电压的调节。储能系统的功率因数应在 0.98（超前）至 0.98（滞后）范围内连续可调。同时，在其无功输出范围内，应能在电网调度部门的指令下参与电网电压调节，其调节方式和参考电压、电压调差率等参数应由电网调度部门确定。

3）电能质量要求。储能系统接入受端电网后，公共连接点处的总谐波电流应满足 GB/T 14549 的规定。储能系统的启停和充放电切换不应引起公共连接点处的电能质量指标和电压波动和闪变不应超出 GB/T 14549 和 GB/T 12326 的规定范围。储能系统接入受端电网后，公共连接点处的三相电压偏差不超过标称电压的 ±7%。

2. 储能系统的技术要求分析及问题

结合储能系统的配置结构，从储能系统接入受端电网的技术要求可知：

（1）储能系统作为一个一般的发电或负荷接入受端电网，最基本的要求是对电网"无害"的，无论储能系统在启动、停机、运行、充放电状态切换、并离网切换时，不能给电网带来谐波、畸变和电压闪变等问题。要求其接入不会对电网的配置、保护、安全稳定运行带来不利因素。

（2）储能系统的接入是用于提高电网运行的稳定性，因此，要求其运行是对电网"有益"的，要求其积极地参与电网的运行。首先，要求储能系统有能力参与电网的运行，要求其有足够的有功功率和无功功率输出能力。其次，要求储能系统具有快速的动态响应速度，有能力参与电网调度对动态响应有要求的场合，如发电或负荷的波动平抑，紧急频率/电压支撑。最后，要求储能系统是可控的，其有功功率和无功功率输出受电网的统一调度；考虑电网没有调度要求，或者调度的通信回路发生中断时，为了充分利用储能系统，要求其按照既定的本地控制策略运行。

为了实现储能系统的对电网"无害"，更好地发挥"有益"作用。储能系统的控制面临以下关键问题。

1）问题一：储能电站内存在多个储能机组，由于不同的储能机组的当前有功功率和无功功率输出能力不同，当电网给储能电站发出有功功率和无功功率的调度指令时，如何制定合理的功率分配算法，将各储能机组的期望输出功率下发至机组，同时，为保证功率分配算法的合理性，如何考虑机组状态和实际发电能力等因素，减小功率控制误差，是亟须解决的问题。

2）问题二：储能机组配置的储能电池的荷电状态反映了其储存的能量，也反映了其功率输出能力。储能电池的荷电状态达到边界时，失去或限制了充放电能力，导致储能机组变得不可控，而且，储能电池的过度充放电严重影响其使用寿命。如何制定合理的能量控制策略，既保证电池能量的调节，又不影响储能系统的功率控制，是亟须解决的问题。

3）问题三：储能机组需要工作在整流、逆变和无功补偿状态，其工况需要频繁切换，而且，在单一工况下，其有功功率和无功功率的给定也是频繁切换的，其切换会给电网带来谐波和电流冲击问题。此外，储能机组配置的储能电池在充放电时，对最大充放电电流、充电截止电压、放电截止电压和最大充放电功率有限制，如果超出限制，轻则影响电池使用寿命，重则损坏电池。因此，在众多限制条件下，众多工况切换要求和众多给定值变化的条件下，如何实现安全地、可靠地、柔性地切换，是亟须解决的问题。

4）问题四：受当前电力半导体器件的限制，单一变流器的容量有限，为了提高储能机组的功率容量，需要将变流器并联，然而并联的变流器会产生零序环流，零序环流带来入网电流谐波变大问题。如何实现零序环流的有效抑制以减少对电能质量的影响是亟须解决的问题。

因此，为了实现储能系统在满足电网的基本要求的前提下，提高储能系统的运行性能，将在下一小节针对以上关键问题展开分析。

5.1.2　储能系统的分层控制结构及任务

根据上一小节对储能系统的技术分析可知，面临的四个关键问题对应储能系统的不同层次。问题一到问题四分别需要从储能电站层、储能机组的能量层、储能机组的功率层和储能变流器层去解决。因此，本小节从系统角度入手设计储能系统的分层控制策略。结合对控制需求的分析，将储能系统的控制任务进行划分，电池储能系统的控制分层如图 5-1 所示。

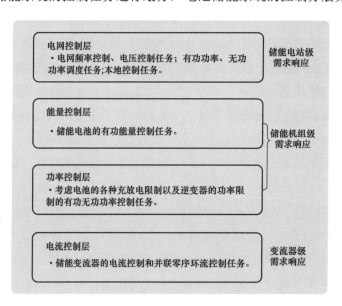

图 5-1　电池储能系统的控制分层

储能系统的控制策略分为电网控制层、能量控制层、功率控制层和电流控制层，各层的控制任务如下。

（1）电网控制层：根据当前运行模式，计算储能电站的总的有功功率和无功功率需求。充分考虑储能电站内的多个储能机组的有功功率和无功功率输出能力，将总有功功率和无功功率需求，合理地分配到各储能机组，实现有功功率和无功功率的闭环控制。

（2）能量控制层：具体包括：电网级控制层储能电站的有功功率分配以荷电状态为依据，进行电池的能量状态的调节（间接作用）；储能机组根据自身电池组的荷电状态，低频叠加充放电功率，实现储能电池能量的调节。

（3）功率控制层：对储能机组的有功功率进行控制和无功功率的控制。设计储能变流器的柔性功率控制策略，控制策略中根据电池和变流器的电压、电流、功率和功率变化率等限制条件，将储能变流器运行工况的切换、限制条件的变化统一为直流电流控制器、交流电流控制器和无功功率控制器的动态限幅阈值的改变，实现运行工况的无冲击、柔性切换。

（4）电流控制层：负责控制变流器使注入电网的电流满足电网要求。控制内容包括电网平衡和不平衡下的变流器的电流控制以及相关的谐波补偿、谐振抑制、环流控制和锁相环等。本课题针对电流控制中的基本的电流控制和零序环流展开研究。

根据分层控制策略中各层的控制任务，设计的电池储能系统的分层控制策略的结构框图如图 5-2 所示。

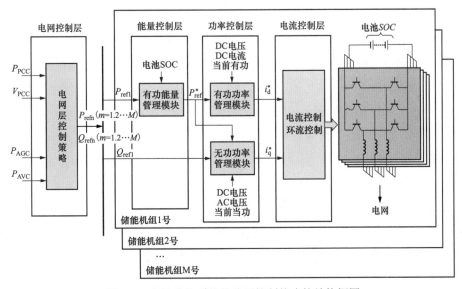

图 5-2　电池储能系统的分层控制策略的结构框图

5.1.3　储能系统的分层控制原理及目标

根据上节所讲分层控制策略的控制结构和控制任务，设计的电池储能系统的分层控制策略的控制原理框图如图 5-3 所示。

根据图 5-3 所示的电池储能系统的分层控制策略的总控制原理框图，按照各层的控制任务，将图 5-3 进行分解，得到电网控制层、能量控制层、功率控制层和电流控制层的控制原理和控制目标如下：

电网控制层：如图 5-4 所示，储能系统的电网控制层控制策略根据电网的调度指令（有功功率调度指令 P_{AGC}、无功功率调度指令 Q_{AVC}）或采集的 PCC 点当前状态（可再生能源的

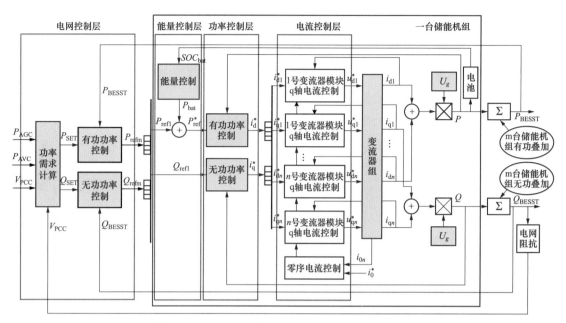

图 5-3　电池储能系统的分层控制策略的控制框图

总有功功率输出 P_{PCC}、公共连接点的电压 V_{PCC}），计算总的有功功率需求 P_{SET} 和无功功率需求 P_{SET}。按照远程调度模式和本地控制模式两种情况分别进行计算。储能电站的功率闭环控制包括有功功率控制和无功功率控制。有功功率控制的输入是有功功率需求指令 P_{SET}，反馈是储能电站的总有功功率输出 P_{BESST}，控制器的控制输出是各机组的有功功率参考值 P_{refm}。无功功率控制的输入是有功功率需求指令 Q_{SET}，反馈是储能电站的总有功功率输出 Q_{BESST}，控制器的控制输出是各机组的有功功率参考值 Q_{refm}。此外，当采用本地控制时，总无功功率需求指令 Q_{SET} 来源于本地电压控制，而本地电压和无功需求之间没有直接的数量关系，因而本地电压控制采用电压反馈闭环控制，储能电站的总无功功率输出经过电网阻抗后反映在本地电压上。当处于远程调度模式时，电网控制层的控制目标是使储能电站的有功和无功功率输出达到调度值。当处于本地控制模式时，电网控制层的控制目标是使储能电站和可再生能源电站的总有功功率输出平滑，同时公共连接点的电压达到目标值。电网控制层的控制原则是：①机组调用数量尽量少；②使储能电池的能量尽量保持在最具功率充放电功率输出能力的值。

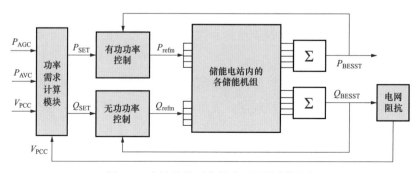

图 5-4　电池储能系统的电网层控制框图

能量控制层：如图 5-5 所示，储能系统的能量层控制策略是在储能机组的有功功率给定

值 P_{ref1}（以 1 号机组为例）上叠加能量调节功率 P_{bat}，使储能电池组的能量保持在合理值，以保证充放电功率输出能力。能量控制其根据当前电池组的荷电状态 SOC_{bat} 和目标荷电状态 SOC_{ref}，计算储能机组的功率修正值 P_{bat}，将功率修正值 P_{bat} 和给定有功功率指令 P_{ref1} 叠加，得到

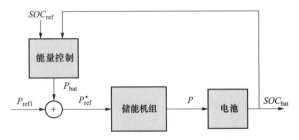

图 5-5　电池储能系统的能量层控制框图

修正后的有功功率指令 P_{ref}^*，输出至功率控制层。能量控制层的控制目标是有效调节电池能量，保持电池组的功率充放电能力，同时让其对电网层应用的影响最小。

功率控制层：如图 5-6 所示，储能机组的功率闭环控制包括有功功率控制和无功功率控

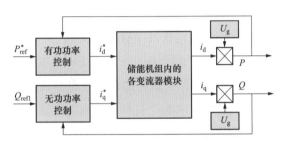

图 5-6　电池储能系统的功率层控制框图

制。有功功率控制的输入是能量控制层的输出，即该储能机组有功功率给定指令 P_{ref}^*，反馈是储能机组的实际有功功率输出 P，控制器的控制输出是至各变流器模块的总 d 轴电流参考值 i_{d}^*。无功功率控制的输入是电网层分配给该储能机组的有功功率指令，即该储能机组无功功率给定指令 Q_{ref1}（以 1 号机组为例），

反馈是储能电站的总有功功率输出 Q，控制器的控制输出是至各变流器模块的总 q 轴电流参考值 i_{q}^*。功率控制层的控制目标是在储能电池和储能变流器限定的安全工作范围内，使储能机组的有功功率和无功功率输出快速平稳地达到给定值，变化过程平稳无冲击。

电流控制层：如图 5-7 所示，储能机组的电流控制包括 d 轴电流控制、q 轴电流控制和零序环流控制。电流控制层的总输入是电流控制层的控制输出指令 i_{d}^* 和 i_{q}^*，总的电流控制指令分配到各变流器模块，变流器模块分别对 d 轴和 q 轴电流进行控制。d 轴电流控制的输入是该变流器模块的 d 轴电流指令 i_{d1}^*（以模块 1 为例），反馈即为该模块的实际电流输出的 d 轴分量 i_{d1}，控制器的控制输出是至变流器模块的 d 轴电压值 u_{d1}^*。q 轴电流控制的输入是该变流器模块的 q 轴电流指令 i_{q1}^*，反馈即为该模块的实际电流输出的 q 轴分量 i_{q1}，控制器的控制输出是至变流器模块的 q 轴电压值 u_{q1}^*。两控制量输出值 u_{d1}^* 和 u_{q1}^* 为该变流器模块调制算法的输入，变流器

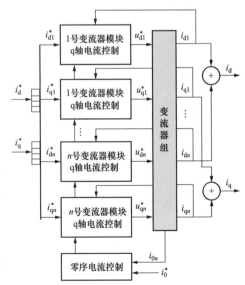

图 5-7　电池储能系统的电流层控制框图

根据调制策略，输出合适的 PWM 控制信号，控制各桥臂开关管的开通与关断，在逆变桥侧合成目标电压，通过滤波器与电网相互作用形成入网电流。该入网电流在以电网电压为基准的参考坐标系 aq_0 下分解，便得到 i_{dl}、i_{ql} 和 i_{0l}。零序环流 i_{0l} 的控制对应 0 轴，其与 d 轴 q 轴是正交的，当变流器模块交流侧和直流侧直接并联时产生。零序环流的控制目标是抑制为零，当在 n 个变流器模块时，$n-1$ 个变流器模块需要进行零序控制。通过检测该变流器的零序环流进行反馈，经过零序环流控制器，输出电压控制量（该电压为零序电压，也称共模电压），叠加到变流器的调制信号上，实现零序环流的闭环控制。电流控制层的控制目标是使变流器的入网电流达到给定值，同时谐波含量低，零序环流小。

5.2 电化学储能电站群协同调度方法

本节主要介绍特高压交直流混联受端电网中多点布局储能电站的同层源—储—荷协同、跨层储—储及源—储—荷协同调度方法，通过层级分权和责任授权发挥储能系统的主动性，不同层级的储能通过自主协调进行需求响应，促进储能在电力系统中的应用。且研究成果目前已应用于河南电网 100MW 电池储能示范工程项目，实践验证了策略的有效性和实用性。

根据需求响应需要激励和价格补偿，储能输出可控参与需求响应有利于提高响应速度和增加响应的柔性，既有助于受端电网运行又有利于消纳分布式发电。

基于分层储能的特高压受端电网需求响应策略是将接入的储能系统进行分层分级，即将储能系统分布设置在不同的电网层中，制订每层储能的权责并对集中储能（即功能强大和性能卓越的储能系统）进行授权，通过层级分权和责任授权发挥储能系统的主动性，不同层级的储能系统通过自主协调进行需求响应，使其对电网运行需求及时做出有效响应，有利于问题就地快速解决，防止问题扩大化，层级之间的可调控资源进行协同，结合储能和柔性负荷在不同时间尺度下的互补特性，制定基于分层储能的需求响应策略，通过就地储能优化与层级储能协同，主动全面响应运行需求，同时充分考虑储能投资和运行维护成本、需求响应的补偿、结合电价差的储放收益及节能损耗收益等，实现综合经济效益最大化。

基于分层储能的电网需求响应包括四种策略：

（1）同层源—储协调响应策略；

（2）跨层储—储协调响应策略；

（3）同层源—储—荷协调响应策略；

（4）跨层源—储—荷协调响应策略。

同层源—储协调响应策略利用连接于同一层电网的分布式电源和储能系统进行需求响应，用于就地平抑分布式能源入网实时功率波动。跨层储—储协调响应策略是同层源—储协调响应策略无法满足需求响应时，利用上一层电网中被授权的储能系统解决本层反馈的问题，目的是提高分布式电源的消纳能力。

同层源—储—荷协调响应策略和跨层源—储—荷协调响应策略按照最大化消纳分布式发电、负荷供电以及储能经济运行的优先级进行优化控制。同层源—储—荷协调响应策略是当跨层储—储协调响应策略无法满足需求响应时，利用同一层电网中的分布式电源、储能系统和负荷进行协调响应；跨层源—储—荷协调响应策略是当同层源—储—荷协调响应策略无法满足需求响应时，利用上一层电网中的分布式电源、储能系统和负荷进行协调响应。图 5-8 为基于分层储能的电网接线示意图，与输电网在 QF_1 处分界，将储能按照接入电压等级分为 10kV 和 380V 交流两层，每层中均设有分布式电源、储能系统和负荷，当然也可根据需求设置为多层，分布式电源以光伏发电为例。集中储能接入 10kV 交流，分布式储能接入 380V 交流或直流（本节暂定直流电压：700V），根据电网需求、光伏出力和负荷变化，就地优化光伏出力、层级协调提高可再生能源消纳以及需求响应联动全面满足运行需求；通过储能与光伏就地优化减少输出波动，通过集中储能与分布式储能进行层级协调就地消纳盈余光伏，通过集中储能、分布式储能与柔性负荷协作进行调度计划响应、提高运行经济效益，保证调度周期内的功率守恒及容量限制。为方便描述，本节规定向电网输送功率为正，消耗功率为负，以图 5-8 中与输电网分界的开关 QF_1 处功率为例，P_1 为正代表向电网输送功率，P_1 为负代表消耗电网功率，其他功率正负分类相同，下面根据电网需求对基于分层储能的需求响应策略分别进行论述。

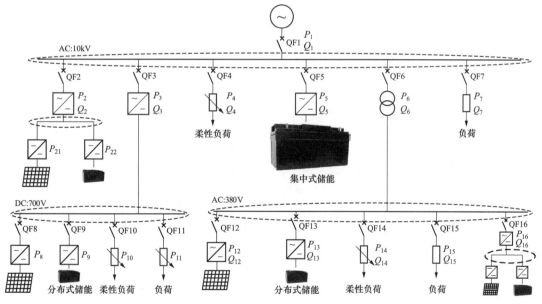

图 5-8　基于分层储能的电网接线示意图

5.2.1　同层源—储协调响应策略

同层源—储协调响应策略（简称源储策略）用于将储能就地平抑分布式能源入网实时功率波动，在同一个层进行。

光伏发电配置适当比例的储能组成光储有机体，可实现输出功率满足设定目标值，储能扮演着电源/负荷双重角色进行实时功率调节，即可输出功率又可吸收功率，根据前文规定放电为正值，充电为负值，储能功率为 P_{22}，不考虑无功及损耗因素，光储有机体与电网的交换功率满足式（5-1）。

$$P_2 = P_{21} + P_{22} \tag{5-1}$$

储能对光伏发电的作用类似于湖泊对河流的调节作用，湖泊在洪水期蓄积河流中的部分洪水，削减河流洪峰，在枯水期湖泊补给河流，增加河流的径流，目的是降低光伏功率输出波动，通过就地优化减少对电网的影响。如图 5-9 所示，光储有机体根据发电预测信息制定输出功率曲线，当光储有机体输出功率大于目标功率时，储能进行充电吸收盈余功率，保证光储有机体输出功率与目标功率一致；反之，储能进行放电弥补光伏输出功率不足，保证按照制订的输出功率曲线进行输出。

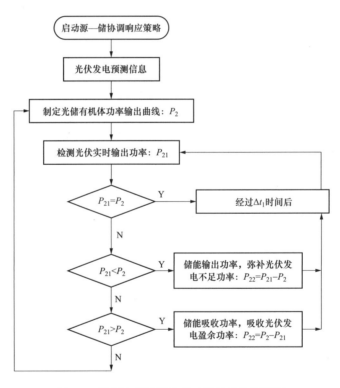

图 5-9　储能实时平抑光伏功率波动控制流程

5.2.2　跨层储—储协调响应策略

跨层储—储协调响应策略（简称储储策略）是当源储策略无法满足响应要求时，利用上一层电网中被授权的储能系统消纳本层电网中发电盈余，通过两层电网中的储能系统协调满足高渗透电源接入。

图 5-10 为跨层储—储接线示意图，当 380V 层和 10kV 层负荷都不能消纳分布式光伏发电，导致向上级电网输送功率即 P_1 为正时，协调 10kV 层中被授权的集中储能消纳盈余光伏，

380V 层与 10kV 层有功交换为 P_6，无功为 Q_6，当 P_6 为正时即 380V 层向 10kV 层提供功率支撑时，不考虑损耗因素，则满足式（5-2）和式（5-3）。

$$P_6 = P_{15} + P_{12} + P_{13} \qquad (5\text{-}2)$$
$$Q_6 = Q_{15} + Q_{12} + Q_{13} \qquad (5\text{-}3)$$

10kV 层与上级电网的有功交换为 P_1，无功为 Q_1，当 P_1 为正时即 10kV 层向上级电网输送电能时，不考虑损耗因素，则满足式（5-4）和式（5-5）。

$$P_1 = P_7 + P_6 + P_5 \qquad (5\text{-}4)$$
$$Q_1 = Q_7 + Q_6 + Q_5 \qquad (5\text{-}5)$$

储储策略有利于提升集中储能的利用水平，同时基于就地快速响应的思想，本层问题尽可能本层解决、超出本层能力提交上级解决的思想，这是制度分权的体现，通过授予备用容量大、调节能力强的集中储能主动解决下层电网无法解决而提交问题的权利，提高分布式电源的消纳能力。如图 5-11 所示，当 380V 层对 10kV 层有功率上送时，检测 10kV 层对上级电网是否上送功率，若没有功率上送表示 10kV 层负荷自动消纳了 380V 层上送的功率盈余，无需协调 10kV 层集中储能进行响应消纳；若 10kV 层对上级电网输送功率，则表示 380V 层盈余发电将越级扩大，基于分层储能电网就地问题就地快速响应的解决思路，通过 10kV 层集中储能增加充电功率或减少放电功率消纳 380V 层盈余发电。

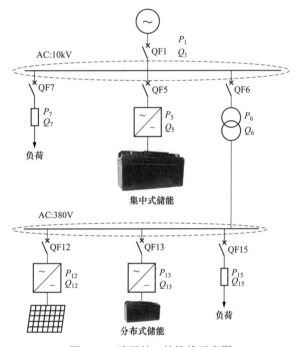

图 5-10　跨层储—储接线示意图

启动储储策略时需要先检查上一层电网中储能系统是否具有具备参与响应的资源或能力（既被授权又具备响应能力），这个涉及策略的互斥，基于分层储能的 ADN 需求响应策略通过制度分权和授权对问题进行快速响应，原则上本层级的问题就地解决，超出本层级解决能力由上级协助解决，原则上下级提交的问题也是本层级问题，解决时涉及问题优先级及资源占用，当上一层电网储能被占或能力不够时，需启动源—储—荷协调响应策略解决。

5.2.3　源—储—荷协调响应策略

基于分层储能的 ADN 源—储—荷协调响应策略分为两种，即同层源—储—荷协调响应策略（简称同层策略）和跨层源—储—荷协调响应策略（简称跨层策略），同层策略用于储储策略无法满足需求响应时启用，利用同一层电网中的分布式电源、储能系统和负荷进行需求

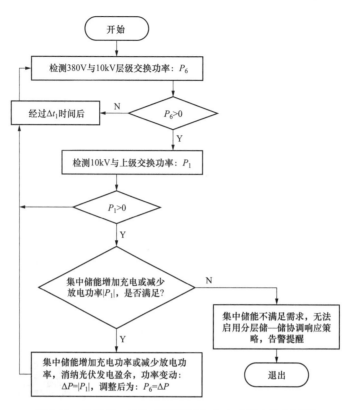

图 5-11　分层储—储协调消纳盈余分布式发电控制流程

响应；跨层策略用于同层策略不能满足响应需求时启动，即利用上一层电网中的分布式电源、储能系统和柔性负荷解决本层电网需求；两种策略控制流程相似，不同之处是由原来调整本层资源变成了调整上一层的资源，即利用上一层电网资源解决本层问题，但都需在保证受端电网稳定运行的基础上，按照最大化消纳分布式发电、负荷供电以及储能经济运行的优先级进行优化控制。

1. 同层策略

同层策略基于就地快速响应的思想，在同一层利用资源包括输出功率可限制的分布式电源、容量及功率有限的储能以及响应能力有限的负荷，约束条件有最大化消纳分布式电源、保证负荷供电的情况下满足需求响应。同层策略不仅能用于解决储储策略无法满足的需求响应（分布式发电盈余越级倒送电问题），而且可配合上一层电网进行需求响应，或用于减少上送功率（增加电网功率使用），或减少电网功率使用（增加上送功率），配合上一层电网进行稳定控制、调度计划响应，削峰填谷、紧急备用等。如图 5-12 所示，同层策略有两种应用场景，380V 交流配网与上级电网通过变压器连接，700V 直流配网与上级电网通过变换器连接，变换器相对变压器更加灵活可控，或减少上送功率（增加电网功率使用），或减少电网功率使用（增加上送功率），满足电网的需求响应，配合上级电网进行稳定控制、调度计划响应，削峰填谷、紧急备用等。

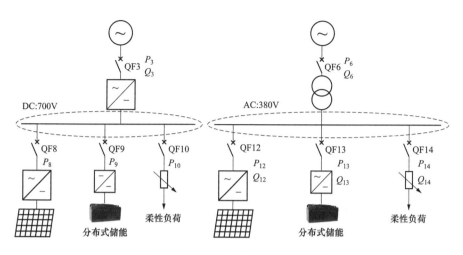

图 5-12　同层源—储—荷接线示意图

380V 交流层与上级电网的功率交换可通过对本层分布式发电、储能以及柔性负荷三者的调控进行控制，不考虑损耗因素，满足式（5-6）和式（5-7）。700V 直流配网层通过电力电子设备与上级电网连接，本层没有无功控制，与上级电网功率交换满足式（5-8）。

$$P_6 = P_{12} + P_{13} + P_{14} \qquad (5\text{-}6)$$

$$P_6 = P_{12} + P_{13} + P_{14} \qquad (5\text{-}7)$$

$$P_3 + Q_3 = P_8 + P_9 + P_{10} \qquad (5\text{-}8)$$

利用布尔型变量 DIRFlag 表示限制功率方向，TRUE 表示设置功率上送上限（即 DIRFlag=1），FALSE 表示设置功率上送目标值（即 DIRFlag=0）；用数字变量 P_{6_GOAL} 表示本层与上层电网功率交换目标值，正数表示向电网输送功率目标值，负数表示消耗电网功率目标值。

以 380V 交流配网与 10kV 电网为例，图 5-13 为同层源—储—荷协调响应控制流程，同层策略需要先对 DIRFlag 和 P_{6_GOAL} 赋值，检测 380V 层与 10kV 层实时功率交换 P_6。

若 DIRFlag 为 TRUE 即设置了功率上送上限，380V 层向 10kV 上送功率不得超过 P_{6_GOAL}；若 $P_6 - P_{6\_\text{GOAL}} < 0$ 表示实时上送功率小于上送目标值或实时使用功率大于目标值，无需调整，Δt_1 时间后循环，反之则需要减少上送或增加使用功率 ΔP（$\Delta P = |P_6 - P_{6\_\text{GOAL}}|$），检查本层柔性负荷能否能够投入用电功率 ΔP，若满足要求则投入 ΔP 的柔性负荷，根据柔性负荷的响应时间延迟 Δt_2 时间后循环，否则继续检查本层储能能够增加充电或减少放电功率 ΔP，若满足要求则本层储能增加充电或减少放电功率 ΔP，根据储能响应时间延迟 Δt_3 时间后循环；若仍不满足要求，检查本层分布式发电能否减少发电功率 ΔP，若满足要求则降低本层光伏发电功率 ΔP，根据光伏发电响应时间延迟 Δt_4 时间后循环，若不满足要求则表示同层策略不能满足需求响应，进行告警并退出。

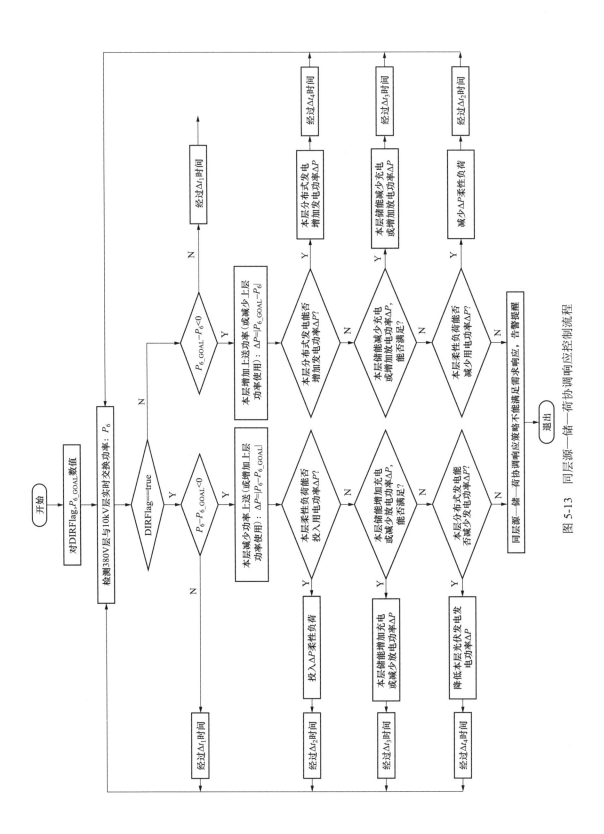

图 5-13 同层源—储—荷协调响应控制流程

若 DIRFlag 为 FALSE 即设置了功率上送目标，380V 层向 10kV 上送功率目标为 P_{6_GOAL}，通过减少本层使用功率或增加上送功率使 P_6 接近目标值，若 $P_{6\_GOAL}-P_6<0$ 时，表示实时上送功率大于目标值或实时使用功率小于目标值，无需调整，Δt_1 时间后循环，反之则需要减少使用或增加上送功率 ΔP（$\Delta P=|P_{6\_GOAL}-P_6|$）；检查本层分布式发电能否增加发电功率 ΔP，若满足要求则增加本层光伏发电功率 ΔP，根据分布式发电响应时间延迟 Δt_4 时间后循环，否则继续检查本层储能能否减少充电或增加放电功率 ΔP，若满足要求则本层储能减少充电或增加放电功率 ΔP，根据储能响应时间延迟 Δt_3 时间后循环；若仍不满足要求，检查本层柔性负荷能否减少用电功率 ΔP，若满足要求则减少 ΔP 的柔性负荷，根据柔性负荷的响应时间延迟 Δt_2 时间后循环，若仍不满足要求则表示同层策略不能满足需求响应，告警并退出，需跨层策略解决。

2. 跨层策略

如图 5-14 所示为跨层源—荷—储接线示意图，跨层策略用于同层策略不能满足响应需求时启动，启用后也需在保证受端电网稳定运行的基础上，按照最大化消纳分布式发电、负荷供电以及储能经济运行的优先级进行优化控制。跨层策略类似于储储策略，通过协调上一层电网的分布式电源、储能以及柔性负荷进行响应，控制流程与同层源—储—荷协调响应策略相似，不同之处是由原来调整本层资源变成了调整上一层的资源，即利用上一层电网资源解决本层问题。

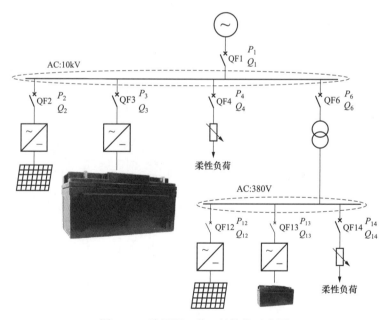

图 5-14 跨层源—荷—储接线示意图

如图 5-15 所示为跨层源—储—荷协调响应需求控制流程所示，与同层策略控制流程相似，以 380V 交流配网与 10kV 电网为例，同层策略也需要先对 DIRFlag 和 P_{6_GOAL} 赋值，检测 380V 层与 10kV 层实时功率交换 P_6。

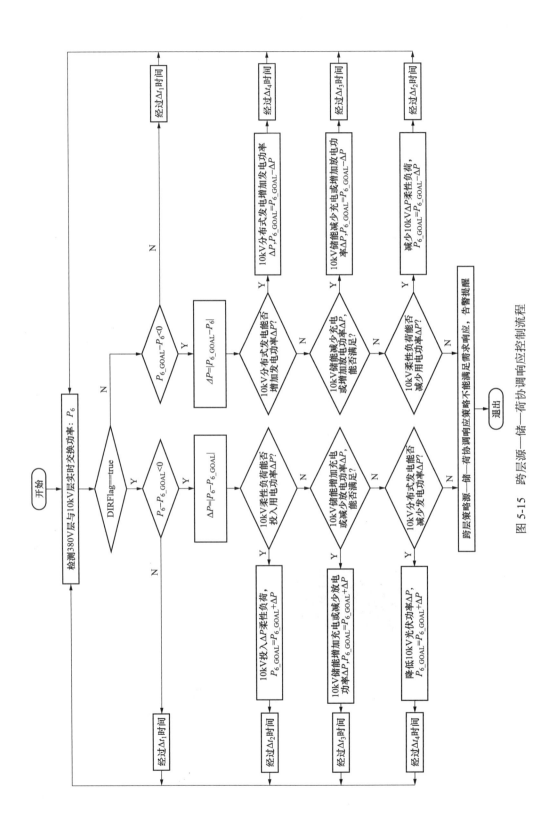

图 5-15 跨层源—储—荷协调响应控制流程

若 DIRFlag 为 TRUE 即设置了功率上送上限，当 $P_6 - P_{6\_GOAL} < 0$ 时，表示实时上送功率小于上送目标值或实时使用功率大于目标值，无需调整，Δt_1 时间后循环，反之检查 10kV 电网层柔性负荷能否能够投入用电功率 ΔP，若满足要求则投入 ΔP 的柔性负荷，P_{6_GOAL} 重新赋值，为原来值增加 ΔP，根据柔性负荷的响应时间延迟 Δt_2 时间后循环，否则继续检查 10kV 层储能能够增加充电或减少放电功率 ΔP，若满足要求则 10kV 层储能增加充电或减少放电功率 ΔP，P_{6_GOAL} 重新赋值，为原值增加 ΔP，根据储能响应时间延迟 Δt_3 时间后循环；若仍不满足要求，检查 10kV 层分布式发电能否减少发电功率 ΔP，若满足要求则降低 10kV 层光伏发电功率 ΔP，P_{6_GOAL} 重新赋值，为原值增加 ΔP，根据分布式发电响应时间延迟 Δt_4 时间后循环，若不满足要求则表示跨层策略不能满足需求响应，告警并退出。若 DIRFlag 为 FALSE 即设置了功率上送目标，380V 层向 10kV 上送功率目标为 P_{6_GOAL}，若 $P_{6\_GOAL} - P_6 < 0$ 时，表示实时上送功率大于目标值或实时使用功率小于目标值，无需调整，Δt_1 时间后循环，反之检查 10kV 层分布式发电能否增加发电功率 ΔP，若满足要求则增加 10kV 层光伏发电功率 ΔP，P_{6_GOAL} 重新赋值，为原来值减少 ΔP，根据分布式发电响应时间延迟 Δt_4 时间后循环，否则继续检查 10kV 层储能能否减少充电或增加放电功率 ΔP，若满足要求则 10kV 层储能减少充电或增加放电功率 ΔP，P_{6_GOAL} 重新赋值，为原值减少 ΔP，根据储能响应时间延迟 Δt_3 时间后循环；若仍不满足要求，检查 10kV 层柔性负荷能否减少用电功率 ΔP，若满足要求则减少 ΔP 柔性负荷，P_{6_GOAL} 重新赋值，为原来值减少 ΔP，根据柔性负荷的响应时间延迟 Δt_2 时间后循环，若仍不满足要求则表示跨层源—储—荷协调响应策略不能满足需求响应，告警并退出。

5.3 河南省储能电站示范工程建设方案

储能是提升电力系统灵活性、经济性和安全性的重要手段，是推动主体能源由化石能源向可再生能源更替的关键技术，河南"十四五"规划建议要求稳步有序推动储能设施建设，为加快构建低碳高效能源支撑体系提供有力保障。为此，本节在介绍河南省储能电站示范工程的基础上，以储能电站建设的基本思路、原则及目标伟依据，并进一步构思了电化学储能电站建设方案，为储能产业的发展提供智力支撑。

5.3.1 河南省储能电站示范工程概况

本小节介绍了河南省分布式储能调度系统总体架构，分析了分布式储能调度系统主站容量及单元响应、转化时间，并在此基础上进一步展示了该系统的主要功能及应用模式。

5.3.1.1 分布式储能调度系统总体架构

河南电网分布式储能调度系统部署于生产一区。总体架构如图 5-16 所示。分布式储能调度系统实现所有储能电站的集中监视与调度，生成储能电站有功指令及计划曲线。主站、子站均可以调控储能电站，但主站具有控制优先权。

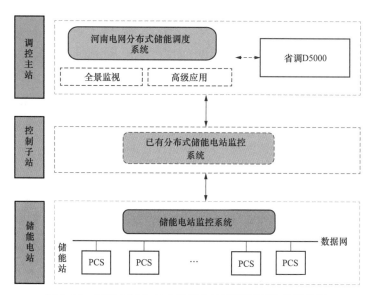

图 5-16 河南电网分布式储能电站调度系统总体架构图

分布式储能调度系统与储能电站的交互有两种方式：

（1）通过 D5000 及调度数据网与分布式储能站交互。

（2）通过已有分布式储能电站监控系统完成与储能电站的数据交互。

分布式储能调度系统通信架构示意图如图 5-17 所示。

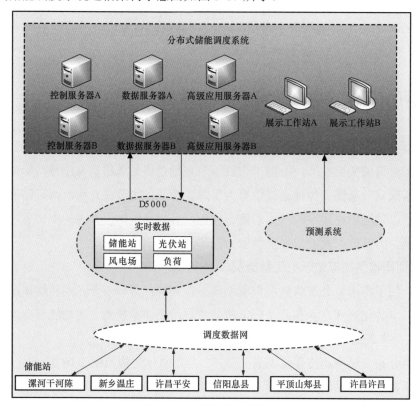

图 5-17 通信架构示意图

数据接入方案：

（1）高级应用所需的源网荷实时数据利用通信方式或者 D5000 平台提供的网络接口从 D5000 获取。

（2）预测文件通过 D5000 发布到分布式储能调度系统。

（3）储能电站通过调度数据网发送储能电站至 D5000，通信协议采用 IEC 104。

5.3.1.2 分布式储能调度系统容量及响应时间

1. 储能调度系统主站容量

目前河南电网分布式储能调度系统已接入 16 个储能电站信息，实现 16 个储能电站的监视与调度。16 个站的位置及容量如表 5-1 所示，容量共计 100.8MW/100.8MWh。数据库已接入 16 个储能电站的运行信息，包括间隔类数据、遥测数据、遥信数据和遥脉数据。分布式储能调度系统采用的数据库、硬盘可线性扩展，具备接入 100 个储能电站的能力。

表 5-1　　　　　　　　　　分布式储能电站选址及配置表

序号	地点	变电站名称	规模	电压（kV）
1	安阳	汤×变	4.8MW	220
2	开封	兰×变	9.6MW	110
3	洛阳	庞×变	4.8MW	110
4	洛阳	黄×变	9.6MW	110
5	漯河	干×变	4.8MW	110
6	漯河	漯×变	9.6MW	220
7	平顶山	郏×变	4.8MW	110
8	平顶山	翅×变	4.8MW	110
9	新乡	温×变	4.8MW	110
10	新乡	洪×变	4.8MW	220
11	信阳	息×变	4.8MW	110
12	信阳	五×变	4.8MW	110
13	信阳	龙×变	9.6MW	110
14	许昌	许×变	4.8MW	110
15	许昌	平×变	9.6MW	110
16	郑州	潘×变	4.8MW	110

2. 储能单元响应主站时间

主站下发额定功率充电指令，通过仪器采集主站下发指令时间，并录取 10kV 出线线路电流及电压，测试电站动态响应特性。测试储能电站充电、放电响应时间在 200ms 以内，响应时间统计见表 5-2。

表 5-2　　　　　　　　　　　　　　响 应 时 间 统 计

变电站	待机到充电（ms）	待机到放电（ms）
郑州潘×变储能	192	171
许×变储能	163	181
漯河干×变储能	184	170
许昌平×变储能	179	170
漯×变储能	186	184
洛阳黄×变储能	96	129
信阳龙×变储能	165	158

3. 储能单元充放电状态转换时间

储能电站以额定功率充电，记录从 90%额定功率充电到 90%额定功率放电的时间；储能电站以额定功率放电，记录从 90%额定功率放电到 90%额定功率充电的时间。测试储能电站充电、放电响应时间在 100ms 以内，转换时间统计见表 5-3。

表 5-3　　　　　　　　　　　　　　转 换 时 间 统 计

变电站	充电到放电（ms）	放电到充电（ms）
郑州潘×变储能	63	89
许×变储能	75	86
漯河干×变储能	84	84
许昌平×变储能	79	87
漯×变储能	97	81
洛阳黄×变储能	62	73
信阳龙×变储能	90	95

5.5.1.3　分布式储能调度系统主要功能及应用

储能调控系统的主要的功能模块包括分布式储能全景监控、高级应用（调峰、调频、调压、新能源消纳及电网安全支撑）等。

系统主要的软件界面如图 5-18 所示，主界面主要显示分布式储能系统的运行模式、出力情况及关键参数。电站信息总览显示所有储能电站的总体信息。PCS 和电池箱信息可显示每个 PCS 和电池系统的具体参数。主接线显示分布式储能系统的主接线。

（1）调度 AGC 功能。计划曲线模式/实时指令模式（调频功能）：13 个储能电站参与测试，分布式储能系统联合出力跟踪计划曲线/实时指令，跟踪偏差小于±2%额定功率。

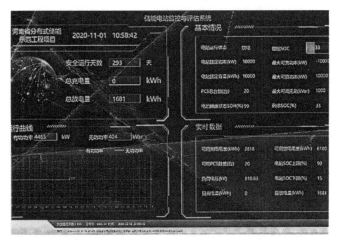

图 5-18　主界面

（2）调压/无功功能。分布式储能调度系统可接收地调的计划曲线文件。具备电压/无功界面，可显示无功、电压目标值，并将目标值下发至储能电站，如图 5-19 所示。

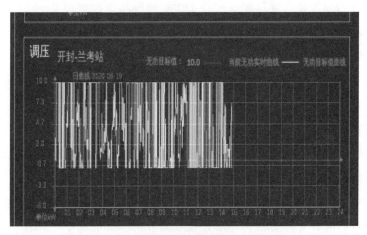

图 5-19　调控系统内储能电站调压曲线

（3）主站调峰功能与新能源消纳。调峰模式：分布式储能在夜间低谷时充电，在白天负荷高峰时放电，进行削峰填谷。

基于负荷预测的调峰模式：基于负荷预测结果，当负荷低谷时储能充电，负荷高峰时储能充电。

基于负荷和新能源预测的调峰与新能源消纳模式：基于负荷和新能源预测结果，将负荷和新能源功率之和作为等效负荷，当等效负荷低谷时储能充电，等效负荷高峰时储能充电，达到兼顾调峰与新能源消纳的功能。

（4）电网安全支撑功能。2019 年 6 月河南电网分布式储能参与了河南电网精准切负荷控制系统现场联调，对储能电站动作时间进行了测试。测试结果如表 5-4 所示，当直流闭锁时，从中州安控装置到兰考储能站的时间为 57ms。

表 5-4　　　　　　　　　　　　　储能电站动作时间测试

中州安控直流闭锁				
站名	中州安控	菊城站中州安控装置	菊城精切主站	官渡子站	用户终端
时间	11:43:27:462	11:43:27:477	11:43:27:487	11:43:27:498	11:43:27:531
总结：中州安控→用户终端，共 69ms				
中州安控直流闭锁				
站名	中州安控	菊城站中州安控装置	菊城精切主站	菊城子站	储能终端（兰考储能站）
时间	11:43:27:462	11:43:27:477	11:43:27:487	11:43:27:508	11:43:27:519
总结：中州安控→用户终端，共 57ms				

5.3.2　河南省储能电站示范工程建设

本小节总结项目对储能电站参与电网调峰、调频、调压及事故备用的研究，根据储能电站建设的基本思路，提出规模化储能电站应用工程示范建设方案，具体包括储能选型、容量规模、布局位置、控制方式、项目收益等，为工程提供技术依据。

5.3.2.1　储能电站建设的基本思路、原则及目标

1. 基本思路

2020 年 1 月，印发的《关于加强储能标准化工作的实施方案》通知，提出要加强储能标准化建设工作，发挥标准的规范和引领作用，促进储能产业高质量发展 3 月出台的《关于加快建立绿色生产和消费法规政策体系的意见》则提出，加大对分布式能源、智能电网、储能技术、多能互补的政策支持力度，"十四五"期间将完成研究制定氢能、海洋能等新能源发展的标准规范和支持政策。

近日，河南发改委印发《关于组织开展 2020 年风电、光伏发电项目建设的通知》，通知指出将实行新增项目与存量项目挂钩，对存量项目并网率低的区域，暂停各类新能源增量项目。而在平价风电项目中，优先支持已列入以前年度开发方案的存量风电项目自愿转为平价项目，优先支持配置储能的新增平价项目。针对河南电网现状和储能技术发展趋势，以缓解河南电网峰谷差、提高电网运行效率、构建源—网—荷—储新型智能电网结构为目标，打造集"智能电网+特高压+清洁能源+储能"四大核心要素为一体的智能绿色"新基建"综合性示范工程。

2. 基本原则

（1）坚持市场第一、改革突破。牢固树立创新发展理念，坚持以供给侧结构性改革为主线，坚持以改革开放为动力，推动新能源产业、储能产业高质量发展。

（2）坚持统筹兼顾、远近结合。统筹兼顾各方利益，实现落实经济责任和社会责任的有机统一。建立特高压受端电网利用储能参与电力辅助可再生能源消纳的补偿市场机制，增强市场的开放力度、交易信息披露及时性，提升项目准入、备案、并网的效率和项目监管力度，

畅通储能独立调峰调频电站市场主体地位的体制机制障碍。

（3）强化效益约束、节减排。建立健全投入产出机制，确保资源投入效益。结合当地实际和"十四五"期间增量新能源发展情况选择合理区域建设储能调峰调频电站，与公共电网建立双向互动关系，灵活参与电力市场交易，使储能电站在一定的政策支持下具有经济合理性。在投资经营管理方面进行创新，探索储能技术和经营管理新模式。

（4）典型示范、易于推广。首先抓好特高压受电端电网储能典型示范项目建设，因地制宜探索各类储能调频调峰技术应用，创新管理体制和商业模式，整合各类政策，形成具有河南本地特点且易于复制的典型模式，在示范的基础上逐步推广。

3. 建设目标

建设 100MW/400MWh 独立调峰储能电站，20MW/40MW、30MW/60MWh、30MW/60MWh 新能源配套储能电站，50MW/25MWh，30MW/15MWh 储能联合火电调频电站。

独立储能调峰电站：利用关停电厂、变电站空闲间隔、省级联络线、电力用户侧等现有具备接入条件的场所，建设独立的电储能调峰电站。独立调峰电站以低谷用电和平峰高峰放电或者调整充放电缩小电量偏差评估的方式，利用峰谷电价差、市场交易价差、偏差费用评估政策或参与调峰市场获得收益，同时达到缩小电网峰谷差或平抑发电及用户自身发用电负荷差的目的。

储能联合火电机组联合 AGC 调频：考虑河南现有政策延续和继续执行情况，在电源侧选择 3~5 个调频性能指标较差、AGC 评估比较严重的火电厂，加装机组容量 3%左右的电储能，使联合调频性能指标达到 5 以上，为电网提供优质的调频资源，并使电厂 AGC 净收益大幅度提升。

新能源场站配比储能：在风电（光伏）电站中，采用光伏+储能的汇集方式，可以帮助电网更好地消纳新能源发电，提高电力系统稳定度与新能源发电渗透率。储能可以平抑风电（光伏）发电 5、15min 的功率波动性，使其成为电网友好型可调度电源，可与电网双向互动，既可响应电网发电计划，也可进行一次调频、二次调频、调压功能，并且在风电（光伏）大发、电力需求低时存储新能源发电电力，在新能源较小时发出电力，进行电力的时空平移，这样既减小电力系统旋转备用和调峰备用容量，又可避免弃光等现象发生，还可节省作为特高压受端电网因接纳新能源而额外增加的调峰变压器和线路建设。

5.3.2.2 储能电站群建设方案

（1）陕州区东村风电场 100MW/400MWh 独立储能调峰电站。项目计划在陕州区东村风电场建设 100MW/400MWh 独立储能调峰电站，分为 50 组 2MW/8MWh 储能单元，每 8MWh 能量型电池堆通过 2 个 DC 柜汇流接至 2 个 1MW 储能变流器，4 个 1MW 储能变流器通过 10kV/0.54kV 4MVA 变压器升压至 10kV，交流汇流后通过 220kV/10kV 变压器接至电网。项目一次拓扑图如图 5-20 所示。

项目二次拓扑图如图 5-21 所示。

主要设备构成如表 5-5 所示。

表 5-5   主 要 设 备 构 成

序号	名称	规 格	单位	数量
1	电池集装箱	含 30 尺集装箱、2MWh 电池堆、DC 柜、中控柜、温控、消防、监控、照明等	套	200
2	中压变流箱	含 30 尺集装箱、4 台 1MW 变流器、1 台 4MVA 变压器、开关柜、消防、监控、照明等	套	25
3	高压环网箱	含 40 尺非标集装箱、出线柜、进线柜、PT 柜、站用变压器、交直流电源、消防、监控、照明等	套	1
4	集控箱	含 40 尺非标集装箱、监控主机屏、调度数据网及远动屏、公用测控及 PMU 屏、电能质量监测及故障录波、安全自动装置、线路保护、EMS、配电柜、消防、照明等	套	1
5	变压器	220kV/10kV，100MVA	台	1

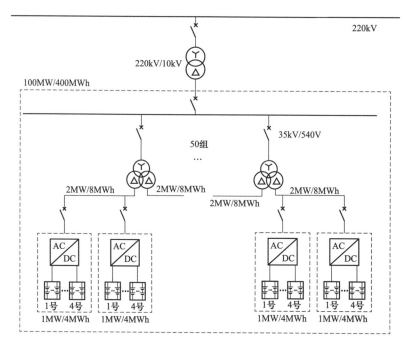

图 5-20   项目一次拓扑图

设备清单及投资概算如表 5-6 所示。

项目收益分析见表 5-7，本项目静态总投资约 62560 万元，初装补贴一次性补贴 0.3 元/Wh，即 12000 万元，按照 70%银行借贷，10 年进行投资收益评估，收益主要来源于储能充放电调峰 0.5 元/kWh，初步评估静态回收期 5.4 年，动态回收期 7.8 年，IRR 可达到 11.3%。以上测算为初步评估，具体实际投运效果与初步估算或有偏差。

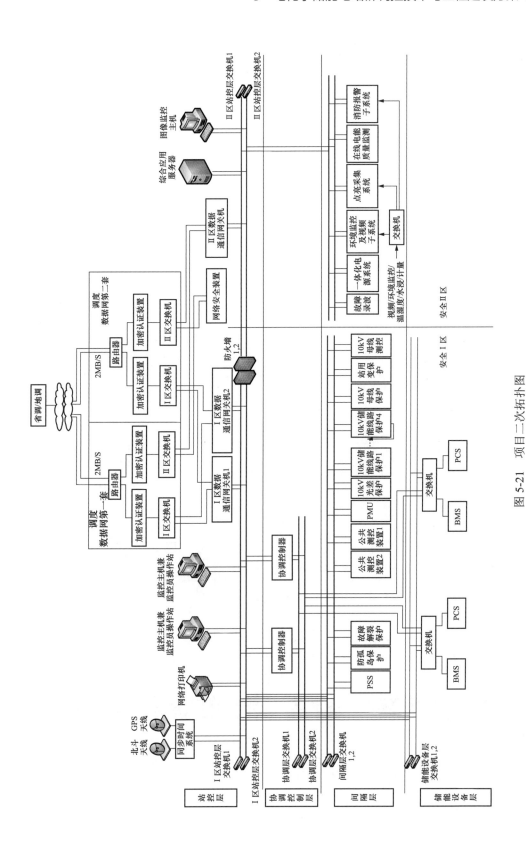

图 5-21 项目二次拓扑图

表 5-6   设备清单及投资概算

序号	名称	规　格	单位	数量	单价（万元）	总价（万元）
一	设备购置费					52480
1	电池集装箱	含 30 尺集装箱、2MWh 电池堆、DC 柜、中控柜、温控、消防、监控、照明等	套	200	230	46000
2	中压变流箱	含 30 尺集装箱、4 台 1MW 变流器、1 台 4MVA 变压器、开关柜、消防、监控、照明等	套	25	200	5000
3	高压环网箱	含 40 尺非标集装箱、出线柜、进线柜、PT 柜、站用变、交直流电源、消防、监控、照明等	套	1	180	180
4	集控箱	含 40 尺非标集装箱、监控主机屏、调度数据网及远动屏、公用测控及 PMU 屏、电能质量监测及故障录波、安全自动装置、线路保护、EMS、配电柜、消防、照明等	套	1	350	350
5	备品备件及专用工具	—	套	1	50	50
6	变压器	220kV/10kV，100MVA	台	1	500	500
二	接入系统	含改造、接入、通信工程等	项	1	400	400
三	运输、吊装费	含设备运输、保险、吊装等	项	1	580	580
四	建筑、安装工程费	含集装箱基础、避雷针、消防管道、排水施工、电缆沟、围栏、地面硬化、路灯照明、三通一平、接地、一次及二次电缆、接入改造等	套	1	8000	8000
五	项目建设用地费		项	1	700	700
六	技术服务费	含可研、勘察设计、试验、安全评估、消防检测、并网测试、并网验收等	项	1	800	800
	静态合计					62560
七	建设期利息					13794
	动态合计					76354

表 5-7   项 目 收 益 分 析

年份	第0年	第1年	第2年	第3年	第4年	第5年	第6年	第7年	第8年	第9年	第10年
调峰补偿收益	0		11880.0	11523.6	11177.9	10842.6	10517.3	10201.8	9895.7	9598.8	9310.9	9031.5
不含税收益		10513.3	10197.9	9891.9	9595.2	9307.3	9028.1	8757.3	8494.5	8239.7	7992.5
支出	600	600	600	600	600	600	600	600	600	600	600
银行利息		1769.6	1548.4	1327.2	1106.0	884.8	663.6	442.4	221.2		

年份	第0年	第1年	第2年	第3年	第4年	第5年	第6年	第7年	第8年	第9年	第10年
折旧	4474.34		4474.3	1548.4	4474.3	1548.4	4474.3	1548.4	4474.3	1548.4	4474.3	1548.4
税前利润			5438.9	8049.5	4817.6	7446.8	4233.0	6879.7	3682.9	6346.1	3165.4	5844.1
所得税			815.8	1207.4	722.6	1117.0	634.9	1032.0	552.4	951.9	474.8	876.6
现金流	−50560	−44743.36	7327.8	8390.5	8569.3	7878.2	8072.4	7396.2	7604.8	6942.6	7164.9	6515.9
累计现金流			−37415.5	−29025.1	−20455.8	−12577.6	−4505.2	2890.9	10495.7	17438.4	24603.3	31119.2
折现现金流（8%）	−50560	−44743.36	6785.0	7193.5	6802.6	5790.7	5493.9	4660.8	4437.3	3750.9	4180.7	3520.3
累计折现现金流			−37958.3	−30764.9	−23962.3	−18171.6	−12677.7	−8016.8	−3579.5	171.4	4352.0	7872.4
静态回收期	5.4											
IRR	11.3%											
动态回收期	7.8											

（2）大别山风电配套 30MW/60WMh 储能电站。本工程配置储能系统 1 套，储能系统规模 20MW/40MWh，接入光伏场内已 35kV 开关站 10kV 母线。储能电站主要由储能电池、变流器（PCS）及升压变组成。变流器可实现电能的双向转换：在充电状态时，变流器作为整流器将电能从交流变成直流储存到储能装置中；在放电状态时，变流器作为逆变器将储能装置储存的电能从直流变为交流，向电网供电。

项目拟在豫西沿黄山地、豫北沿太行山区域、豫西南伏牛山、豫南桐柏山大别山等区域建设风电厂项目站建设 30MW/60MWh 储能电站，采用 2h 充放电时间配置，用以平滑新能源输出功率，并提升消纳新能源消纳，减少评估。增加储能系统功能主要是：

1）在新能源限电情况下，吸收储存多余电量，在新能源出力不够时及电网不限电时并网发电，增加新能源场站的出力，增加上网电量，提高新能源场站运行的经济性，同时保证负荷高峰期间能连续稳定供电。

2）通过储能系统充放电稳定风电场输出，减少新能源出力突变对电网的冲击，保证电力输出的品质和可靠性。

3）储能系统调节速度快、调节精度高，可在未来参与地区调峰调频电力辅助服务。

本项目储能电站配套新能源场站建设后，需取得电网调度配合，电网允许储能并网接入并予以调度指令，在新能源发电峰值时段，电网可调度储能系统进入充电模式，吸收峰值时段电能，在非峰值时段由电网调度储能进入放电模式，可完全满容量储存弃电并于非限电时段完全放出，每天有电网调度给出指令储能做一次满容量充、放电循环，提升新能源场站上网电量，增加可观的经济效益，同时提高新能源消纳指标，减少弃电率。整套项目年充放电次数及每次充放电电量决定项目经济收益。

本工程配置储能系统 1 套,储能系统规模 30MW/60MWh。储能电站主要由储能电池、变流器(PCS)及升压变组成。变流器可实现电能的双向转换:在充电状态时,变流器作为整流器将电能从交流变成直流储存到储能装置中;在放电状态时,变流器作为逆变器将储能装置储存的电能从直流变为交流,向电网供电。

本工程电池储能系统拟以 2.5MW×2h 为一个单元,每个单元配置电池系统 2.5MW×2h(含电池管理系统 BMS),一台箱逆变一体机。每台箱逆变一体机包含 4 台储能变流器 630kW,储能用升压变压器 1 台(分裂变 2.5MVA,35kV/0.4kV)。4 台升压变压器高压侧并接后经 1 回 35kV 电缆线路送入 35kV 开关站配电室新增储能开关柜。储能系统结构如图 5-22 所示。

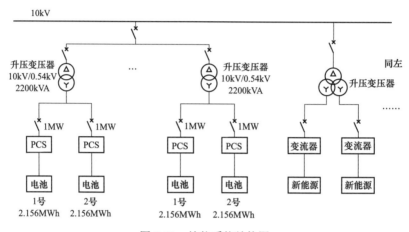

图 5-22 储能系统结构图

本方案总规模 30MW/60MWh,采用模块化标准化 2MW/4MWh 单元储能系统,共配置 15 个单元。每个单元由 2 台电池集装箱共 4.3MWh 电池系统接入 1 台 2MW 中压变流柜中,其中每套 2.156MWh 集装箱电池系统形成一个电池堆,分别通过 1 个 1MW PCS 柜后通过低压进线柜接至升压分裂变压器的低压侧,经升压后接至 10kV 配电装置汇流。

本系统从 10kV 接入,利用原有新能源场站设计基础上,新增接入间隔,新建变压器和开关柜。

当前新能源场站的网调限电调控方式是网调调度指令传达到电站 RTU,然后 RTU 把指令输入 AGC 系统,AGC 自动调节每个变流器的处理达到电网要求,不用现场或者手动切除负荷。新能源场站网调限电调控方式如图 5-23 所示。

为满足新能源配套储能经济运行指标,增加储能及其调节系统,当新能源发电功率超过地调指令(AGC 指令)时,调节储能系统进行充电,在地调指令放开后调节储能系统放电从而达到少弃风电甚至不弃电的目的。

项目收益分析见表 5-8。本项目静态总投资约 11385 万元,按照 70%银行借贷,10 年进行投资收益评估,每年增发 300h 新能源场站发电量,初步评估静态回收期 6.5 年,动态回收期 9.2 年,IRR 可达到 9%。以上测算为初步评估,具体实际投运效果与初步估算或有偏差。

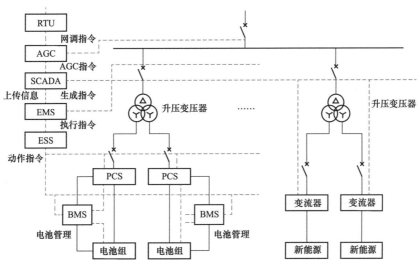

图 5-23　新能源场站网调限电调控方式

表 5-8　　　　　　　　　　　　项 目 收 益 分 析

年份	第0年	第1年	第2年	第3年	第4年	第5年	第6年	第7年	第8年	第9年	第10年
年增发电量收益	0	2376.0	2376.0	2376.0	2376.0	2376.0	2376.0	2376.0	2376.0	2376.0	2376.0
不含税收益		2102.7	2102.7	2102.7	2102.7	2102.7	2102.7	2102.7	2102.7	2102.7	2102.7
支出	350	300	350	350	350	350	350	350	350	300	300
银行利息		557.9	488.1	418.4	348.7	278.9	209.2	139.5	69.7		
折旧	1007.52	1007.5	1007.5	1007.5	1007.5	1007.5	1007.5	1007.5	1007.5	1007.5	1007.5
税前利润		795.1	745.1	745.1	745.1	745.1	745.1	745.1	745.1	795.1	795.1
所得税		119.3	111.8	111.8	111.8	111.8	111.8	111.8	111.8	119.3	119.3
现金流	−11385	−10075.22	1125.5	1640.9	1640.9	1640.9	1640.9	1640.9	1640.9	1683.4	1683.4
累计现金流			−8949.7	−7308.8	−5667.9	−4027.0	−2386.2	−745.3	895.6	2536.5	4219.9	5903.3
折现现金流（8%）	−11385	−10075.22	1042.1	1406.8	1302.6	1206.1	1116.8	1034.0	957.4	886.5	982.2	909.5
累计折现现金流			−9033.1	−7626.3	−6323.7	−5117.6	−4000.8	−2966.8	−2009.4	−1122.8	−140.6	768.9
静态回收期	6.5										
IRR	9.0%										
动态回收期	9.2										

（3）国电（荥阳）电厂配套 30MW/60MWh 储能电站。本项目配套电厂建设储能电站总规模 50MW/25MWh。储能辅助调频系统由 25 个储能单元组成，每个储能单元由 1 台 30 英尺储能电池集装箱和 1 台 30 英尺中压 PCS 集装箱组成；每台储能电池集装箱配置电池容量为 995.328kWh，输出直流至 PCS，集装箱内部安装有 18 套电池架；每台中压 PCS 集装箱配

置功率容量为 2MW，输出电压为 6kV，集装箱内部配置安装 4 台 500kW 储能双向逆变器（PCS）和 1 台 2200kVA 双分裂变压器。储能单元拓扑如下图所示：

储能系统本地控制器、储能主控系统集成在一个标准集装箱内，储能本地控制器与储能主控系统采用以太网通信方式进行通信，储能主控与电厂 DCS 采用光纤通信，电厂 DCS 与电厂 RTU 采用硬连接方式，获得获取储能出力、储能系统投入状态、储能系统正常运行状态、储能 AGC 状态等数据。储能系统总控单元根据接收到的 AGC 指令和机组出力等运行数据以及箱式成套开关柜进线柜功率变送器上传集装箱耗电功率，经过算法，将 AGC 指令和机组出力功率差再叠加集装箱耗电功率，确定储能系统出力指令，并下发至储能系统本地单元器，本地控制器将功率均分各储能子单元。同时，本地控制器接收储能系统反馈状态信号，上传到储能主控系统，接收储能主控系统指令，并实际控制储能系统运行和出力。通信方式：调度 AGC 与电厂 RTU 通过专网通信，电厂 RTU、DCS 采用硬连接通信，电厂 DCS 与储能主控采用光纤通信，储能系统出力通过硬连接方式与电厂 DCS 进行通信。电厂 AGC 通过 RTU，将电网 AGC 指令发给电厂 DCS，同时电厂 DCS 将 AGC 指令、机组出力给储能主控系统，储能主控通过算法，将储能出力指令给本地控制器，本地控制器控制储能设备出力。储能单元拓扑如图 5-24 所示。

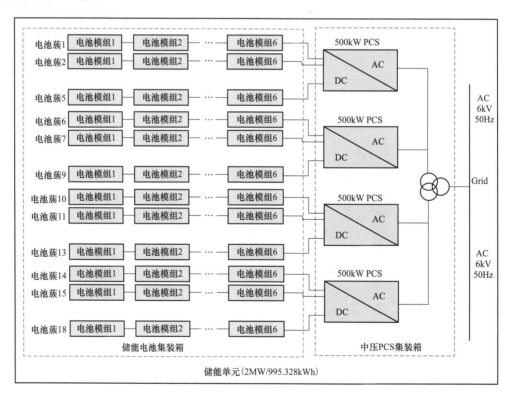

图 5-24 储能单元拓扑结构

储能辅助调频收益预估。AGC 服务贡献日补偿费用公式计算

$$日补偿费用 = D \times K_{pd} \times YAGC$$

式中：D 为机组 AGC 日调节深度，单位为 MW；K_{pd} 为机组当天的调节性能指标；$YAGC$ 为 AGC 补偿标准，据河南监管局 2018 年的通知，申报价格调整至 5～10 元/MW。根据目前国内已投运的 30MW 储能电站配套火电厂调频时间运行情况了解，机组+30MW 储能系统一天理论上调频深度可达到 8000～18000MW，本项目配置容量更大，可提供更大范围的调频深度，依此项目参考，考虑未来储能项目增多机组性能提升带来的调频交易市场变化，未来结算价格将降低，调频深度将减少。故按 5 元/MW 考虑，K_p 在储能系统辅助下可达到 5，系统年运行 300 天，调频深度参考已投运项目并考虑市场变化项目总投资 16300 万，70%银行借贷，7%利率，考虑投运期间更换电池、自耗电、运维费用，投资方与电厂初步按前五年 85%：15%、后五年 70%：30%，共 10 年运营期，初步估算收益见表 5-9。

本项目总投资约 16300 万元，按照 10 年进行投资收益评估，初步评估静态回收期 4.6 年，动态回收期 5.9 年，IRR 可达到 17.1%。以上测算为初步评估，具体实际投运效果与初步估算或有偏差。

表 5-9　　　　　　　　　　　　初 步 估 算 收 益 表

年份		第0年	第1年	第2年	第3年	第4年	第5年	第6年	第7年	第8年	第9年	第10年
年总收益			4739.0	8619.8	7949.8	7441.7	7048.9	6741.3	6498.7	6307.2	6156.6	6039.6
分成比例（前5年）	85%		4028.2	7326.8	6757.4	6325.5	6111.6	4718.9	4549.1	4415.0	4309.6	4227.7
分成比例（后5年）	70%											
不含税收益			3564.8	6483.9	5980.0	5597.8	5408.5	4176.0	4025.8	3907.1	3813.8	3741.4
支出		600	300	600	600	600	600	600	600	600	300	300
银行利息			798.7	698.9	599.0	499.2	399.4	299.5	199.7	99.8		
折旧		1442.48	1442.5	1442.5	1442.5	1442.5	1442.5	1442.5	1442.5	1442.5	1442.5	1442.5
税前利润			1822.3	4441.4	3937.5	3555.3	3366.0	2133.5	1983.3	1864.6	2071.4	1998.9
所得税			273.3	666.2	590.6	533.3	504.9	320.0	297.5	279.7	310.7	299.8
新增投入（万元）						−2500.0			−2500.0			
现金流		−16300	−14424.78	2192.7	2717.7	4789.3	1964.5	4303.6	3256.0	3128.3	3027.4	3203.1	3141.5
累计现金流				−12232.1	−9514.4	−4725.0	−2760.5	1543.0	4799.0	7927.3	10954.7	14157.8	17299.4
折现现金流（8%）		−16300	−14424.78	2030.3	2330.0	3801.9	1444.0	2928.9	2051.8	1825.7	1635.6	1869.0	1697.3
累计折现现金流				−12394.5	−10064.5	−6262.6	−4818.6	−1889.7	162.1	1987.4	3623.1	5492.1	7189.3
静态回收期	4.6 年											
动态回收期	5.9 年											
IRR	17.1%											

6 特高压交直流混联受端电网电化学储能电站群工程效能评估

　　储能实际参与电网综合调节环节包含调峰、调频、调压和紧急情况支撑等，各个环节中需要考虑的调节时间尺度、调度模型场景以及运行策略差异性较大，评估的指标量纲不统一。因此，迫切需要建立实用的评估指标模型，以定量分析规模化储能电站参与电网调节各环节效能，并在此基础之上，根据实际的工程应用需要建立储能电站参与电网多环节综合调节的效益评价指标，为我国储能工程项目评价的具体实施提供参考和借鉴。

　　本章以储能对提升电力系统安全效益作为研究背景，首先考虑储能设备对电力系统短期运行的影响以及储能电站工况转换实际物理约束，通过建立精确有效的储能单体数学模型及其状态分析模型，实现电力系统运行风险的精细化评价，并结合马尔科夫链蒙特卡洛仿真提出电力系统运行风险评估方案，并选取河南百兆瓦级储能电站 6 个接入点为例，论证模型的有效性。其次，从项目目标、过程、可持续性、影响及总体经济性对储能项目评估内容进行阐述，并基于指标体系建立原则，对储能项目后评估分别建立了指标体系和主要的后评估指标模型。最后，根据电化学储能系统提供的需求响应和辅助服务机制，给出储能系统运行的绩效评估指标，并采用模糊—均方差法对其进行绩效评估，并选取典型案例进行实证分析，从技术、经济及可持续性等层面开展综合效能评估的实证评估。

6.1　含电化学储能电站群的交直流混联受端电网风险量化与安全效益评估

　　本节首先结合储能系统充放电特点，阐述了其对维持电网中长期安全生产、可靠运行以及协同促进清洁能源消纳机制的必要性。在此基础上，结合马尔科夫链蒙特卡洛仿真建立了考虑储能系统灵活充放电策略的紧急状态分析模型与风险评估模型。其次，采用经济性对比分析设计了储能电站综合效益的评价方案。最后，以目前河南电网百兆瓦级分布式储能调度系统已接入的 6 个储能电站信息为例，论证了所提模型与方案的有效性。

6.1.1　储能电站群对交直流混联受端电网运行安全约束

　　储能设备包括电化学储能、热储能、抽水蓄能等，是通过在电力需求低谷时储电，在电力需求高时放电的方式帮助电网更好地融合风电与太阳能发电的一种新技术。储能增强了电网运行的灵活性，通过协调源—网—荷互补运行，促进电网对清洁能源的消纳与接纳能力。作为灵活、可调节的供能方式，储能电站的全面推广与科学论证对建设"强支撑、高抗扰、善协同"并网友好型电网具有重要意义。根据实际的应用场景，储能对电网运行安全的影响体现在：①储能设备可通过其灵活的充放电特性实现能量时移，对平抑清洁能源发电波动与不同时段的负荷需求具有重要作用；②储能设备作为外接桥接电能（这里指在外部电能消失或电源切换过程中，由外接设备提供的过渡电源），可通过提供备用容量、负荷跟踪、系统二次调频对电网运行发挥作用，这对应对故障状态的紧急处置问题具有重要意义。储能设备的状态转移过程如图 6-1 所示。

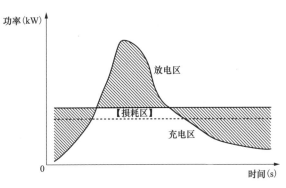

图 6-1 储能设备的状态转换过程

在电力系统负荷低谷期作为负荷从电网汲取电能，在电力系统高峰或者清洁能源波动较剧烈时作为电源作为桥接电源配送至电网。结合储能工作原理，给出储能相应数学模型，即

（1）储能在发电状态下的上下限约束

$$0 \leqslant u_t^{\text{Ess}} p_t^{\text{Ess}} \leqslant u_t^{\text{Ess}} p_t^{\text{Ess,max}} \tag{6-1}$$

（2）储能在充电状态下的上下限约束

$$0 \leqslant u_t^{\text{Ess}} q_t^{\text{Ess}} \leqslant u_t^{\text{Ess}} q_t^{\text{Ess,max}} \tag{6-2}$$

（3）储能充电电量的上下限约束

$$E^{\text{Ess,min}} \leqslant E^{\text{Ess}} \leqslant E^{\text{Ess,max}} \tag{6-3}$$

（4）储能在放电状态过程中的电量损耗约束

$$E_{t+1}^{\text{Ess,min}} = E_t^{\text{Ess}} - \Delta E_t^{\text{Ess}} \tag{6-4}$$

$$\Delta E_t^{\text{Ess}} = (\eta_2 q_t^{\text{Ess}} - \eta_1^{-1} p_t^{\text{Ess}}) \Delta t \tag{6-5}$$

（5）储能在不同工况下对应状态耦合约束

$$0 \leqslant u_t^{\text{Ess}} + v_t^{\text{Ess}} \leqslant 1 \tag{6-6}$$

式中：p_t^{Ess}、$p_t^{\text{Ess,max}}$ 分别为储能在 t 时刻的发电功率与发电功率上限；q_t^{Ess}、$q_t^{\text{Ess,max}}$ 分别为储能在 t 时刻的充电功率与充电功率上限；$E^{\text{Ess,max}}$、$E^{\text{Ess,min}}$ 分别为储能可允许的充电电量的上、下限；E_{t+1}^{Ess}、E_t^{Ess} 分别为储能在相邻时刻（$t+1$ 时刻与 t 时刻）累积存储的电量值；ΔE_t^{Ess} 为储能在 t 时刻的电量损耗情况；η_1、η_2 分别为储能的充、放电转换系数；为避免储能边充电边放电的情况，需要限制储能在不同工况下的状态转换，v_t^{Ess}、u_t^{Ess} 分别为储能充放电的状态指示变量；当储能处于充电状态下，$v_t^{\text{Ess}}=1$、$u_t^{\text{Ess}}=0$；反之，当储能处于发电状态时 $v_t^{\text{Ess}}=0$、$u_t^{\text{Ess}}=1$；此外，当该储能处于闲置状态时，$v_t^{\text{Ess}}=0$、$u_t^{\text{Ess}}=1$。

结合当前得到的系统状态，进行系统故障状态分析，求解可能的切负荷情况与发电机组出力调节功率。系统状态分析模型为

$$\min \sum_{j=1}^{N^{\text{Load}}} \Delta q_j^{\text{Load}} \tag{6-7}$$

（1）系统有功功率平衡约束

$$\sum_{j=1}^{N^{\text{g}}} p_j^{\text{g}} + \sum_{j=1}^{N^{\text{Ess}}} p_j^{\text{Ess}} - \sum_{j=1}^{N^{\text{Ess}}} q_j^{\text{Ess}} + \sum_{j=1}^{N^{\text{Load}}} \Delta q_j^{\text{Load}} - \sum_{j=1}^{N^{\text{Load}}} q_j^{\text{Load}} = 0 \tag{6-8}$$

（2）电网在当前状态下系统潮流安全约束

$$\forall l \in Nl, \left| \sum_{b=1}^{NB} S_{l,b} \left(\sum_{j \in NB(N^{\text{g}})} p_j^{\text{g}} + \sum_{j \in NB(N^{\text{Ess}})} p_j^{\text{Ess}} - \sum_{j \in NB(N^{\text{Ess}})} q_j^{\text{Ess}} + \right. \right.$$
$$\left. \left. \sum_{j \in NB(N^{\text{Load}})} \Delta q_j^{\text{Load}} - \sum_{j \in NB(N^{\text{Load}})} q_j^{\text{Load}} \right) \right| \leqslant p_l^{\max} \tag{6-9}$$

（3）经校正后的发电机出力上下限约束

$$0 \leqslant p_j^{\text{g}} \leqslant p_j^{\text{g,max}} \tag{6-10}$$

（4）切负荷功率上下限约束

$$0 \leqslant \Delta q_j^{\text{load}} \leqslant q_j^{\text{load}} \tag{6-11}$$

式中：Δq_j^{load} 为负荷 j 的切负荷功率；p_j^{g} 为发电机组 j 的有功功率；$p_j^{\text{g,max}}$ 为发电机组 j 的最大出力；p_j^{Ess}、q_j^{Ess} 分别为储能 j 的发电、充电有功功率；Δq_j^{Load} 为负荷 j 的切负荷功率；q_j^{Load} 为负荷 j 的有功功率需求；N^{g}、N^{Ess}、N^{Load} 分别为发电机组、储能、负荷的总数目；$S_{l,b}$ 为输电线路 l（$l \in NL$）对节点 b 的潮流分布转移因子；$p_l^{\max}$ 为输电线路 l 可承受的最大有功；NB 为系统母线节点总数目；NL 为系统输电线路总数目。

6.1.2 含储能电站（群）的交直流混联受端电网安全效益评估

储能设备的加入使电网运行与故障状态下校正控制过程更为复杂，这增加了系统风险量化评估的难度。常规基于蒙特卡洛仿真开展的风险量化评估基于静态抽样原理，较难刻画系统在复杂条件下故障演变与相关校正策略的影响。据此，本小节引入马尔科夫链蒙特卡洛仿真研究储能在清洁能源电力系统风险量化评估中的作用与影响。

蒙特卡罗方法（Maokor Chain & Montle Carlo，MCMC）是一种基于非常见概率分布的特殊抽样策略，其基本原理是：结合拒绝—接受的采样思想，通过对通用概率分布进行采样生成马尔科夫序列，并使其平稳分布逼近到待研究的非常见概率分布。与常规蒙特卡洛仿真（Monte Carlo，MC）相比较，MCMC 不仅可以实现对未知概率分布或动态随进型概率分布的有效模拟，对高维多元概率分布函数也具有较好的采样效率。设初始状态为 x_0；T 为单位时间间隔 t 的集合；I 为满足马尔科夫随机过程的系统状态的集合；$f(x_t)$ 为 x_t 所对应的概率密度分布函数，针对任意时刻的系统状态 x_t 满足应无后效性条件

$$P\left\{x(t+1)=x_{t+1}\big|x(0)=x_0,x(1)=x_1,\cdots,x(t-1)=x_{t-1},x(t)=x_t\right\}$$
$$=P\left\{x(t+1)=x_{t+1}\big|x(t)=x_t\right\} \tag{6-12}$$

根据柯尔莫哥洛夫定理可得：当 $t\to\infty$ 时，xt 与初始状态无关，其对应的状态密度分布即为稳态概率分布。由于采样所得到的马尔科夫链在尚未达到收敛时，其概率密度分布并不等于稳态分布。

因此评估前，需要去掉前 m 个采样序列，并将剩余采样值 $\{x_j,j=m+1,m+2,...,n\}$ 作为满足该未知概率密度分布函数 $f(x)$ 对应的采样值。此时 $f(x)$ 的期望为

$$E[f(x)]=\frac{1}{n-m}\sum_{j=m+1}^{n}f(x_j) \tag{6-13}$$

式（6-13）表示遍历平均，遍历定理保证了对任何一个固定的 m，在 $t\to\infty$ 时 $E(f(x))$ 会逐渐趋近于 $f(x)$ 的期望值，而该期望值是在 x 的稳态分布为 $f(x)$ 的条件下得到的。

MCMC 是在 MetropolisXHastings（MXH）采样框架下，利用建议分布产生一个潜在的转移点，并通过接受—拒绝方法决定是否转移至该样本点。不同的转移（由建议分布决定）与构造（由接受分布决定）对应不同的 MCMC 方法。以下采用 Gibbs 采样器给出故障状态的采样与分析流程。

步骤 1：初始化系统状态，假设第 k 个系统状态为 $xk=\{x_1,kx_2,k,\cdots x_j,k,\cdots,x_L,k\}$，对 $k+1$ 个系统状态进行 MCMC 采样。

步骤 2：依次对系统各元件的故障/运行状态进行随机采样：设第 j 次迭代得到的系统采样状态是 $\{x_1,k+1,\cdots x_{j-1},k+1,x_j,k,\cdots,x_L,k\}$。其中，$\{x_1,k+1,\cdots x_{j-1},k+1\}$ 是第 $j-1$ 次迭代得到的元件采样状态；$\{x_j,k,\cdots,x_L,k\}$ 是待更新的系统元件状态。采用逆抽样原理，随机产生一个服从均匀分布 $U（0，1）$ 的随机数 u，该元件发生故障的条件概率为

$$\eta=\frac{1}{\exp(p'-p'')+1} \tag{6-14}$$

其中 p'，p'' 的具体表达式为

$$p'=\ln\left[\prod_{k=1}^{j-1}(p_n^{1-x_{n,k+1}}(1-p_n)^{x_{n,k+1}})\times p_j\times\prod_{k=j+1}^{L}(p_n^{1-x_{n,k+1}}(1-p_n)^{x_{n,k+1}})\right] \tag{6-15}$$

$$p''=\ln\left[\prod_{k=1}^{j-1}(p_n^{1-x_{n,k+1}}(1-p_n)^{x_{n,k+1}})\times(1-p_j)\times\prod_{k=j+1}^{L}(p_n^{1-x_{n,k+1}}(1-p_n)^{x_{n,k+1}})\right] \tag{6-16}$$

第 j 个元件的运行状态判据为

$$x=\begin{cases}1 & u\leqslant\eta\\0 & u>\eta\end{cases} \tag{6-17}$$

如此循环迭代 L 次，即可得到当前系统元件的具体状态。

步骤 3：随机生成一个服从均匀分布 $U（0，1）$ 的随机数，采用逆抽样原理求取系统状态的状态持续时间。

$$\Delta t_{k+1} = -\frac{\ln u}{\sum_{i=1}^{L}\left[x_{i,k+1}\lambda + (1-x_{i,k+1})\mu_i\right]} \tag{6-18}$$

步骤 4：代入状态分析式（6-7）～式（6-11），统计当前状态切负荷情况，如产生切负荷，将其累加统计到相应的可靠性评价指标中来。所采用的可靠性指标包括：

期望缺供电量（Expected Energy not Supplied，EENS）：即系统在给定时间区间内因发电容量短缺或电网约束造成负荷削减的期望损失电量，为

$$EENS = \sum_{k=0}^{N_k} C_{k+1}^{\text{Load}} \Delta t_{k+1} \tag{6-19}$$

失负荷概率（Lost of Load Probability，LOLP）：即电力系统在给定时间区间内因供求不匹配造成负荷削减的期望失负荷概率，为

$$LOLP = \sum_{k=0}^{N_k} F(C_{k+1}^{\text{Load}}) \Delta t_{k+1} \tag{6-20}$$

缺电频次（Lost of Load Frequency，LOLF）：即电力系统在给定时间区间内因供求不匹配造成负荷削减的期望失负荷频率，为

$$LOLF = \sum_{k=0}^{T} F(C_{k+1}^{\text{Load}}) \tag{6-21}$$

式中：$C_{k+1}^{\text{Load}} = \sum_{j=1}^{N^{\text{Load}}} \Delta q_j^{\text{Load}}$ 为第 $k+1$ 个系统状态的切负荷情况；$F(C_{k+1}^{Load})$ 为当前状态的指示函数，$C_{k+1}^{\text{Load}} > 0$ 时，$F(C_{k+1}^{Load})=1$，反之，$F(C_{k+1}^{Load})=0$。

步骤 5：检验步骤 4 形成的风险指标是否达到收敛预期，如果达到收敛条件，退出计算过程并输出计算结果，否则转步骤 2。所采用的收敛性条件为

$$B_s = \frac{\sqrt{\dfrac{\text{Var}(LOLP)}{n}}}{LOLP} \tag{6-22}$$

为量化储能对提升电网运行安全的影响，这里基于 MCMC 风险量化评估，通过计算储能并网前后电力系统对应的期望停电损失（具体体现在 $EENS$ 指标），以及不同的对比方案下的电力系统旋转备用情况，通过对比分析即可得到储能电站对电网风险效益的整体改善情况。不妨设储能并网前后，电力系统风险评估结果依次是 $EENS_{\text{before}}$ 与 $EENS_{\text{after}}$，此时储能并网产生的增量安全效益为

$$F = (EENS_{\text{before}} - EENS_{\text{after}}) \times Y \tag{6-23}$$

式中：Y 为切负荷惩罚系数，本小节取值为 30 元/kWh。

储能设备对提升电网安全效益的计算流程如图 6-2 所示。

6.1.3 储能电站群提升交直流混联受端电网运行安全案例

目前河南电网分布式储能调度系统已接入 16 个储能电站信息，实现 16 个储能电站的监

视与调度，容量共计 100.8MW/100.8MWh。数据库已接入 16 个储能电站的运行信息，其中选取 6 个接入系统的具体网架拓扑结构简易单线图如图 6-3 所示。为反映清洁能源并网问题对电力系统长期运行风险的影响，假定风电机组安装在 5 号母线上，装机容量为 50MW。随机抽取若干风电场景，并通过场景削减技术筛选典型场景。在此基础上，将储能装设在节点 1 上，分别在所得到的不同风电场景下开展电力系统运行风险评估，并将不同场景下得到的运行可靠性评估指标结果的期望值作为最终的评估结果。此处各可再生能源发电场景下开展的 MCMC 抽样收敛系数均设置为 0.5%。

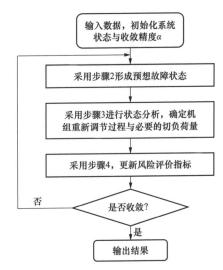

图 6-2　基于 MCMC 的电力系统风险评估流程

储能投入前后电力系统运行可靠性结果的差异如表 6-1 所示。方案 1 为不考虑储能接入的电力系统运行风险评估方案；方案 2 为考虑储能接入的电力系统运行风险评估方案。

由表 6-1 可知，储能并网后电网各类运行风险指标呈现不同程度的降低，这揭示了储能对电网运行风险带来的效益。其中 LOLP 指标较对比方案下降了 9.01%；LOLF 指标较对比方案下降 8.11%；EENS 指标较对比方案

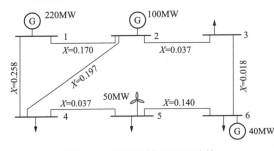

图 6-3　系统的简易网架结构

下降了 11.50%。代入式（6-23），由此可知储能并网产生的增量安全效益为（1.3220–1.3055）×10^2×30=49.50（万元/年），这显示了将储能装设在电网以改善供电安全的优势。并进一步说明，储能电站并网对其运行方式改善最大的是电量效益，即通过灵活调节运行工况实现削峰填谷，从而避免系统切负荷情况的发生。

表 6-1　　　　　　　　　　　不同方案的风险评估管理

场景数	方案 1			方案 2		
	LOLF（次）	LOLP	EENS（MWh）	LOLF（次）	LOLP	EENS（MWh）
1	2.0856	0.0060	1.4527	2.0458	0.0056	1.4496
2	2.4523	0.0084	0.9570	2.3424	0.0083	0.8020
3	1.4157	0.0099	1.2967	1.3589	0.0094	1.2097
4	1.9481	0.0064	1.2154	1.8750	0.0061	1.0511
5	0.8261	0.0071	1.6062	0.7262	0.0061	1.3172

续表

场景数	方案1			方案2		
	LOLF（次）	LOLP	EENS（MWh）	LOLF（次）	LOLP	EENS（MWh）
6	1.2315	0.0053	1.7976	1.2050	0.0045	1.6216
7	1.2065	0.0038	0.9521	1.1961	0.0035	0.8266
8	1.2710	0.0060	1.2533	1.0552	0.0050	1.1582
9	1.2507	0.0039	1.3653	1.0297	0.0036	1.1609
10	2.1001	0.0063	0.8711	1.8333	0.0051	0.8532
11	1.1105	0.0086	1.8915	1.0328	0.0074	1.5316
12	0.0985	0.0030	1.8786	0.0783	0.0025	1.7551
13	1.1037	0.0032	1.8582	1.0950	0.0029	1.6973
14	2.0866	0.0056	2.4023	1.6785	0.0054	2.1336
15	1.0538	0.0041	1.3801	0.8869	0.0033	1.3021
16	1.0497	0.0038	1.3479	0.9973	0.0031	1.2421
17	1.0429	0.0036	1.3492	0.9801	0.0034	1.2627
18	2.0361	0.0098	1.2532	2.0134	0.0092	1.0425
19	1.0294	0.0030	1.2475	0.8924	0.0026	1.1656
20	2.0240	0.0089	2.2267	1.7904	0.0084	1.8567
平均值	1.4208	0.0058	1.4801	1.3055	0.0053	1.3220

在此基础上，为对比本小节所提方案在储能效益分析中的有效性，本小节将方差系数设置为 0.05，并对比了常规蒙特卡洛仿真与 MCMC 进行风险评估的结果如表 6-2 所示。

表 6-2　　　　　　　　　　　　不同评估方案的计算效率对比

方　　案	计算时间（s）	迭代次数（次）
基于 MC 的风险评估	79.20	7.851
基于 MCMC 的风险评估	56.32	5.032

由表 6-2 可知，与常规 MC 相比较，本小节所提方案计算时间缩短了 40.62%。这也说明：在相同收敛系数条件下，本小节方法具有更好的采样效率，从而具备更优越的计算性能。

此外，为系统阐述储能安装布局对系统运行安全的影响，制作对比案例。方案 2：将储能装设在母线 5；方案 3：将储能装设在母线 1；方案 4：将储能装设在母线 6。在此基础上对含储能设备的清洁能源电力系统进行 MCMC 风险评估，从而得到结果如表 6-3 所示。

由表 6-3 可知，储能装设地点不同对电力运行的影响也各不相同。与将储能分别装设在电源侧相比较（方案 3 与方案 4），储能靠近负荷侧（方案 2），其对保障电力安全供电的能力相对越强。相应地，运行风险评估指标越小。究其原因在于，节点 5 属于独立负荷节点，线路 4 与线路 5 任意一条停运均会导致负荷脱扣。将储能装设在该节点显然能一定程度提高负荷被迫脱扣的概率与严重度。

表 6-3　　　　　　　　　　　不同储能装设位置的电网风险评估指标

方　案	LOLF（次/年）	LOLP	EENS（MW）
2	1.3055	0.0053	1.3200
3	1.3878	0.0057	1.3641
4	1.3850	0.0054	1.3350

6.2　电化学储能电站群参与交直流混联受端电网辅助服务效能评估体系与模型

效能是指系统在规定条件下达到规定使用目标的能力，效能评估是指对事物、系统或项目执行某一项任务结果或者进程的质量好坏、作用大小、自身状态等效率指标的量化计算或结论性评价，广泛用于军事与科研，以及评估某种计划和工程等。

本节依托储能电站群参与电网调峰、调频及事故紧急支撑等示范工程与应用需求开展研究，掌握不同工作模式下储能站群运行性能与工况特性曲线间的耦合关系，形成储能系统的运行效果评估方法；掌握储能系统在发电方、电网及储能投资方中的价值流向及量化方法，搭建储能站群在各应用场景中的运行效益评估模型，最终，提出储能站群提供电网辅助服务的效能评估体系，实施方案如图 6-4 所示。

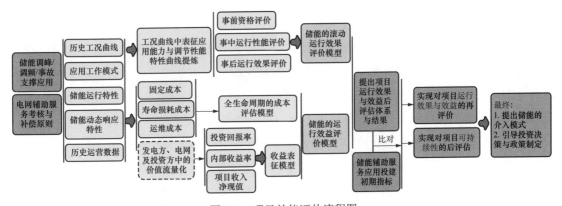

图 6-4　项目效能评估流程图

6.2.1　储能电站（群）参与辅助服务效能评估体系

在项目生命周期的每一个阶段，都需要人力、物力、技术和资金等资源要素的消耗，项目的规划、建设及运营都是为了一定的目的进行服务，为了保障项目能够按照预期的计划实施，确保项目能够实现预期的目的，对项目进行效能评估显得尤为重要。

6.2.1.1 储能电站群效能评估内容框架

基于储能站群参与电网调频的已实现挂网运行项目生命周期分析，确定储能调峰、调频及电网紧急事故支撑等参与电网辅助服务工程项目效能评估主要内容包括项目目标、过程、效益、影响和持续性，如图6-5所示。

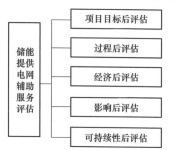

图6-5 储能参与调峰调频及事故支撑等辅助服务项目效能评估内容框架

储能站群提升电网辅助服务目标后评估是指对立项时预定的技术、经济与安全等目标和目标实施程度之间的评定，以达到对项目技术先进性、经济适用性和安全可靠性的评估。

过程后评估是指项目建设与运行各环节、各步骤进行系统的评价和分析，以达到评价各环节管理效果和工作质量的目的。在项目的生命周期中，建设与运营管理环节管理效果好坏和工作质量优劣均将影响项目目标与效益的有效实现。

项目效益和运行会受到环境、技术和管理等因素的制约，而项目可持续性是项目初衷得以实现有力保障，因此需从技术、环境及管理等方面对项目的可持续性进行评价。

任何项目的建设与运营都依赖于一定的环境，也都将对环境带来或多或少的作用，这些作用既有积极的，也有消极的，储能工程项目也不例外，因此，为了全面评价储能调频工程项目，需要从多方面评价其所带来的影响。比如以储能调频项目为例，评估在实施后会对当地的社会、经济和环境等产生一定的影响，如：对于社会影响而言，会减少电力辅助服务领域对于传统高污染化石能源的依赖性；对于经济而言，会推动本地区工作人员的数量；对于环境而言，促进与煤电等化石能源火电同等规模的新能源消纳相比，可有效抑制破坏环境气体的排放等。

除此以外，总体经济效益后评估是储能项目效能评估的重要组成部分。储能调峰、调频及紧急事故支撑工程项目总体经济效益后评估是以国家的财税法规、市场规定等为依据，对风电工程项目的盈利、偿债等财务能力进行综合评价和预测的过程。

6.2.1.2 储能电站群提供电网辅助服务效能评估体系构建

储能技术的应用是我国的一个新兴领域，具有对环境依赖性大、风险高、投资大等特点，为避免盲目投资，保证项目决策的有效性、提高项目投资的效益，对储能项目生命周期进行分析与整理，识别项目建设与运行中各阶段的重要环节对于规范我国储能项目建设和运营有着积极的意义。在评价项目建设与运营过程各环节预定目标的实现情况时，寻找预定目标与实现目标之间的差异及原因，从而得到有效的反馈信息用于指导将来的项目建设。

指标体系服务于一定的评价目的，项目效能评估工作的有效开展，一套合理的效能评估指标体系必不可少。与其他工程项目后评估相比，项目效能评估的主要特点是与项目联系主体之间关系的复杂性。储能项目与电网企业、安全监管、环境等主体之间联系复杂，具体表现在储能工程与这些主体之间信息沟通与交流错综复杂，储能工程项目具有以下 3 个特点：

（1）储能工程项目与电网企业。为应对渗透率日益增高的新能源发电的间歇性与波动性，应用储能改善其输出的友好性。储能系统接入电网有联合新能源发电后并网以及以分布式或集中式的形式独立并网等，在独立并网的接入模式中，其输出电力的可靠性将会对电网的稳定性带来一定的挑战，这就使得电网企业对储能系统存在一定的排斥性。另外，具有的大功率吞吐、能量时移以及安装地点灵活等特性，使得其成为电网调峰、调频等辅助服务中有效的辅佐新手段，从而有效保证电网的电能质量与安全稳定性。

（2）储能工程项目与安全监管部门。由于应用单位对火灾等隐患存在担忧，加之某些国家或省市有严格的消防规则，储能工程项目应用困难重重，进展相对缓慢，消防安全问题成为主要阻力之一。在我国，由于国家支持政策尚未明确储能身份，有关储能的审批和标准体系也不十分健全，除在政策制度方面完善外，有必要推动系统设计、设备制造、系统并网、运行维护和安装调试等方面标准准则体系建设，清除储能产业发展和技术应用障碍。

（3）储能工程项目与环境。储能项目所产生的效益主要是替代传统发电机组为电网提供辅助服务，即减少化石能源的利用、抑制有害气体排放、改善能源结构等方面的社会效益，这些社会效益的成效在项目建设的初期较难量化。因此，储能工程项目的发展需要进行市场宣传，对其社会效益进行普及。

6.2.1.3　储能电站群提供电网辅助服务效能评估指标体系

本小节基于全生命周期理论，从项目目标、过程、可持续性、影响、总体经济性等方面建立共包含 5 个一级指标、14 个二级指标和 35 个三级指标的储能电站辅助特高压受端电网服务工程项目综合效能评估指标体系架构。

（1）项目目标评估。评定项目立项时预定的目的和目标的实现程度，是项目评估所需完成的主要任务之一。因此，项目评估要对照原定目标完成的主要指标，检查项目实际实现的情况和变化，分析实际发生改变的原因，以判断目标的实现程度。判别项目目标的指标在项目立项时就确定了，一般包括宏观目标，即对地区、行业或国家经济、社会发展的总体影响和作用，指标一般可量化。

储能站群参与电网调峰、调频及紧急事故支撑等辅助服务项目的目标主要包括技术目标、经济目标和安全目标。对技术目标的后评估主要用来评定储能系统的调节能力、电压支撑能力、调节速率、调节精度及响应时间等性能，并将其与传统火电机组进行比对。经济目标用于评定应用储能参与调峰、调频及事故支撑可实现的运行效益，以及对各方受益方的收益进行定性分析。安全目标为运行的安全性，以及安全问题出现时各方损失的评判，所建立的指标体系如图 6-6 所示。

（2）过程评估。在储能站群调峰、调频及紧急事故支撑等项目建成并运行一段时间后，有必要对整个项目的建设与运行过程进行全面的回顾。项目过程评估是一种以国家相关制度和条例为指导，对项目实施运行各阶段进行逐一检查与评判，分析实际结果与预期之间的差异，最后得到经验教训，以达到为今后相似项目的建设过程各环节管理决策和投资决策提供借鉴为目的。

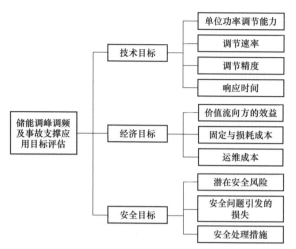

图 6-6　储能提供电网辅助服务应用目标评估指标体系

基于储能项目全生命周期理论，其过程评价可分为三个方面开展，即项目前期准备、项目建设实施、项目验收运营。

项目前期准备方面后评估主要通过对项目的立项条件和决策水平两个维度进行评价。立项条件后评估的重点是对项目决策过程的依据及条件进行全面的评价，主要是考虑项目立项条件是否符合产业发展规划、是否能够带来社会效益等；决策水平后评估的重点是对项目招投标环节进行评价，评价项目招投标环节是否严格按照国家招投标政策执行以及投标单位资质是否具备等。

项目建设实施方面后评估主要通过对项目建设的投资控制与安全控制两个维度进行评价。投资控制后评价的重点是项目在实施过程中发生的支出与计划数量是否基本一致，偏差程度及原因等；安全控制后评估的重点是安全控制的人员伤亡事故率，评价安全控制实施的效果及安全控制体系、措施的完善性。

项目验收运营评估主要通过对项目的验收竣工情况、设备维护及管理、运营效果三个维度进行评价。验收竣工情况后评估的重点是项目验收程序是否完备，是否按照相关规定进行开展、验收文件、报告是否齐全等；设备维护及管理后评估的重点是项目在运营过程中是否有完备的储能设备运行维护规则，是否按照运行维护规则开展维护及管理工作；运营效果后评估的重点是评价储能辅助服务综合性能指标提升程度、调节深度、收益补偿以及年度运行维护费用等与预测设计数据之间的偏离程度。根据上述的分析与总结，选取 7 个涉及项目前期准备、建设实施和项目验收运营后评估的指标建立指标体系，如图 6-7 所示。

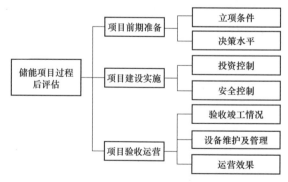

图 6-7　储能参与电网辅助服务项目过程评估指标体系

（3）可持续性评估。经济社会的良性发展离不开可持续性，储能站群提供电网辅助服务项目想要达到预期目标也离不开可持续发展，从可持续性后评估的视角，对储能调峰、调频及紧急事故支撑工程项目进行评估内容是项目预期目标的可持续性和项目建设是否具有可重复性等。影响事物发展的因素通常分为内因和外因两部分，对项目可持续性来说也一样，当且仅当储能工程项目内部和外部都实现了可持续发展，才可说项目整体达到了可持续发展。

基于储能站群参与电网辅助服务的工程项目全生命周期理论、以项目技术可持续性、管理可持续性来评价项目的内部可持续性，从环境可持续性来评价项目的外部可持续性。

项目技术可持续性评估主要通过对工程技术先进性、工程技术创新益本比、工程配套设施完备性三个维度进行评价。工程技术先进性评价重点是工程技术先进性与否以及工程技术的先进性对工程可持续性的支持作用的大小；工程技术创新益本比评价的重点是工程项目技术创新经济特性对项目可持续性的支持作用的大小；工程配套设施完备性评价工程持续运行所需的各项配套实施的完备程度。

环境可持续性评价主要通过对政策法规、社会经济、项目区环境友好三个维度进行评价。政策法规评价国家政策法规导向对项目可持续性的支持；社会经济评价经济社会发展方向对项目可持续发展的支持、助推作用；项目区环境友好评价工程项目区域周围环境的美化、绿化等友好情况。

项目管理可持续性后评估主要通过对组织机构、财务运营能力、职工平均受教育程度三个维度进行评价。组织机构评价工程建设和运营中的管理机构的设置对工程可持续的助推情况；财务运营能力评价工程项目运行管理单位对资金的管理效率；职工平均受教育程度评价工程项目的管理机构人员的文化素质情况。

基于储能项目特性与可持续性后评估内容，初步选取9个涉及项目技术可持续性、环境可持续性、项目管理可持续性后评估的指标建立指标体系，如图6-8所示。

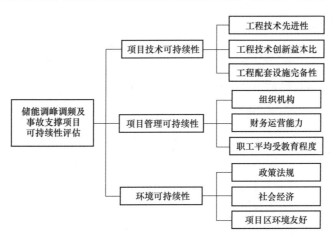

图6-8 储能参与电网辅助服务项目的可持续性评估指标体系

（4）影响评估。储能站参与电网调峰、调频与紧急事故支撑项目建设并投产之后，会对周围区域的环境、经济和社会等方面造成一定积极或消极的影响。储能系统的安全隐患会使得其需要一片独立或较空旷的区域；同时它的建设对于国家新能源消纳及电力安全生产运行有着积极的推动作用，还可间接减少由于化石能源燃烧所带来的硫氧化物等有害气体的排放。此外，储能项目对于推动区域人员就业，促进地区经济社会繁荣有着积极效果。因此，开展储能项目影响后评估是全面认识风电项目具有重要途径之一。

根据储能站群提供电网辅助服务工程项目影响的特点，主要从项目社会影响、项目经济影响和项目环境影响三个维度进行后评估分析。

项目社会影响评估主要通过对促进新能源消纳、节约传统化石能源 2 个维度进行评价。促进新能源消纳评价的重点是项目是否符合可再生能源发展战略、是否遵循地方电力发展规划、是否明显促进电网对新能源的接入水平；节约传统化石能源评估是替代传统火电机组参与电网调频、调峰及事故备用等服务，促进新能源发电空间，减少化石能源对当地环境造成污染。

项目环境影响后评估主要通过有毒气体与烟尘减排、有害物质污染 2 个维度进行评估。储能系统替代传统化石能源发电参与电网调峰、调频与事故支撑，减少化石能源消耗，减少碳、硫氧化物等气体的排放，这对当地环境保护具有积极推动作用；但储能系统退役以后的报废处理将会造成当地环境的二次污染，进行对环境二次污染的评估以检验对退役电池处理的有效性。

项目经济影响后评估主要通过对居民就业带动与产业带动的经济效益 2 个维度进行评价。对居民就业带动评价的重点是储能项目对当地就业的推动效果；产业带动评估的重点是项目对于拉动地方储能生产产业、地方新能源发电产业的发展效果。根据上述分析和内容，初步选取 6 个涉及项目社会影响、环境影响和经济影响后评价的指标建立指标体系，如图 6-9 所示。

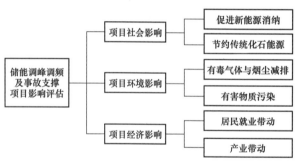

图 6-9　储能参与电网辅助服务项目影响评估指标体系

（5）经济评估。经济效益是评估项目建设成败的重要指标，对储能站群参与电网调峰、调频与事故支撑项目来说，需要从财务指标评价和国民经济指标评价 2 个维度进行效益后评估工作。工程项目经济后评估的财务评价以评价项目财务可行性为目的，其法律支撑是国家财税法律和制度，分析的主要内容是项目的财务盈利能力、债务清偿能力、资金营运能力等。工程项目的国民经济后评估是以国家整体角度出发，对项目的经济性进行评价，以判断项目合理性的评价方式。

基于上述分析与主要内容，初步选取 5 个涉及项目财务指标、国民经济指标评估的指标建立指标体系，如图 6-10 所示。

基于上述分析，建立的储能站群参与

储能调峰调频及事故支撑项目经济评估

财务指标
- 财务净现值
- 财务内部收益率
- 投资回收期

国民经济指标
- 实际经济净现值
- 实际内部收益率

图 6-10　储能参与电网辅助服务项目经济评估指标体系

电网辅助服务效能评估的指标体系共包含 5 个一级指标，14 个二级指标和 37 个三级指标，最后得到工程项目综合效能评估指标体系如图 6-11 所示。

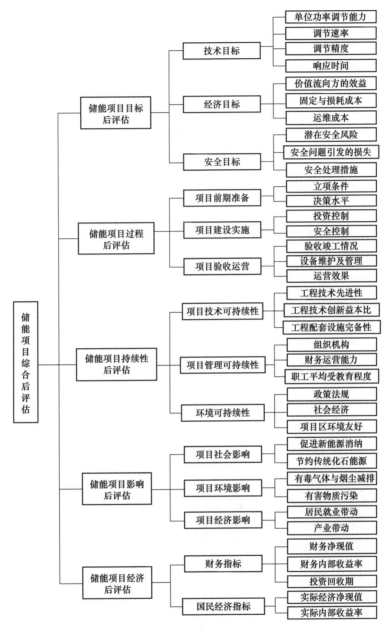

图 6-11　工程项目综合效能评估指标体系

6.2.2　电化学储能电站群综合效益评估模型

6.2.2.1　储能项目效能评估中的技术目标模型

本小节主要分析功率型储能在调频、紧急事故支撑应用的效能评估中的技术目标模型以及能量型储能在调峰应用的效能评估中的技术目标模型。

1. 功率型储能项目效能评估中的技术目标模型（调频、事故支撑等）

分别引入描述响应时间的延时得分、描述调节速率的速率得分以及描述调节

精度的精度得分等几个指标来评定储能工程项目的调节速率、调节精度及响应延时等几个关键性能参量的实现程度。

（1）描述响应时间的延时得分 d_s。用正弦相关系数 R 描述储能出力与 AGC 指令的跟踪相关性，从 t 时刻回溯历史数据直至二者相关性最大的时刻，其间的时间间隔即响应时延。

数据采样间隔 $\Delta t = 10s$，t 时刻前 5min 的机组出力序列：

$P_G(t), P_G(t-\Delta t), \cdots, P_G(t-30 \cdot \Delta t)$，储能出力序列：$P_B^{ref}(t)$，$P_B(t-\Delta t)$，$P_B(t-30 \cdot \Delta t)$。除 t 时刻数据，其余均为历史确定值，各序列有 $n=31$ 个数据。储能合出力序列 X_n 为：

$$P_{GB}(t), P_{GB}(t-\Delta t), \cdots, P_{GB}(t-30 \cdot \Delta t)$$

其中

$$P_{GB}(t) = P_G(t) + P_B^{ref}(t) \tag{6-24}$$

t 时刻前 5min 的历史 AGC 指令序列 $Y_{n,1}$ 为：$P_A(t), P_A(t-\Delta t), \cdots, P_a(t-30 \cdot \Delta t)$。

以 Δt 为步长依次回溯 AGC 指令，第 i 次滚动后得到历史 AGC 指令序列 $Y_{n,i+1}$：$P_A(t-i \cdot \Delta t)$，$P_A[t-(i+1) \cdot \Delta t] \cdots P_A[t-(i+30) \cdot \Delta t]$ 滚动 30 次。

分别计算 $i=1,2,\cdots,31$ 时，$Y_{n,i}$ 与 X_n 的正弦相关系 $R_{n,i}$，然后比寻 $\max\{R_{n,j}\}$，即储能出力对 AGC 指令跟踪相关性最大时对应的 i 值。对应延时为 $\Delta T = 10 \cdot (i-1)$，由此计算 t 时刻的 d_s，如式（6-25）～（6-28）所示。

$$\cos_i = \frac{X_n \cdot Y_{n,i}}{|X_n| \cdot |Y_{n,i}|} \tag{6-25}$$

$$\rho_i = \max\left\{0, \frac{Cov(X_n, Y_{ni})}{\sqrt{DX_n \cdot DY_{n,i}}}\right\} \tag{6-26}$$

$$R_{n,i} = \sqrt{\cos_i^2 + \rho_i^2} \tag{6-27}$$

$$d_s = 1 - \frac{\Delta T}{(n-1) \cdot \Delta t} \tag{6-28}$$

相关系数 ρ_i 为负表示机组出力与当前 AGC 需求调节方向相反，此时取 ρ_i 为 0。由式（6-28）可知 $d_s \in [0,1]$，ΔT 越小，机组响应延时越小，d_s 越高。

（2）描述调节速率的速率得分 r_s。由储能参与调节前后的速率比描述火储能出力的调节速率。

$v_G = \dfrac{P_G(t) - P_G(t-T)}{T}$ 表示 $[t-T, t]$ 时段机组单独调节时的平均调节速率。

$v_{GB}(t) = \dfrac{P_{GB}(t) - P_G(t-T)}{T}$ 表示 $[t-T, t]$ 时段储能联合调节时的平均调节速率。

则速率得分可表达成式（6-29）。

$$r_s = \min\left\{ \left| \frac{v_{GB}}{v_G} - 1 \right|, 1 \right\} \tag{6-29}$$

由式（6-29）知 $r_s \in [0,1]$。经证明，不论是正常调节、反调或超调，r_s 值越大则调节速率越大。需指出，r_s 描述的是相对于仅由机组调节，储能联合后调节速率的改善程度。

（3）描述调节精度的精度得分 p_s。接收新指令之前，各区间调节精度由里程完成度描述。实际里程是衡量机组 AGC 跟踪有效性的标量，需求里程则为指令对机组的需求调节量。以 m_s 为 t_i 时刻的需求里程，m_e 为当前计算周期始端 t 时刻的需求里程，如式（6-30）所示。

$$\begin{aligned} m_s &= P_A(t_i) - P_{GB}(t_i) \\ m_e &= P_A(t_i) - P_{GB}(t) \end{aligned} \tag{6-30}$$

其中 $P_{GB}(t)$ 与 $P_{GB}(t_i)$ 分别是各区间始端 t 时刻和新指令下发 t_i 时刻的储能合出力，$t - t_i$ 为 T 的倍数。不论是机组与储能合出力正常调节、反调或超调，其在各区间内的实际里程 m_a 均可以表示为 $m_a = |m_s| - |m_e|$，负值表示反向无效调节量大于正向有效调节量。因此需求调节量完成程度可描述为调节精度，定义实际里程与始端需求里程的比值为精度得分如式（6-31）所示。

$$p_s = \max\left\{ 0, \frac{|m_s| - |m_e|}{|m_s|} \right\} \tag{6-31}$$

2. 能量型储能项目效能评估中的技术目标模型（调峰等）

在构建能量型储能应用项目的指标体系时，在遵循系统性、一致性、科学性等原则的前提下，与储能电站实际相结合。

（1）放电深度。由于各电站的容量不同，以评价周期内各电站的实际下网电量与其额定容量的比值来表示放电深度。

$$E_{p.down} = \frac{E_{down}}{E_{cap}} \tag{6-32}$$

式中：E_{down} 为评价周期内电站的放电电量；E_{cap} 为储能电站的额定容量。

（2）充电深度。充电深度以评价周期内电站储能单元交流侧充电量与电站额定容量的比值表示。

$$E_{p.ch} = \frac{E_{ch}}{E_{cap}} \tag{6-33}$$

式中：E_{ch} 为评价周期内电站储能单元交流侧充电量。

（3）电站综合效率。以评价周期内运行过程中电站上网电量与下网电量的比值表示电站的综合效率，反映了评价周期内电站的综合能量效率。

$$\eta_{com} = \frac{E_{up}}{E_{down}} \tag{6-34}$$

（4）储能单元充放电平均能量转换效率。储能单元充放电平均能量转换效率以评价周期内储能电站中各储能单元充放电的平均能量转换效率表示。

$$\eta_{av} = \frac{1}{n}\sum_{i=1}^{n}\eta_i \tag{6-35}$$

式中：n 为储能电站中储能单元总数；η_i 为第 i 个储能单元的充放电能量转换效率。

（5）可用系数。可用系数以评价周期内电站运行过程中的实际可用时间和统计时间的比值表示。

$$R_{av} = \frac{T_{av}}{T_{total}} \tag{6-36}$$

式中：T_{av} 为评价周期内电站实际可用小时数；T_{total} 为统计时间小时数。

（6）停运系数。停运系数以评价周期内电站运行过程中的实际停用时间和统计时间的比值表示。

$$R_{st} = \frac{T_{st}}{T_{total}} \tag{6-37}$$

式中：T_{st} 为评价周期内电站实际停运小时数。

（7）利用系数。利用系数以评价周期内电站实际运行时间和统计时间的比值表示。

$$R_{act} = \frac{T_{act}}{T_{total}} \tag{6-38}$$

式中：T_{act} 为评价周期内电站实际运行小时数。

6.2.2.2　电化学储能电站综合成本模型

储能装置的资金投入主要是指在建造过程中所需要投资的成本，即固定投资费用，以及储能装置在后续运行过程中所需的维护费用和运行费用。

（1）固定投资费用。储能系统由储能部分（Central Store，CS）、能量转换部分（Power Transformation System，PTS）和充放电控制部分（Charge-discharge Control System，CDCS）组成。因此，储能系统固定投入费用由 CS 投资费用、PTS 投资费用、CSCD 投资费用等组成。其中，CS 投资费用与其储能容量有关，PTS 和 CSCD 的投资费用与储能系统的最大传输功率有关，即初始投资费用与系统的存储容量和传输功率有关。通常情况下用每部分单位造价成本以及各部分的容量或功率对每部分的投资成本进行计算

$$C_{CS} = C_W^* W_{max} \tag{6-39}$$

$$C_{PTS} = C_P^* P_{max} \tag{6-40}$$

$$C_{CDCS} = C_P^{**} P_{max} \tag{6-41}$$

式中：C_{CS} 为储能部分投资费用，单位为元；C_{PTS} 为能量转换部分投资费用，单位为元；C_{CDCS} 为充放电控制部分投资费用，单位为元；C_W^* 为储能系统的单位造价，单位为元/（kWh）；C_P^* 为能量转换部分的单位造价，单位为元/（kWh）；C_P^* 为充放电控制部分的单位造价，单位为元/（kWh）；P_{max} 为储能系统最大传输功率，单位为 kW；W_{max} 为储能系统最大储能容量，

单位为 kWh；因此，储能系统固定投资费用 C_{ES} 可用式（6-42）或式（6-43）进行计算

$$C_{ES} = C_{CS} + C_{PTS} + C_{CDCS} \tag{6-42}$$

$$C_{ES} = C_W^* W_{max} + C_P^* P_{max} + C_P^{**} P_{max} \tag{6-43}$$

（2）运行维护费用。储能系统每年都会产生一定的运行费用和维护费用，二者的大小取决于最初投资储能系统的最大电力传输能力即最大传输功率 P_{max}。因此，年运行维护成本 C_{OM} 按式（6-44）计算

$$C_{OM} = C_{mf} P_{max} \tag{6-44}$$

式中：C_{mf} 为单位功率的年运行维护成本，元/（kW/年）。

（3）储能年成本折算。根据储能系统的使用寿命年限和贴现率，将储能系统全寿命周期内的成本进行分摊，并与储能系统的年运行维护费用叠加，得到储能系统的年平均成本为

$$C_{pj} = C_{ES} \frac{(1+r)^T r}{(1+r)^T - 1} + C_{OM} \tag{6-45}$$

式中：r 为储能项目贴现率，本文取为 8%；T 为储能寿命年限，年。

（4）储能参与电网调峰、调频和事故紧急支撑等辅助服务成本分析。储能系统在计划运行充放电曲线下，其效益是最优的，当储能系统参与备用容量等其他辅助服务时，会改变其计划运行的充放电曲线，进而会导致储能系统产生运行成本，影响储能系统的效益。下面从储能系统参与频率调节、有偿调峰、备用容量以及无功调节来研究储能系统的成本。

1）储能系统参与频率调节。储能系统参与频率调节的成本可以通过收益的减少量来计算。储能系统参与频率调节是实时进行的，24h 都需要参与，典型的储能系统参与调频前后的运行曲线如图 6-12 所示。

储能系统参与频率调节的成本 c_1 为

$$c_1 = v_0 - v_1 \tag{6-46}$$

式中：v_0 为储能系统原计划充放电下的盈利，元；v_1 为储能系统参与频率调节后的盈利，元。

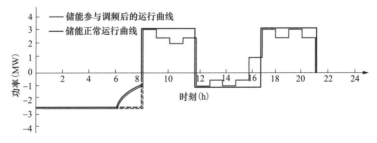

图 6-12　储能参与调频前后的运行曲线

2）储能系统参与有偿调峰。储能系统在参与有偿调峰时，需提前一天计划好第二天要提供的储能量，因此，储能系统在参与有偿调峰时，会打破储能系统原计划的充放电曲线，进而会影响到储能系统的盈利。储能系统参与有偿调峰前后的运行曲线如图 6-13 所示。

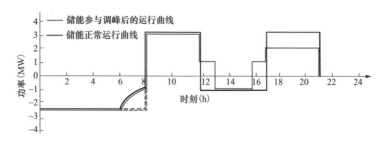

图 6-13 储能参与有偿调峰前后运行的曲线

储能系统参与有偿调峰的成本 c_2 为

$$c_2 = v_0 - v_2 \tag{6-47}$$

式中：v_0 为储能系统原计划充放电下的盈利，元；v_2 为储能系统参与有偿调峰后的盈利，元。

3）储能系统参与备用容量。当储能系统参与备用容量时，应先提前预留一定的电量作为备用，用于事故紧急支撑，储能在参与备用容量前后的运行曲线如图 6-14 所示。

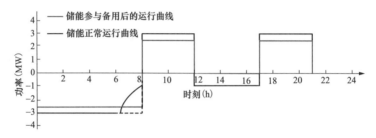

图 6-14 储能在参与备用容量前后的运行曲线

储能系统参与备用容量的成本 c_3 为

$$c_3 = v_0 - v_3 \tag{6-48}$$

式中：v_0 为储能系统原计划充放电下的盈利，元；v_3 为储能系统参与备用容量后的盈利，元。

4）储能系统参与无功调节。储能系统参与无功调节时，通过 PCS 系统的控制策略，在满足正常充放电需求的同时，同时还能提供一定无功补偿，储能系统无功补偿能力由 PCS 本身的能力决定。典型的储能参与无功调节前后的曲线如图 6-15 所示。

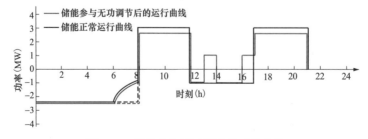

图 6-15 储能参与无功调节前后的曲线

储能参与无功调节的成 c_4 为

$$c_4 = v_0 - v_4 \tag{6-49}$$

式中：v_0 为储能系统原计划充放电下的盈利，元；v_4 为储能系统参与无功调节后的盈利，元。

6.2.2.3 储能项目价值流向的效益模型

本小节的储能项目收益模型主要包括发电侧收益及电网侧收益。

1. 发电侧收益

（1）深度调峰补偿收益。实时深度调峰交易采用"阶梯式"报价方法和价格机制，采用负荷率分段式报价，具体分档和报价上、下限如表 6-4 所示。

同时，发电机组可根据自身技术能力申报最低调峰下限，调峰下限不得高于机组初始额定容量的 40%。

但对于储能装置来说，其调节能力为额定功率的 100%。

表 6-4 深度调峰"阶梯式"报价表

挡 位	负荷率	报价下限（元/kWh）	报价上限（元/kWh）
第一挡	40%≤负荷率＜50%	0	0.3
第二挡	30%≤负荷率＜40%	0.3	0.5
第三挡	负荷率＜30%	0.5	0.7

市场交易期间，全网发电机组深度调峰服务费的计算公式如（6-50）所示，储能参照机组的深度调峰补偿方式计算。

$$\varepsilon = K \times Q_{各分段} \times \gamma_{各分段} \tag{6-50}$$

式中：ε 为机组的深度调峰补偿费用；K 为调节系数，取值 0～2，在市场初期暂取 1；$Q_{各分段}$ 为机组分段区间对应深度调峰电量；$\gamma_{各分段}$ 为各分段区间对应出清价格。

（2）调频补偿收益。储能联合调频系统 i 第 m 天的补偿计算见式（6-51）

$$R_i^m = K_{pd}^{i,m} \times D_i^m \times Y_{AGC}^m \tag{6-51}$$

式中：R_i^m 为储能联合调频系统 i 第 m 天的总补偿收益；$K_{pd}^{i,m}$ 为储能联合调频系统 i 第 m 天的综合性能指标；D_i^m 为储能联合调频系统 i 第 m 天的调频深度；Y_{AGC}^m 为调频补偿标准。

（3）煤耗减少的收益。储能参与调频后，机组由 2% 额定功率的速率转为 1% 额定功率的速率响应自动发电控制指令，根据速率可计算储能参与调频前后的煤耗差值。总煤耗减少收益见式（6-52）

$$R_h = Q_d \times m \times r_h \tag{6-52}$$

式中：R_h 为总煤耗减少收益；Q_d 为调节期间总发电量；m 为每度电煤耗差值；r_h 为标准煤价。

（4）评估减少收益。储能参与调频后，机组的可用率和调节性能能达到标准要求，可获得可用率和调节性能评估减少的收益，机组可用率和调节性能评估都采用定额评估方式，评估机组的评估电量见式（6-53）

$$Q_C((98\% - K_A) \times P_N \times \propto_{AGC,A} + (1 - K_P) \times P_N \times \propto_{AGC,P}) \times 1 \tag{6-53}$$

式中：Q_C 为评估电量；K_A 为实测机组可用率；P_N 为机组容量，MW；$\propto_{AGC,A}$ 为可用率评估系数，数值为 1；K_P 为实测机组调节性能；$\propto_{AGC,P}$ 为调节性能评估系数，数值为 2。

2. 电网侧收益

（1）总调频费用减少收益。投入储能系统，电力系统的资源变得更加优质，总调频补偿费用会降低，降低费用为投入储能前后的调频补偿费用差值，其计算见式（6-54）

$$R_C = \sum_{i=1}^{n} K_{P1}^i \times D_1^i \times K_b - \sum_{i=1}^{n} K_{P2}^i \times D_2^i \times K_b \tag{6-54}$$

式中：R_C 为总调频减少费用；K_{P1}^i 为未投入储能时机组 i 的综合性能指标 D_1^i 为未投入储能时的机组 i 的调节里程；K_b 为补偿标准；K_{P2}^i 为投入储能时机组 i 的综合性能指标；D_2^i 为投入储能时的机组 i 的调节里程；n 为参与调节的机组总数。

（2）发电可靠性提高带来的收益。储能参与辅助服务后，发电机组运行强度降低，提高了发电系统的可靠性。电力系统可靠性是通过定量的可靠性指标来度量的，电量不足期望值能够综合性地表达停电次数、平均持续时间和平均停电功率，其计算见式（6-55）

$$EENS = \sum_{e \in LL} P_e \times Z_e \tag{6-55}$$

式中：$EENS$ 为电量不足期望值；P_e 为系统处于状态 e 的概率；Z_e 为系统处于电力不足状态 e 时的负荷削减量。

（3）社会收益。储能联合调频降低了煤耗，减少了污染物的排放，从而获得社会收益。消化 1kg 煤所排放的污染物见表 6-5，污染物主要包括 CO_2、SO_2、NO_x，其中 CO_2 的含量约占 95%。

表 6-5　　　　　　　　　　　消化 1kg 煤所排放的污染物

种　　类	污染物排放量（kg）	排放收费标准（元/kg）
CO_2	2.4925	0.160
SO_2	0.075	20
NO_x	0.0375	0.6316

CO_2、SO_2 和 NO_x 的减排价值之和即为社会收益，其计算见式（6-56）

$$R_S = m_h \times (2.4925 \times 0.160 + 0.075 \times 20 + 0.0375 \times 0.6316) \tag{6-56}$$

式中：R_S 为社会收益；m_h 为减少总煤耗。

6.2.3　电化学储能电站群项目后评估模型

6.2.3.1　项目后评估的安全目标模型

对于各领域储能系统应用而言，市场仍以新技术来看待，对此类产品所产生的安全问题尤为突出，直接制约着储能技术应用甚至是储能产业发展。

储能系统的安全问题主要是电池着火的问题，以及着火后引发的直接与间接损失等。从国内外的几起兆瓦级储能电站起火事故可以看出，锂离子电池应用于规模化储能，尚存在安全风险。2017 年 3 月 7 日，山西某火力发电厂储能系统辅助机组 AGC 调频项目发生火灾，烧毁锂离子电池储能单元一个、储能锂电池包 416 个、电池管理系统包 26 个以及其他相关设施若干。2018 年 7 月 2 日，接入韩国灵岩风电场的储能电站发生火灾，造成 706m² 电站建筑过火，3500 块以上电池全部烧毁。

现有锂离子电池很难保证在运行一定时期后，内部材料电化学性能的均一性，局部活性区域的过充或过放，将导致电池内部热失控，继而引发燃烧或者爆炸。因此，储能装置在配置或接入电源、电网、用户侧时，需要预留足够的消防安全距离，避免因储能电站事故影响电网安全运行。同时，也需对其运行倍率特性与发热甚至发展到着火间的因果关系进行初探。

锂电池安全性问题来自其能量在极短的时间内释放，形式包括电能释放和化学能释放。电能释放形式形成的安全性问题主要表现为电击（主要是 6V 以上的高压系统），化学能释放引起的安全性问题主要体现为热失控和热失控扩展引起的燃烧或爆炸。

热失控是指单体电池在滥用或其他极端条件下发生放热连锁反应引起电池自温升速率急剧变化，不可逆，引起电池出现过热、起火、爆炸等现象。主要表现为电池温度在短时间内急剧上升，最终结果为电池结构遭到破坏，性能丧失，整个电池失效。热失控扩展是指电池包，或者电池系统内容的单体电池或者电池模组单元热失控，并触发电池系统中相邻或其他部位的动力电池的热失控的现象。电池热失控的诱因有很多种，主要包括机械滥用、电滥用和热滥用。但是机械滥用和电滥用都会导致电池内部温度的升高，最终由于温度升高启动电池热失控，所以电池热失控的原因归根到底还是由热引发的，如图 6-16 所示。

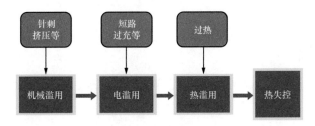

图 6-16　电池热失控诱发因素

典型的锂离子电池热失控过程如图 6-17 所示，可以看到热失控发生时，各种材料相继发生热化学反应，放出大量的热量，形成链式反应效应，使得电池体系内部温度不可逆快速升高。链式反应过程中，电解液气化及副反应产气造成电池体系内压力升高，电池喷阀破裂后，可燃气体被点发生燃烧反应。单体电池的热失控特性表现为其组成材料反应热特性的叠加。

热失控特性表现为其组成材料反应热特性的叠加。

热失控曲线中总结提出电池的热失控过程主要分为 6 个阶段：①容量衰减阶段；②自产热阶段；③隔膜融化阶段；④电池内部短路阶段；⑤电池内部温度快速上升阶段；⑥剩余反应阶段。

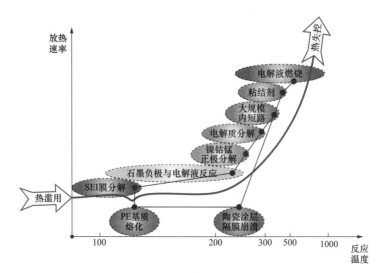

图 6-17　锂离子动力电池单体热失控链式反应机理

当前，磷酸铁锂电极材料是目前最安全的锂离子电池正极材料，且循环寿命可达 2000 次以上，加上产业成熟而带来的价技术门槛和技术的下降，很多厂商采用的都是磷酸铁锂电池。但磷酸铁锂电池的缺点是低温性能差，−10℃时便容量衰减急剧。

另外，相比于磷酸铁锂电池，三元锂电池的能量密度大，但安全性稍差，原因为两种材料在一定温度时会发生分解，磷酸铁锂的分解温度为 800℃左右，而三元锂材料在 200℃左右发生分解，且化学反应更加剧烈，会释放氧分子，在高温作用下电解液迅速燃烧，发生连锁反应，简单说，就是三元锂材料比磷酸铁锂材料更容易着火。

6.2.3.2　项目后评估的环境影响评估模型

储能参与电网辅助服务可使机组的煤耗降低，从而减少标煤的消耗量，进而减少碳排放，获得环保效益。计算方法如下。

（1）计算总煤耗的降低。根据"煤耗减少的收益"中煤耗减少的计算方法，计算总耗煤的减少量，即为 $C_{总}$。

（2）计算减排量。由于二氧化碳、二氧化硫等污染气体减少而带来的收益，可通过污染气体的减排量和排放征收费确定。

根据相关统计，每减少消耗 1kg 标准煤，可减少的污染物排放如表 6-6 所示。

表 6-6　　　　　　　　　　　　　　　标准煤与污染物排放

减少消耗 1kg 标准煤			
	CO_2	SO_2	NO_x
减少污染物排放（kg）	2.4925	0.075	0.0375
排放收费标准（元/kg）	0.160	20	0.6316

分别计算 CO_2，SO_2，NO_x 的减排价值

$$CO_2减排价值 = C_总 \times 2.4925 \times 0.160$$
$$SO_2减排价值 = C_总 \times 0.075 \times 20 \tag{6-57}$$
$$NO_2减排价值 = C_总 \times 0.0375 \times 0.6316$$

相加后得到总的环保效益

$$环保效益 = CO_2减排价值 + SQ_2减排价值 + NO_x减排价值 \tag{6-58}$$

6.2.3.3 项目后评估的经济后评估模型

储能产业的效益主要来自于销售的设备的总产值。其中包括储能设备的价值、带动的劳动就业的价值、地方税收的价值等各个方面的价值，此部分效益涉及面广泛，定量分析困难，因此属于隐性收益，进行定性分析。

1. 储能工程项目财务后评估

储能调频工程财务后评估需要以项目实际投产后数据为基础，计算出项目主要财务数据及指标，并依据这些指标与数据进行分析。主要相关的计算为

$$年调频补偿收入 = 补偿单价 \times 补偿电量$$

$$调频调节成本 = 生产成本 + 运营费用$$

$$税后利润 = 补偿收入 + 营业外收入 + 其他利润 - 资源税 - 营业外支出 - 企业所得税$$

$$实际静态投资回收期 = 累计净现值开始出现正值的年份数 - 1$$
$$+ （上年累计净现金流的绝对值/当年净现金流）$$

$$实际动态投资回收期 = 累计净现值开始出现正值的年份数 - 1$$
$$+ （上年累计净现值的绝对值/当年净现值）$$

$$实际借款偿还期 = 借款偿还后开始出现盈余的年份数 - 1$$
$$+ （当年应偿还借款/当年可用于还款的收益额）$$

2. 储能工程项目国民经济后评估

储能调频工程项目国民经济后评估主要指标有实际经济净现值和实际经济内部收益率。

实际经济净现值表示项目运营期内，以社会折现率对项目每年的实际净收益进行折现到项目初始建设期的加总，该指标反映的是工程项目对国民经济实际贡献的绝对指标。

实际经济内部收益率表示项目在计算期内现实经济净现值等于零时的折现率，该指标反映的是工程项目对国民经济实际贡献的一个相对指标。

6.2.3.4 项目后指标权重与评估分析

目前，通常后评估工作中采用专家打分法得到各指标的得分，再通过归一化处理得到各指标的权重，但这种专家打分法免不了带有一定程度的主观偏好。

熵信息法是确定指标权重的一种客观方法，此方法利用指标的客观信息，规定同一指标间的波动越小，则该指标的权重越小，波动越大，则该指标权重越大。

为了兼顾专家对指标的偏好和指标间的客观信息，给出在对指标有偏好信息及客观熵信息输出权重的基础上，通过最小二乘法确定权重的方法。

1. 指标权重确定方法

（1）指标主观权重的确定方法。采用 5 级标度赋值法进行主观权重赋值，见表 6-7。

表 6-7 指标主观赋值方法

指 标 比 较	取 值
指标 B_j 与 B_k 相比相当	$d_{jk} = d_{kj} = 4$
指标 B_j 与 B_k 相比较强	$D_{j,k} = 4+1$，$d_{k,j} = 4-1$
指标 B_j 与 B_k 相比强	$D_{j,k} = 4+2$，$d_{k,j} = 4-2$
指标 B_j 与 B_k 相比很强	$D_{j,k} = 4+3$，$d_{k,j} = 4-3$
指标 B_j 与 B_k 相比绝对强	$D_{j,k} = 4+4$，$d_{k,j} = 4-4$

按照上表的方法进行赋值，可得到赋值矩阵如式（6-59）所示

$$D = d_{(jk)6\times6} = \begin{bmatrix} d_{11} & d_{12} & \cdots & d_{16} \\ d_{21} & d_{22} & \cdots & d_{26} \\ \cdots & \cdots & \cdots & \cdots \\ d_{61} & d_{62} & \cdots & d_{66} \end{bmatrix} \quad (6-59)$$

计算各指标的 5 级标度偏好优序数

$$Q_j = \sum_{k=1}^{6} d_{jk}, j = 1, 2, \cdots, 6$$

取

$$\omega_j = \frac{Q_j}{\sum_{k=1}^{6} Q_k}, j = 1, 2, \cdots, 6 \quad (6-60)$$

得到判决指标的主观偏好权重向量为

$$\omega = (\omega_1, \omega_2, \cdots, \omega_6)^T \quad (6-61)$$

（2）指标客观权重的确定方法。设共做了 n 套不同的储能联合调频方案，$X = (x_1, x_2, \cdots, x_n)$，每一套方案针对评价指标都有一个具体的计算结果，$a_{ij}(i = 1, 2, \cdots, n; j = 1, 2, \cdots, 6)$ 表示第 i 套方案的计算结果，这些计算结果组成指标权重矩阵。

$$A = (a_{ij})_{n\times6} = \begin{bmatrix} a_{11} & a_{12} & \cdots & a_{16} \\ a_{21} & a_{22} & \cdots & a_{26} \\ \cdots & \cdots & \cdots & \cdots \\ a_{n1} & a_{n2} & \cdots & a_{n6} \end{bmatrix} \quad (6-62)$$

将矩阵 A 进行标准化处理，标准化处理为

$$b_{ij} = \frac{a_{ij}}{\max(a_{ij})}, i = 1, 2, \cdots, n; j = 1, 2, \cdots, 6 \quad (6-63)$$

得到标准化决策矩阵为

$$B = (b_{ij})_{n \times 6} = \begin{bmatrix} b_{11} & b_{12} & \cdots & b_{16} \\ b_{21} & b_{22} & \cdots & b_{26} \\ \cdots & \cdots & \cdots & \cdots \\ b_{n1} & b_{n2} & \cdots & b_{n6} \end{bmatrix} \qquad (6\text{-}64)$$

对于标准化决策矩阵 B，令

$$P_{ij} = \frac{b_{ij}}{\sum_{i=1}^{n} b_{ij}}, i = 1, 2, \cdots, n; j = 1, 2, \cdots, 6 \qquad (6\text{-}65)$$

指标 B_j 的信息熵为

$$E_j = -(\ln n)^{-1} \sum_{i=1}^{n} P_{ij} \ln P_{ij}, \quad j = 1, 2, \cdots, 6 \qquad (6\text{-}66)$$

其中当 $P_{ij} = 0$ 时，规定 $\sum_{i=1}^{n} P_{ij} \ln P_{ij} = 0$，则

$$\mu_j = \frac{(1 - E_j)}{\sum_{k=1}^{6} (1 - E_k)}, j = 1, 2, \cdots, 6 \qquad (6\text{-}67)$$

为指标 B_j 的客观权重，从而得到所有指标的客观权重向量

$$\mu = (\mu_1, \mu_2, \cdots, \mu_6)^T \qquad (6\text{-}68)$$

（3）主客观指标综合权重的确定方法。假设各指标的综合权重为

$$W = (w_1, w_2, \cdots, w_6)^T \qquad (6\text{-}69)$$

为了兼顾主观偏好和客观真实性，使指标的主、客观权重决策结果偏差越小越好，建立以下最小二乘法决策模型。

$$\left\{ \begin{array}{c} \min(H(W)) = \sum_{i=1}^{n} \sum_{j=1}^{6} \left\{ \left[(\omega_j - w_j) b_{ij} \right]^2 + \left[(\mu_j - w_j) b_{ij} \right]^2 \right\} \\ st. \sum_{j=1}^{6} w_j = 1 \\ w_j \geqslant 0, j = 1, 2, \cdots, 6 \end{array} \right\} \qquad (6\text{-}70)$$

2. 储能提供辅助服务项目指标评分标准

（1）指标权重。储能系统提供辅助服务评价指标基本权重划分可按表 6-8 所示。

（2）评分原则。储能系统参与电网辅助服务综合得分宜根据指标得分和相应权重系数，按式（6-71）计算。

$$S = \sum k_i \times F_i \qquad (6\text{-}71)$$

式中：S 为储能服务系统综合评价得分；k_i 为指标 i 所占权重；F_i 为指标 i 得分计算。

储能系统综合得分大于 90 分的为优级；得分为 80~90 分的为良级；得分为 70~80 分的为合格；得分低于 60 分的为不合格。

表 6-8 储能系统评价指标基本权重划分情况表

序号	总准则层	准则层	指标层	准则层权重	指标层权重
1	项目目标后评估	功率型储能系统技术目标	调节速率	21%	6%
2			调节精度		6%
3			响应时间		6%
4			单位功率调频能力		3%
5		能量型储能系统技术目标	最大充/放电功率	21%	5%
6			最大充/放电深度		5%
7			平均/充放电功率		1%
8			转换效率		10%
9		经济目标	价值流向方的效益	10%	5%
10			固定与损耗成本		3%
11			运维成本		2%
12		安全目标	潜在安全风险	10%	3%
13			安全问题引发的损失		2%
14			安全处理措施		5%
15	项目过程后评估	项目前期准备	立项条件	4%	2%
16			决策水平		2%
17		项目建设实施	投资控制	2%	1%
18			安全控制		1%
19		项目验收运营	验收竣工情况	3%	1%
20			设备维护及管理		1%
21			运营效果		1%
22	项目持续性后评估	项目技术可持续性	工程技术先进性	10%	4%
23			工程技术创新益本比		4%
24			工程配套设施完备性		2%
25		项目管理可持续性	组织机构	5%	2%
26			财务运营能力		2%
27			职工平均受教育程度		1%
28		环境可持续性	政策法规	3%	1%
29			社会经济		1%
30			项目区环境友好		1%
31	项目影响后评估	项目社会影响	促进新能源消纳	2%	1%
32			节约传统化石能源		1%

序号	总准则层	准则层	指标层	准则层权重	指标层权重
33	项目影响后评估	项目环境影响	有毒气体与烟尘减排	3%	2%
34			有害物质污染		1%
35		经济影响	居民就业带动	2%	1%
36			产业带动		1%
37	项目经济后评估	财务指标	财务净现值	15%	5%
38			财务内部收益率		5%
39			投资回收期		5%
40		国民经济指标	实际经济净现值	10%	5%
41			实际内部收益率		5%

6.3 电化学储能电站群参与交直流混联受端电网辅助服务综合评估实证

本节根据电化学储能系统提供的需求响应和辅助服务机制，给出储能系统运行的绩效评估指标，并采用模糊—均方差法对其进行绩效评估，并选取典型案例进行实证分析，基于国内储能参与电网深度调峰工程项目，并依托火电机组的运行数据，仿真分析了替代该火电机组参与电网深度调峰的储能系统项目运行与运营数据，从技术、经济及可持续性等层面开展了综合效能评估的实证评估，为我国储能工程项目评价的具体实施提供参考和借鉴。

6.3.1 储能电站群参与辅助服务项目绩效评估

本小节首先对电化学储能电站群参与需求响应和辅助服务的绩效进行评估，其次采用模糊—均方差法评估储能系统参与需求响应和辅助服务的绩效，最后，结合河南百兆瓦分布式电化学储能系统运行情况，对储能电站群运行情况进行综合评估。

6.3.1.1 储能电站群绩效评估指标

对于储能系统参与需求响应和辅助服务的绩效评估，主要从贡献度、频率调节、有偿调峰、备用容量以及无功调节五个方面来对储能系统进行评估。

1. 贡献度评估

储能系统参与需求响应和为电网提供辅助服务时，可以增加电网的收益，定义 Y 为储能系统对电网收益的贡献度，具体计算公式为

$$Y = \frac{M_{cn}}{T_{dw}} \times 100\% \tag{6-72}$$

式中：M_{cn} 为储能系统参与需求响应和提供辅助服务为电网带来的年收益，单位为元；T_{dw} 为电网总的年收益，单位为元。通过公式可以看出，储能系统为电网带来的收益越大，其贡献

度越大。

2. 频率调节评估

在电网频率超过基准频率死区及发生扰动期间进行储能系统频率调节性能评估。评估标准为储能系统在电网高频率或低频率期间的调频响应行为，即调频电量。定义 DX 为调频效果

$$DX = \frac{Q_{sj}}{Q_{ll}} \tag{6-73}$$

式中：Q_{sj} 为储能系统实际调频增量部分的电量，kWh；Q_{ll} 为相应时间调频理论计算电量，kWh。

（1）频率动作正确率。当一次调频效果 DX 大于零时，储能系统调频正确动作一次，否则为不正确动作一次。每月的动作正确率为

$$\lambda_{zql} = \frac{f_{zq}}{f_{zq} + f_{wr}} \tag{6-74}$$

式中：λ_{zql} 为每月的正确动作率；f_{zq} 为每月正确动作的次数；f_{wr} 为每月不正确动作的次数。

（2）月调频评估指标。以每月储能系统每次调频效果的算术平均值作为储能系统的月调频评估指标

$$DX_{average} = \sum_{i=1}^{n} \frac{DX_i}{n} \tag{6-75}$$

式中：$DX_{average}$ 为每月储能系统每次调频评估指标；DX_i 为第 i 次调频的效果；n 为每月电网频率超出基准频率范围并持续时间超过 20s 的次数。

3. 有偿调峰评估

国网河南省电力公司通过信息系统实时监测统计核定储能系统响应时间和响应量，当储能系统在有偿调峰过程中，如果满足响应时段最大负荷不高于基线最大负荷，而且响应时段平均负荷低于基线平均负荷，则视为储能系统的响应有效，否则视为无效。

（1）有偿调峰精度。有偿调峰精度为储能系统每次提供有功功率与电网需要的功率之间偏差的比值，计算公式如下

$$\varepsilon = \frac{\Delta P}{P_{sj}} \times 100\% \tag{6-76}$$

式中：ε 为储能系统有偿调峰调节精度；ΔP 为储能系统提供的有功功率与要求的功率之间的偏差，kW；P_{sj} 为储能系统实际提供的有功功率，kW。

（2）有偿调峰速率。有偿调峰精度为储能系统实测有偿调峰响应速率与基本响应速率的比值，计算公式如下

$$K_{sl} = \frac{V_{sc}}{V_{jb}} \tag{6-77}$$

式中：K_{sl} 为储能系统平均实时有偿调峰调节响应速率；V_{sc} 为储能系统实测有偿调峰调节响

应速率；V_{jb} 为储能系统基本有功调节响应速率。储能系统有功响应的调节精度以 10min 为一个计算单位。

4. 备用容量评估

储能系统在提供备用容量时，当储能系统接收到电力调度指令之后，必须在 10min 内调用，否则视为未达到要求。

储能系统提供备用容量月投运率为

$$\lambda_{ty} = \frac{t_{ty}}{t_{yx}} \tag{6-78}$$

式中：t_{ty} 为储能系统提供备用容量月投运时间，h；t_{yx} 为储能系统提供备用容量月运行时间，h。

5. 无功调节评估

对于无功调节性能评价采用无功调节合格率来进行评估。储能系统接到电力调度机构的无功调节指令后，储能系统在 2min 内调整到位视为合格。储能系统无功调节合格率为

$$\lambda_{hg} = \frac{Z_{zq}}{Z_{zl}} \tag{6-79}$$

式中：λ_{hg} 为每月储能系统无功调节合格率；Z_{zq} 为每月储能系统正确动作的次数；Z_{zl} 为每月储能系统接收到电力调度交易机构发出的调节指令次数。

6.3.1.2 储能电站群绩效评估方法

根据上节对储能系统评估指标的分析与研究，进而采用模糊—均方差法来评估储能系统参与需求响应和辅助服务的绩效。

1. 指标权重确定

评价指标权重的确定会对整个综合评价结果起到至关重要的作用，权重的确定可以反映出每个指标在整体评价中的重要程度。目前指标赋权法主要有主观赋权法、客观赋权法以及主客观综合赋权法三类。

（1）主观赋权法。由专家或者决策者根据以往经验依靠主观进行判断评价而得到的结果，属于定性的评价方法，常用方法主要包括层次分析法（AHP 法）、专家调查法、环比评分法等。其中，AHP 法目前应用最为广泛，是由美国匹兹堡大学的运筹学教授萨迪首先提出的。

（2）客观赋权法。根据各指标实际获得的数据，进行分析，以此来判断各个指标之间的相对重要程度，客观赋权法不存在专家主观判断产生的偏差，具备绝对的客观性，客观赋权法用权重的大小来反映指标属性值的变异程度。常用方法主要包括均方差法、熵权法等。

（3）主客观赋权法。主客观赋权法结合主观赋权法和客观赋权法的特点，充分发挥两者的优势，来对评价指标进行权重的确定。

由上建立的储能系统参与需求响应和辅助服务的评估指标可知，这些绩效评估指标是具体化可测量的，因此采用客观赋权法即均方差法对其进行权重赋值。

2. 均方差法

均方差法是客观赋权法，其基本原理是：如某指标对所有的方案所得的数据均无差别，则该指标对方案决策不起作用，可不考虑该指标，即将该指标赋权为 0；反之，若某指标对所有的方案所得数据有较大差异，则该指标对方案决策起重要作用，应对其赋予较大权数。

具体计算步骤如下：

（1）对原始数据标准化处理：假设共有 m 个评价指标，n 个评价对象，则形成了原始矩阵为 $X = (X_{ij})m \times n$，其中 X_{ij} 表示第 j 个评价对象第 i 个评价指标的原始值。因各指标在量纲、数量级等方面存在差异，所以需进行数据标准化处理以消除各指标单位对评价结果的影响。将原始矩阵进行标准化处理得 $\overline{X} = (\overline{X}_{ij})m \times n$，其中 $\overline{X}_{ij}$ 表示第 j 个评价对象第 i 个评价指标的标准化值，$\overline{X}_{ij}$ 满足 $0 \leqslant \overline{X}_{ij} \leqslant 1$。

对于正向指标，标准化处理运用

$$\overline{x_{ij}} = \frac{x_{ij} - \min\{x_{ij}\}}{\max\{x_{ij}\} - \min\{x_{ij}\}} \tag{6-80}$$

对于负向指标，标准化处理运用

$$\overline{x_{ij}} = \frac{\max\{x_{ij}\} - x_{ij}}{\max\{x_{ij}\} - \min\{x_{ij}\}} \tag{6-81}$$

（2）求变量的均值

$$\tilde{X}_j = \frac{1}{n}\sum_{i=1}^{n}\overline{X}_{ij} \tag{6-82}$$

（3）求 j 指标的均方差

$$\sigma_j = \sqrt{\sum_{i=1}^{n}(\overline{X}_{ij} - \tilde{X}_{ij})^2} \tag{6-83}$$

（4）求 j 指标的权重

$$h_j = \frac{\sigma_j}{\sum_{j=1}^{m}\sigma_j} \tag{6-84}$$

由式（6-84）可计算所得各指标的权重。

3. 模糊综合评价法

模糊综合评价法是由控制论领域著名专家，美国加利福尼亚大学教授 Zadeh 于 1965 年提出来的，主要是通过模糊数学把定性与定量指标相结合以此来量化一些边界不清，主观性强的因素，进而可以从多个角度对被评价事物隶属等级状况进行综合性评价。

模糊综合评价包括 6 个基本要素：

（1）因素集 X。由各个评价因素组成的模糊综合评价因素集合。

（2）评语集 Y。由各模糊评判的评语组成。评语是一些判断程度的等级，如优、良、中、差等。

（3）关系矩阵 R。因素集 X 中某个因素对于评语集 Y 中元素的隶属度组成的关系矩阵 R。

（4）因素权向量 W。W 代表评价因素在被评对象中的相对重要程度，即权重向量，它在综合评价中用来对 R 做加权处理。

（5）模糊算子"o"。"o"是模糊合成算法，即是合成 A 与 R 所使用的计算方法。

（6）评判结果向量 B。B 是指标评价后得到的最终模糊向量。

4．过程评价

评价过程是一个从因素集 X 到评语集 Y 的模糊变换过程。具体如下：

（1）确定评价的因素集

$$X = \{x_1, \cdots, x_m\} \tag{6-85}$$

评价因素集表明评价将从 m 个方面对被评价对象进行描述。

（2）确定评语集

$$Y = \{y_1, y_2, \cdots, y_n\} \tag{6-86}$$

评语等级个数 n 通常处于一个合适区间以同时防止评语 n 过少影响综合评价的质量。

（3）进行单因素评价，建立模糊关系矩阵 R。对于定性指标可以根据专家打分法确定其对于评语集的隶属度，而对于定量指标本文中的隶属度计量按如下计算。

设评价指标因素集 $X_T = \{x_1, x_2, \cdots, x_m\}$，评价等级标准 $v = \{v_1, v_2, \cdots, v_n\}$，设 v_j 和 $v_j + 1$ 为相邻两级标准，且 $v_j + 1 > v_j$，则 v_j 级隶属度函数为

$$r_1 = \begin{cases} 1 & x_i \leqslant v_i \\ \dfrac{v_2 - x_i}{v_2 - v_1} & v_1 < x_i < v_2 \\ 0 & x_i \geqslant v_2 \end{cases} \tag{6-87}$$

$$r_2 = \begin{cases} 1 - r_1 & v_1 < x_i < v_2 \\ \dfrac{v_3 - x_i}{v_3 - v_2} & v_2 < x_i < v_3 \\ 0 & x_i \leqslant v_1 \text{ 或 } x_i \geqslant v_3 \end{cases} \tag{6-88}$$

$$r_j = \begin{cases} 1 - r_{j-1} & v_{j-1} < x_i < v_j \\ \dfrac{v_{j+1} - x_i}{v_{j+1} - v_j} & v_j < x_i < v_{j+1} \\ 0 & x_i \leqslant v_{j-1} \text{ 或 } x_i \geqslant v_{j+1} \end{cases} \tag{6-89}$$

对因素集 X 中某个因素 x_i 进行评价，以确定该因素对评语集 $y_i (i = 1, 2, \cdots, n)$ 的隶属程度，

称为单因素模糊评价。因此，可得到第 i 个因素 x_i 的评语集

$$\gamma_i = (\gamma_{i1}, \gamma_{i2}, \cdots, \gamma_{im}) \tag{6-90}$$

进而得到模糊关系矩阵

$$R = \begin{bmatrix} \gamma_{11} & \gamma_{12} & \cdots & \gamma_{1n} \\ \gamma_{21} & \gamma_{22} & \cdots & \gamma_{2n} \\ \vdots & \vdots & \vdots & \vdots \\ \gamma_{m1} & \gamma_{m2} & \cdots & \gamma_{mn} \end{bmatrix} \tag{6-91}$$

（4）确定因素权向量 W。为了反映各因素的重要程度，对各因素 x 应分配给一个相应的权数 $w_i = (i = 1, 2, \cdots, m)$，再由各权重组成的一个模糊集合就是权重集，即权向量 W。

（5）利用 R 确定的模糊变换，得到评价结果 B

$$B = W \bullet R = (w_1, w_2, \cdots, w_m) \bullet \begin{bmatrix} \gamma_{11} & \gamma_{12} & \cdots & \gamma_{1n} \\ \gamma_{21} & \gamma_{22} & \cdots & \gamma_{2n} \\ \vdots & \vdots & \vdots & \vdots \\ \gamma_{m1} & \gamma_{m2} & \cdots & \gamma_{mn} \end{bmatrix} = (b_1, b_2, \cdots, b_n) \tag{6-92}$$

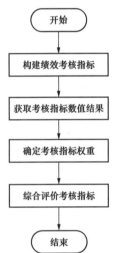

图 6-18　绩效评估流程图

（6）对结果进行分析。模糊综合评价的结果不仅仅是一个点值，而是被评价对象对各等级评价评语的隶属度模糊向量。

模糊综合评价法可以从多个角度对被评价事物进行综合评价，并且，其评价结果不仅仅是一个点值，因此，该方法更加适合储能系统参与需求响应和辅助服务的绩效评估。

5．绩效评估流程

根据绩效评估指标以及均方差法指标权重赋值和模糊综合评价方法可得储能系统参与需求响应和辅助服务绩效评估的流程图，如图 6-18 所示。

6.3.1.3　储能电站群绩效案例分析

结合河南百兆瓦分布式电化学储能系统运行情况，选取典型案例，对电化学储能运行进行综合评估。针对已选好的评估指标，首先要进行评估指标权重的确定。各个评估指标的数值结果如表 6-9 所示。

表 6-9 　　　　　　　　　　各个评估指标的数值结果

指标	贡献度	频率动作正确率	月调频效果	无功调节正确率	备用容量投运率	有偿调峰精度	有偿调峰速率
数值	75%	90%	85%	90%	85%	88%	95%

根据均方差法指标权重计算公式（6-93）和式（6-94），可得储能系统评估指标权重如表 6-10 所示。

表 6-10 均方差法确定指标权重

指标	贡献度	频率动作正确率	月调频效果	无功调节正确率	备用容量投运率	有偿调峰精度	有偿调峰速率
权重	0.14	0.14	0.15	0.14	0.14	0.15	0.14

采用模糊综合评价方法对储能系统参与需求响应和辅助服务进行绩效评估，首先建立各个评估指标的评语集={优，良，中，差}。本例邀请十位专家根据储能系统的实际运行情况为评估指标进行打分，通过专家打分可以知道每个指标在评语集中的隶属度。针对储能系统运行的指标结果，可得到储能系统运行的隶属度，如表 6-11 所示。

表 6-11 储能系统各指标隶属度

评价指标	优	良	中	差
贡献度	0.3	0.2	0.4	0.1
频率动作正确率	0.4	0.4	0.1	0.1
月调频效果	0.3	0.4	0.2	0.1
无功调节正确率	0.4	0.3	0.2	0.1
紧急事故支撑投运率	0.5	0.4	0.1	0
有偿调峰精度	0.5	0.3	0.1	0.1
有偿调峰速率	0.4	0.4	0.1	0.1

分别对贡献度、频率动作正确率、调频效果、无功调节正确率、备用容量投运率、有偿调峰精度以及有偿调峰速率进行模糊综合评价，可得到储能系统总体绩效评估隶属度为

$$F1 = (0.14 \quad 0.14 \quad 0.15 \quad 0.14 \quad 0.14 \quad 0.15 \quad 0.14) \begin{pmatrix} 0.3 & 0.2 & 0.4 & 0.1 \\ 0.4 & 0.4 & 0.1 & 0.1 \\ 0.3 & 0.4 & 0.2 & 0.1 \\ 0.4 & 0.3 & 0.2 & 0.1 \\ 0.5 & 0.4 & 0.1 & 0 \\ 0.5 & 0.3 & 0.1 & 0.1 \\ 0.4 & 0.4 & 0.1 & 0.1 \end{pmatrix} \tag{6-93}$$

$$= (0.4 \quad 0.343 \quad 0.171 \quad 0.086)$$

最后，从定量分析角度来评估储能系统参与需求响应和辅助服务的绩效，分别给评语集赋分值，优秀为 90 分，良为 80 分，中为 70 分，差为 60 分，进而可得储能系统综合评价分数为

$$Z1 = 90 \times 0.4 + 80 \times 0.343 + 70 \times 0.171 + 60 \times 0.086 = 80.57 \tag{6-94}$$

根据计算出来的储能系统的综合评估分数可知，储能系统当月的绩效为良。

6.3.2 储能电站（群）调峰典型项目案例综合评估实证

本小节以储能典型项目中的调峰为例，基于河南省储能系统辅助参与调峰服务项目的运

行与运营数据,对其从技术、经济及可持续性等进行实例评估。

6.3.2.1 储能电站群调峰项目技术目标评估分析

储能系统的调峰曲线如图 6-19 所示,基本一天一个或两个充储循环,对该储能系统 2019

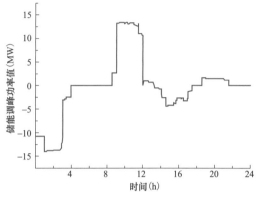

图 6-19 河南省网储能系统参与
电网调峰曲线图(典型日)

年 1~10 月中有效的 200 多天的调峰数据开展调峰运行特性分析,其功率特性、容量特性如图 6-20(a)和 6-20(b)所示,能量转换效率特性如图 6-21 所示。

由图 6-20(a)可知,该储能系统调峰运行中的充放电功率区间为[-30%倍额定功率,30%倍额定功率范围内,平均功率为 50%~60%倍最大充放电功率。充电时长在 7~10h,主要时段在凌晨 0~6 点之间;放电时长为 5~7h,主要时段在上午的 8~12 点。由图 6-20(b)

可知,该储能系统调峰运行中的最大充电电量约 50%倍额定容量,最大放电电量约 42%倍额定容量,且放电量基本都小于充电电量。由于该储能系统未满功率和满容量运行,因此,也会在某特定日出现放电电量大于充电电量的情况,但一般多释放的电量由下一日补偿。

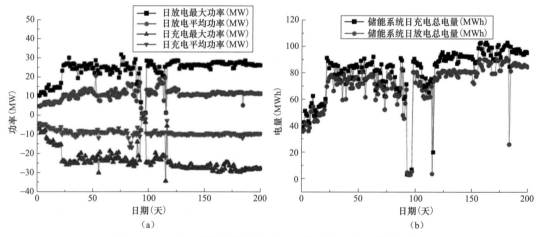

图 6-20 河南省储能系统参与电网调峰功率与容量特性分析
(a)储能调峰功率特性分析图;(b)储能调峰充放电量特性分析图

该储能系统参与电网调峰运行中的充放电能量转换特性如图 6-21 所示,其充放能量转换效率的主要区间段在 80%~90%,平均转换效率约为 87%。最大充电深度为 47%倍额定容量,平均充电深度为 37%倍额定容量;最大放电深度为 42%倍额定容量,平均充电深度为 32%倍额定容量。

基于河南省 4.8MW/9.6MWh 的储能调峰站连续 5 天的运行数据分析,得出调峰运行技术特性情况如表 6-12 所示。由表 6-12 可知,日最大和平均充电功率大于对应的放电功率,充电时长略长于放电时长,充电电量和放电电量分别约为 46%和 40%倍额定装机容量,转换效率均接近 88%。

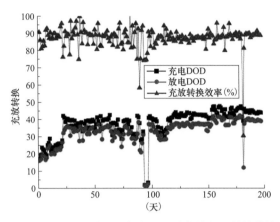

图 6-21 河南省储能系统参与电网调峰充放能量转换特性分析

表 6-12 **4.8MW/2h 储能系统参与调峰服务性能指标情况表**

时间	充电电量	充电时长	最大充电功率	平均充电功率	放电电量	放电时长	最大放电功率	平均放电功率	转换效率
2019 年 11 月 1 日	4.49	175	1.783	1.54	3.93	160	1.582	1.476	87.6
2019 年 11 月 2 日	4.48	170	1.783	1.58	3.93	155	1.584	1.525	87.9
2019 年 11 月 3 日	4.47	170	1.778	1.58	3.93	160	1.585	1.476	87.9
2019 年 11 月 4 日	4.47	170	1.78	1.58	3.91	155	1.587	1.515	87.4
2019 年 11 月 5 日	4.46	170	1.781	1.58	3.93	160	1.586	1.473	87.9

6.3.2.2 储能电站群调峰项目经济目标评估分析

本小节基于河南省网 660MW 火电机组的调峰运行数据,计算其深度调峰的功率与容量需求,如图 6-22 所示,在此基础上测算与 660MW 机组具备同等深度调峰能力且满足该调峰需求的储能功率与容量值,如图 6-23 所示。

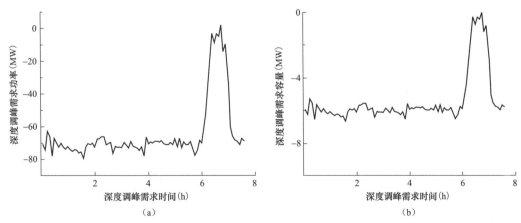

图 6-22 河南省网 660MW 火电机组参与电网调峰功率与容量需求特性

(a) 机组调峰功率需求特性图;(b) 机组调峰容量需求特性图

由图 6-22 所示，该机组参与深度调峰的需求时长约 8h，其最大功率值约 80MW，最大容量需求值约 7MWh。

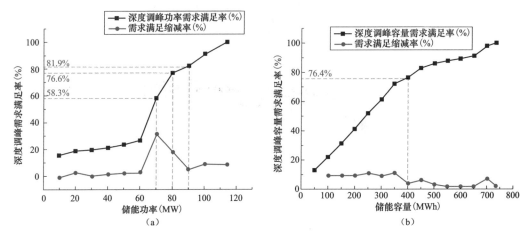

图 6-23　与 660MW 火电机组具备同等深度调峰能力的储能功率与容量需求
（a）深度调峰储能功率需求特性图；（b）深度调峰储能容量需求特性图

由图 6-23（a）可知，与 660MW 火电机组具备同等深度调峰能力的储能功率需求为 70、80、90MW 对应的需求满足率分别为 58.3%、76.6% 和 81.9%，其需求满足缩减率在 90MW 附近出现较明显的拐点，因此，选择配置储能系统的功率为 90MW，可实现的深度调峰需求满足率 81.9%。

由图 6-23（b）可知，与 660MW 火电机组具备同等深度调峰能力的储能容量需求满足缩减率在 400MWh 附近出现较为明显的拐点，因此选择配置储能系统的容量为 400MWh，可实现的深度调峰容量需求满足率为 76.4%。

因此，以与 660MW 机组具备同等深度调峰能力且满足该调峰需求为目标，配置储能功率与容量值为 90MW/400MWh。

后续的深度调峰经济效益测算均依据该数据开展。具体包括调峰补偿收益计算和发电煤耗减少收益计算。

1. 调峰补偿收益计算

投入一套储能调峰系统时，储能调峰的收益按式（6-95）计算

$$\varepsilon = K \times Q_{各分段} \times \gamma_{各分段} \tag{6-95}$$

式中：ε 为机组的深度调峰补偿费用；K 为调节系数，取值 0～2，在市场初期暂取 1；$Q_{各分段}$ 为机组分段区间对应深度调峰电量；$\gamma_{各分段}$ 为各分段区间对应出清价格。

按照实际项目运行经验，某省网的各档深度调峰电量补偿单价如式（6-96）所示，第一档电量补偿单价为 14.5 元/MWh，第二档电量补偿单价为 24.5 元/MWh，并取 $K=1$。

$$\gamma_{第一档}=14.5元/MWh$$
$$\gamma_{第二档}=24.9元/MWh \tag{6-96}$$

与 660MW 火电机组具备同等调峰能力的储能系统在 4 天典型日中的深度调峰电量及补偿费用如表 6-13 所示。

表 6-13   4.8MW/2h 储能系统参与调峰服务性能指标情况表

/	1月1日	1月4日	1月5日	1月6日
第一档负荷电量（MWh）	−234.4	−282.4	−51.2	−29.7
第二档负荷电量（MWh）	−102.4	−68.6	−683	−457.3
第一档负荷电量费用（万元）	3.4	4.1	0.7	0.4
第二档负荷电量费用（万元）	2.5	1.7	17	11.4
电量费用合计（万元）	5.9	5.8	17.7	11.8
电量费用日平均（万元）	10.3			

以运行 4 天的电量费用日平均值 10.3 万元，全年按 330 天运行时间计算，则全年收入为 3399 万元。

$$R_1 = R_1^j \times 330天 = 3399（万元）\qquad(6-97)$$

2. 发电煤耗减少收益计算

假设火电机组升降负荷的速率设定为 2%，投入储能系统替代其参与深度调峰后升降负荷的速率设定为 1%，其发电煤耗减少的计算按如式（6-98）进行。

$$发电煤耗减少 =（机组煤耗_{2\%升降速率}-机组煤耗_{1\%升降速率}）\times 全年发电 \qquad(6-98)$$

其中，（机组煤耗$_{2\%升降速率}$-机组煤耗$_{1\%升降速率}$）按 3kg/MWh 计算。

假设机组全年有效利用小时数为 4000 小时，机组额定容量 $P_N = 660MW$，则

$$全年发电量 = 660MW \times 4000h = 2640000 (MWh)$$

因此

$$发电煤耗减少 = 3kg/MWh \times 2640000MWh = 7920（t）$$

取标准煤的价格为 600 元/t，则计算得发电煤耗减少收益为

$$发电煤耗减少收益 = 7920t \times 600 元/t = 475.2（万元）$$

6.3.2.3 储能电站群调峰项目综合收益评估

本小节采用 90MW/400MWh 储能系统替代 660MW 火电机组参与深度调峰服务，不考虑电网等其他附带的效益，仅从项目运营的角度分析储能参与深度调峰项目的收益。

（1）项目的规模及成本。规模 90MW/400MWh 锂离子电池储能联合调频系统的成本计算如下。成本包括：项目投资成本，运营成本，其中项目投资成本包括设备成本和基建成本。

设备成本主要为电池系统成本，包括电池储能系统、PCS 系统以及相关的集装箱等设备，设电池本体每 1.2MW/1.2MWh 投资约 200 万，合计约 6.6 亿元。

基建成本主要为必要的电缆、钢板购买费用，施工费用，RTU/DCS 改造费用等，本小节此部分成本合计 5000 万元。

运营成本主要为电费成本、设备维护成本以及日常运营费用，其中电费成本全年约为1000万元，日常运营费用全年约为1000万元，设备维护成本及更换成本第一年为0，第二年开始按每年1000万元计。

综上所述，90MW/400MWh 锂离子电池储能系统的总投资固定成本约为7.3亿元，设备维护成本自第二年开始为每年1000万元。

（2）项目的运营收益。由测算可知，依据660MW 火电机组深度调峰的历史运行数据，第一档电量补偿单价为14.5元/MWh，第一档电量补偿单价为24.5元/MWh，并取 $K=1$，全年按330天运行时间计算，90MW/400MWh 锂离子电池储能系统参与深度调峰的年运行效益为3399万元。

$$R_1 = R_{1j} \times 330天 = 3399（万元）$$

（3）项目投资收益分析。项目按10年寿命期计算折旧，残值为0，所得税按25%计，无财杠杆，项目投资收益分析如表6-14所示。

表6-14   项目投资收益情况分析

项目总投资	77000	单位	万元							
年份	1	2	3	4	5	6	7	8	9	10
年总收益	3399	3399	3399	3399	3399	3399	3399	3399	3399	3399
营业成本	6000	7000	7000	7000	7000	7000	7000	7000	7000	7000
折旧费	4000	4000	4000	4000	4000	4000	4000	4000	4000	4000
电费	1000	1000	1000	1000	1000	1000	1000	1000	1000	1000
日常运营费用	1000	1000	1000	1000	1000	1000	1000	1000	1000	1000
设备维护及更换	0	1000	1000	1000	1000	1000	1000	1000	1000	1000
营业利润	−2601	−3601	−3601	−3601	−3601	−3601	−3601	−3601	−3601	−3601
利息	0	0	0	0	0	0	0	0	0	0
所得税	260	10	10	10	10	10	10	10	10	10
净利润	−2861	3611	−3611	−3611	−3611	−3611	−3611	−3611	−3611	−3611

以税后净利润计算，每一年该系统的税后总收入=净利润+折旧费，即第1年税后总收入为1139万元，第2~10年税后总收入为389万元。

1）财务净现值计算。假设设备投资发生在第0年，则财务净现值的计算如式（6-99）所示

$$财务净现值 = -项目总投资 + \sum_{i=1}^{10} \frac{第i年税收后收入}{(1+年贴现率)^{(1+i)}} \tag{6-99}$$

采用银行的五年以上期贷款基准利率4.9%，作为年贴现率，该项目的财务净现值为
−72576万元。

2）财务内部收益率计算。假设设备投资发生在第0年，以税后总收入计算财务内部收益
率，内部收益率由式（6-100）计算。

$$项目总投资 = \sum_{i=1}^{10} \frac{第i年税后总收入}{(1+内部收益率)^{(1+i)}} \tag{6-100}$$

计算得内部收益率为1%。

3）静态投资回收期计算。假设设备投资发生在第0年，以税后总收入计算投资回收期，
不考虑时间成本，计算静态投资回收期，静态投资回收期由式（6-101）计算。

$$项目总投资 = \sum_{i=1}^{静态投资回收期} 第i年税后总收入 \tag{6-101}$$

计算得项目的投资回收期为22.6年。

4）实际经济净现值与实际内部收益率。由于项目并未采用借贷等其他金融杠杆，因此实
际经济净现值和实际内部收益率分别与上述财务净现值和财务内部收益率对应，数值相等。

（4）项目投资收益总结。综上所述，计算得内部收益率等参数如表6-15所示。

表6-15　　　　　　　　　　　　　　**内部收益率等参数**

财务净现值 （万元）	财务内部收益率	静态投资回收期 （年）	实际经济净现值 （万元）	实际内部收益率
−72576	1%	22.6	−72576	1%

项目的财务净现值、内部收益率、静态回收期与补偿标准关系密切，该项目的投资回收
情况不具备经济性。

（5）基于储能电站历史曲线的储能项目综合评估分析。为实现储能项目综合评估分析，
所建立的储能电站监控与评估系统，除所电池本体及PCS的安全监控外，还可用于对储能电
站的工作状态进行全方位监控。储能电站监测控制系统的监控对象包括系统频率、储能系统
SOC、储能工作状态、负荷信息、其他用能总量信息、电能质量等数据及参数。

储能电站监测控制系统运行于中央控制主机，基于单个储能电站系统，从储能电站系统
现场设备单元获取数据，及时处理分析储能电站内部数据，并且完成各种控制、调度、运行
参数的监控、环境参数的监控、报警和趋势分析，做到首要安全、主动安全，保障数据采集
的实时性、可靠性，并对工业现场进行"安全、可靠、科学、精准"的管理与控制。

6.3.2.4　储能电站群调峰项目综合效能评估结果分析

综合上述评估内容、评估模型以及评估原则，对储能系统参与电网深度调峰项目的综合
后评估结果分别如表6-16所示，储能调峰项目的综合得分为75.4分，运行情况良好，但经
济效益较差，有示范价值，但推广价值一般，在经济效益方面有较大提升空间。

表 6-16 储能参与电网深度调峰项目综合后评估结果表

序号	评 价 指 标	指标具备的条件	得分	权重	结果
1	最大充/放电功率	12%倍额定功率	90	5%	4.5
2	最大充/放电深度	90%倍额定容量	90	5%	4.5
3	平均/充放电功率	90%倍额定功率	90	1%	0.9
4	转换效率	88%	80	10%	8
5	价值流向方的效益	基本符合前期测算	80	5%	4
6	固定与损耗成本	基本符合前期测算	80	3%	2.4
7	运维成本	基本符合前期测算	80	2%	1.6
8	潜在安全风险	潜在有消防安全风险	80	3%	2.4
9	安全问题引发的损失	比较大	60	2%	1.2
10	安全处理措施	通过了消防安全检查	90	5%	4.5
11	立项条件	符合	90	2%	1.8
12	决策水平	基本完善	80	2%	1.6
13	投资控制	可控性强	80	1%	0.8
14	安全控制	有待加强	70	1%	0.7
15	验收竣工情况	符合要求	90	1%	0.9
16	设备维护及管理	符合要求	90	1%	0.9
17	运营效果	良好	80	1%	0.8
18	工程技术先进性	良好	80	4%	3.2
19	工程技术创新益本比	良好	85	4%	3.4
20	工程配套设施完备性	较完备	80	2%	1.6
21	组织机构	助推性好	90	2%	1.8
22	财务运营能力	优秀	90	2%	1.8
23	职工平均受教育程度	优秀	90	1%	0.9
24	政策法规	支持性好	90	1%	0.9
25	社会经济	良好	85	1%	0.85
26	项目区环境友好	友好	90	1%	0.9
27	促进新能源消纳	良好	85	1%	0.85
28	节约传统化石能源	良好	80	1%	0.8
29	气体与烟尘减排	减排效果明显	90	2%	1.8
30	有害物质污染	减少效果明显	90	1%	0.9
31	居民就业带动	推动效果良好	85	1%	0.85
32	产业带动	带动效果明显	85	1%	0.85
33	财务净现值	约 5%投资成本	50	5%	2.5

续表

序号	评价指标	指标具备的条件	得分	权重	结果
34	财务内部收益率	1%-2%	50	5%	2.5
35	投资回收期	约22年	50	5%	2.5
36	实际经济净现值	同33项	50	5%	2.5
37	实际内部收益率	同34项	50	5%	2.5
综合评分结果合计					75.4

根据上述综合效能评估结果设定储能电站在不同的时间段的运行策略，保证储能电站运行的安全性，并将其运行时对环境影响降到最低且提高其经济效益。

参 考 文 献

[1] 丁明，陈忠，苏建徽，等. 可再生能源发电中的电池储能系统综述 [J]. 电力系统自动化，2013，37（1）：19-25.

[2] 李相俊，王上行，惠东. 电池储能系统运行控制与应用方法综述及展望 [J]. 电网技术，2017，41（10）：3315-3325.

[3] Lin J, Damato G, Hand P. Energy storage-a cheaper, faster, & cleaner alternative to conventional frequency regulation [J]. Prepared for the California Energy Storage Alliance, February, 2011, 16.

[4] 李建林，王上行，袁晓冬，等. 江苏电网侧电池储能电站建设运行的启示 [J]. 电力系统自动化，2018，42（21）：1-9.

[5] 叶季蕾，薛金花，吴福保，等. 可再生能源发电系统中的储能电池选型分析 [J]. 电源技术，2013，37（2）：333-335.

[6] 王海华，陆冉，曹炜，等. 规模风电并网条件下储能系统参与辅助调峰服务容量配置优化研究 [J]. 电工电能新技术，2018.

[7] 黄际元，李欣然，常敏，等. 考虑储能电池参与一次调频技术经济模型的容量配置方法 [J]. 电工技术学报，2017（21）：43-52.

[8] 汤杰，李欣然，黄际元，等. 以净效益最大为目标的储能电池参与二次调频的容量配置方法 [J]. 电工技术学报，2018.

[9] 黎静华，汪赛. 兼顾技术性和经济性的储能辅助调峰组合方案优化 [J]. 电力系统自动化，2017，41（9）：44-50.

[10] 杨玉龙，李军徽，朱星旭. 基于储能系统提高风电外送能力的经济性研究 [J]. 储能科学与技术，2014，3（1）：47-52.

[11] MacRae C A G, Ernst A T, Ozlen M. A Benders decomposition approach to transmission expansion planning considering energy storage [J]. Energy, 2016, 112: 795-803.

[12] 付强，杜文娟，王海风. 交直流混联电力系统小干扰稳定性分析综述 [J]. 中国电机工程学报，2018，10：002.

[13] 李伟，吴凤江，段建东，等. 储能型功率补偿系统的无功功率与动态有功功率解耦控制 [J]. 高电压技术，2015，41（7）：2165-2172.

[14] 叶小晖，刘涛，吴国旸，等. 电池储能系统的多时间尺度仿真建模研究及大规模并网特性分析 [J]. 中国电机工程学报，2015，35（11）：2635-2644.

[15] 陆秋瑜，胡伟，郑乐，等. 多时间尺度的电池储能系统建模及分析应用 [J]. 中国电机工程学报，2013，33（16）：86-93.

[16] 徐明，李相俊，贾学翠，等. 规模化电池储能系统的无功功率控制策略研究 [J]. 可再生能源，2013，31（7）：81-84.

[17] 杨浩，文劲宇，李刚，等. 多功能柔性功率调节器运行特性的仿真研究 [J]. 中国电机工程学报，2006，26（2）：21-26.

[18] 廖强强，穆广平，徐华，等. 电动汽车电池用于电网低电压线路的储能调压试验 [J]. 电力建设，2014，35（5）：56-59.

[19] 魏承志，陈晶，涂春鸣，等. 基于储能装置与静止无功发生器协同控制策略的微网电压波动抑制方法 [J]. 电网技术，2012，36（11）：18-24.

[20] 闫鹤鸣，李相俊，麻秀范，等. 基于超短期风电预测功率的储能系统跟踪风电计划出力控制方法 [J]. 电网技术，2015，39（2）：432-439.

[21] 王再闯，袁铁江，李永东，等. 基于储能电站提高风电消纳能力的电源规划研究 [J]. 可再生能源，2014，32（7）：954-960.

[22] 于汀，蒲天骄，刘广一，等. 含大规模风电的电网 AVC 研究与应用 [J]. 电力自动化设备，2015，35（10）：81-86.

[23] 郑乐，胡伟，陆秋瑜，等. 储能系统用于提高风电接入的规划和运行综合优化模型 [J]. 中国电机工程学报，2014，34（16）：2533-2543.

[24] 文波，秦文萍，韩肖清，等. 基于电压下垂法的直流微电网混合储能系统控制策略 [J]. 电网技术，2015，39（4）：892-898.

[25] 饶成诚，王海云，王维庆，等. 基于储能装置的柔性直流输电技术提高大规模风电系统稳定运行能力的研究 [J]. 电力系统保护与控制，2014（4）：1-7.

[26] 林凌雪，张尧，钟庆，宗秀红.多馈入直流输电系统中换相失败研究综述 [J]. 电网技术，2006（17）：40-46.

[27] 吴萍，林伟芳，孙华东，等. 多馈入直流输电系统换相失败机制及特性 [J]. 电网技术，2012，36（5）：269-274.

[28] 王晶，梁志峰，江木，等. 多馈入直流同时换相失败案例分析及仿真计算 [J]. 电力系统自动化，2015，39（4）：141-146.

[29] 邵瑶，汤涌，郭小江，等. 2015 年特高压规划电网华北和华东地区多馈入直流输电系统的换相失败分析 [J]. 电网技术，2011，35（10）：9-15.

[30] 袁阳，卫志农，雷霄，等. 直流输电系统换相失败研究综述 [J]. 电力自动化设备，2013，33（11）：140-147.

[31] 王钢，李志铿，黄敏，等. HVDC 输电系统换相失败的故障合闸角影响机理 [J]. 电力系统自动化，2010，34（4）：49-54+102.

[32] 李新年，易俊，李柏青，等. 直流输电系统换相失败仿真分析及运行情况统计 [J]. 电网技术，2012，36（6）：266-271.

［33］江全元，龚裕仲.储能技术辅助风电并网控制的应用综述［J］. 电网技术，2015，39（12）：3360-3368.

［34］张开宇，崔勇，庄侃沁，等. 加装同步调相机对多直流馈入受端电网的影响分析［J］. 电力系统保护与控制，2017，45（22）：139-143.

［35］Wang W, He W, Cheng J, et al. Active and reactive power coordinated control strategy of battery energy storage system in active distribution network［C］. Automation. IEEE, 2017: 462-465.

［36］X. Zheng et al. "Using the STATCOM with energy storage to enhance the stability of AC-DC hybrid system," 2015 5th International Conference on Electric Utility Deregulation and Restructuring and Power Technologies (DRPT), Changsha, 2015, pp. 242-247.